城市地下综合管廊

建设指南

主　编：陈在军
副主编：梁　东　白朝晖

中国电力出版社
CHINA ELECTRIC POWER PRESS

内 容 提 要

自 2013 年以来，国务院已连续发布了多个基础设施和管线建设文件，为综合管廊的发展提供了良好的基础。本书是在我国进一步推进地下综合管廊建设的大背景下精心编写而成的。全书共分十一章，主要内容有概述、城市地下综合管廊建设工程规划、城市地下综合管廊总体设计和管线设计、城市地下综合管廊结构设计、城市地下综合管廊附属工程设计、城市地下综合管廊工程投资估算、城市地下综合管廊电力电缆线路敷设、城市地下综合管廊施工及工程质量验收、城市地下综合管廊的管理和维护、项目建议书和可行性研究报告、城市地下综合体等。

本书可供从事城市地下综合管廊规划、设计、施工、监理、管理和维护的工程技术人员使用，对电力企业的缆线入廊工程也具有指导意义。

图书在版编目(CIP)数据

城市地下综合管廊建设指南/陈在军主编 . —北京：中国电力出版社，2019.4
ISBN 978-7-5198-3070-0

Ⅰ.①城…　Ⅱ.①陈…　Ⅲ.①市政工程-地下管道-管道工程-指南　Ⅳ.①TU990.3-62

中国版本图书馆 CIP 数据核字(2019)第 068813 号

出版发行：中国电力出版社
地　　址：北京市东城区北京站西街 19 号(邮政编码 100005)
网　　址：http://www.cepp.sgcc.com.cn
责任编辑：安小丹　董艳荣
责任校对：黄　蓓　常燕昆
装帧设计：郝晓燕
责任印制：吴　迪

印　　刷：北京雁林吉兆印刷有限公司
版　　次：2019 年 4 月第一版
印　　次：2019 年 4 月北京第一次印刷
开　　本：787 毫米×1092 毫米　16 开本
印　　张：17.75
字　　数：429 千字
印　　数：0001—2000 册
定　　价：**78.00 元**

本书编委会

主　　编　　陈在军
副 主 编　　梁　东　　白朝晖
编写人员　　陈昌伟　　罗旖旎　　李禹萱　　张　艳　　李佳辰
　　　　　　　　李艳彬　　魏玉奎　　黄　琨　　杨宏安　　宋　洁
　　　　　　　　俞波睿　　王　欣　　王　绉　　李军华　　郭艳军
　　　　　　　　樊婧怡　　刘　超　　段晓真　　闫文涛　　蔺颖健
　　　　　　　　王晓军　　刘　静　　张丽云　　杜松岩　　陈　婧
　　　　　　　　梁洒佳　　袁　琪　　何伟哲　　梅坤蓬　　周　通
　　　　　　　　唐　玲　　邢　晓　　吴延琳　　王新峰　　郝新宇
　　　　　　　　陈龙雨　　任　毅　　郑　煜　　王　娜　　胡中流
　　　　　　　　杨晨宇　　王京疆　　权小民　　付华强　　王　政
　　　　　　　　何　媛　　王晋生　　兰成杰　　薛　琳　　周　艳

前　言

为贯彻落实《国务院关于加强城市基础设施建设的意见》（国发〔2013〕36号）、《国务院办公厅关于加强城市地下管线建设管理的指导意见》（国办发〔2014〕27号）和《国务院办公厅关于推进城市地下综合管廊建设的指导意见》（国办发〔2015〕61号，简称《指导意见》）精神，进一步推进地下综合管廊建设，我们根据现有资料和工程实践精心编写了《城市地下综合管廊建设指南》一书。

事实证明，城市地下综合管廊建设在国际上是一条成功的道路。综合管廊建设的意义在于充分地利用地下空间，节省投资，对拉动经济发展、改变城市面貌、保障城市安全都具有重要作用。

建设综合管廊一定要达到当代国际标准，但必须因地制宜。新区可以全面推开，老区要适情而做，可以结合地铁建设、河道改造、老区改造、道路改造等进行，千万不要一哄而上，更不能建后悔工程、"半拉子"工程。

在我国建设综合管廊的有利条件已经显现。第一，党中央和国务院高度重视。习近平总书记、李克强总理多次提出明确要求，国务院连续发了两个基础设施和管线建设的文件。第二，地方政府有很高的积极性。各地主动开展地下综合管廊建设，这是真正的政绩观的转变。这是里子工程，不是面子工程。第三，我们的国家和城市，具备这个经济实力。第四，金融机构明确表态全力支持综合管廊建设。第五，企业有参与的愿望，也有参与的能力。第六，广大市民非常支持。第七，我们在城市综合管廊建设方面进行了许多积极的探索，积累了足够的经验。第八，城市综合管廊工程技术规范出台，这是我们搞综合管廊建设的重要依据。

本书共分十一章，主要内容有概述、城市地下综合管廊建设工程规划、城市地下综合管廊总体设计和管线设计、城市地下综合管廊结构设计、城市地下综合管廊附属工程设计、城市地下综合管廊工程投资估算、城市地下综合管廊电力电缆线路敷设、城市地下综合管廊施工及工程质量验收、城市地下综合管廊的管理和维护、项目建议书和可行性研究报告、城市地下综合体等。

本书在编写过程中参考了大量国内外文献资料和规程规范，在此，谨向文献资料和规程规范的编制单位和作者表示诚挚的敬意和感谢。本书由国网陕西省电力公司西咸新区供电公司组织编写，得到了陕西省西咸新区开发建设管理委员会、国网西安供电公司、西安众源电力设计院的大力支持，在此谨表谢意。

本书可供从事城市地下综合管廊规划、设计、施工、监理、管理和维护的工程技术人员学习使用，对电力企业的缆线入廊工程也具有指导意义。

由于工作经验和业务能力及理论水平有限，书中疏漏和不妥之处在所难免，望读者不吝赐教。

编 者

2019 年 1 月 15 日

目　录

第一章　概　述

第一节　城市地下综合管廊基础知识

一、城市地下综合管廊定义

城市地下综合管廊是指实施统一规划、设计、施工和维护，建于城市地下，用于容纳两类及以上城市市政公用工程管线的构筑物及其附属设施的市政公用管廊。

标准的地下综合管廊一般由以下 4 部分组成：

（1）综合管廊本体。一般为现浇或预制的地下构筑物，其主要作用是为收容各种市政管线提供物质载体。

（2）管线。各种管线是地下综合管廊的核心和关键，主要是信息电（光）缆、电力电缆、给水管道、热力管道等市政公用管线。

（3）安全运行保障系统。含消防系统、供电系统、照明系统、监控及报警系统、通风系统、排水系统、标识系统等。

（4）地面设施。城市地下综合管廊实施统一规划、统一设计、统一建设和管理，是保障城市运行的重要基础设施和"生命线"。

二、城市地下综合管廊分类

城市地下综合管廊一般分为干线综合管廊、支线综合管廊和缆线管廊 3 类。

1. 干线综合管廊

干线综合管廊（trunk utility tunnel）用于容纳城市主干工程管线，采用独立分舱方式建设的综合管廊。

干线综合管廊一般设置于机动车道或道路中央下方，主要连接原站（如自来水厂、发电厂、热力厂等）与支线综合管廊。其一般不直接服务于沿线地区。干线综合管廊内主要容纳的管线为高压电力电缆、信息主干电缆或光缆、给水主干管道、热力主干管道等，有时结合地形也将排水管道容纳在内。在干线综合管廊内，电力电缆主要从超高压变电站输送至变电站，信息电缆或光缆主要为转接局之间的信息传输，热力管道主要为热力厂至调压站之间的输送。干线综合管廊的断面通常为圆形或多格箱形，如图 1-1 所示。

干线综合管廊一般要求设置工作通道及照明、通风等设备。干线综合管廊的特点主要为：

（1）稳定、运输流量大。

（2）高度的安全性。

（3）紧凑的内部结构。

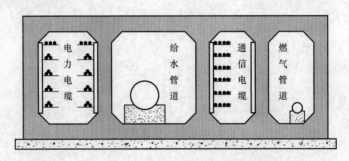

图 1-1　干线综合管廊示意图

（4）可直接供给大型用户。

（5）一般需要专用的设备。

（6）管理及运营比较简单。

2. 支线综合管廊

支线综合管廊（branch utility tunnel）用于容纳城市配给工程管线，采用单舱或双舱方式建设的综合管廊。

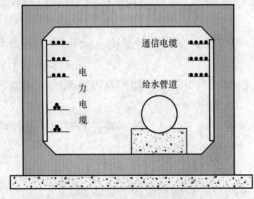

图 1-2　支线综合管廊示意图

支线综合管廊主要用于将各种管线从干线综合管廊分配、输送至各直接用户。其一般设置在道路的两旁，容纳直接服务于沿线地区的各种管线。支线综合管廊的截面以矩形较为常见，一般为单舱或双舱箱形结构，如图 1-2 所示。

支线综合管廊内一般要求设置工作通道及照明、通风等设备。支线综合管廊的特点主要为：

（1）有效（内部空间）截面较小。

（2）结构简单，施工方便。

（3）设备多为常用定型设备。

（4）一般不直接服务于大型用户。

3. 缆线管廊

缆线管廊（cable trench）是采用浅埋沟道方式建设，设有可开启盖板，但其内部空间不能满足人员正常通行要求，用于容纳电力电缆和通信线缆的管廊。缆线管廊一般设置在道路的人行道下面，其埋深较浅。截面以矩形较为常见，如图 1-3 所示。

缆线管廊的特点是一般工作通道不要求通行，管廊内不要求设置照明、通风等设备，仅设置供维护时可开启的盖板或工作手孔即可。

排管（cable duct）是按规划管线根数开挖壕沟一次建成多孔管道的地下构筑物，是

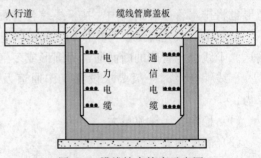

图 1-3　缆线综合管廊示意图

缆线管廊的特殊形式。

三、城市地下综合管廊的主体结构

城市地下综合管廊的主体结构可分为现浇钢筋混凝土综合管廊结构和预制拆装综合管廊结构。

1. 现浇混凝土综合管廊结构（cast-in-site municipal tunnel）

现场混凝土综合管廊结构采用在施工现场整体浇筑混凝土。

2. 预制拼装综合管廊结构（precast municipal tunnel）

综合管廊分节段在工厂内浇筑成型，经出厂检验合格后运输至现场，采用拼装工艺施工成为整体。其包括仅带纵向拼缝接头的预制拼装综合管廊和带纵、横向拼缝接头的预制拼装综合管廊。

仅带纵向拼缝接头的预制拼装综合管廊是指在横截面内未分块预制、而仅在纵向分块预制的综合管廊。带纵、横向拼缝接头的预制拼装综合管廊是指在横截面内和纵向均分块预制的综合管廊。预制装配接头式综合管廊结构如图 1-4 所示。

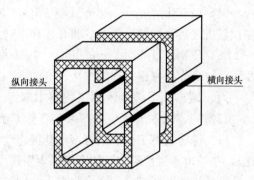

纵向接头　　　　　　横向接头

图 1-4　预制装配接头式综合管廊结构

四、城市地下综合管廊的辅助结构

为施工和维护管理方便，综合管廊还需要一些辅助结构，如管线分支口、通风口、投料口、集水坑、舱室和安全标识等。

（1）管线分支口（junction for pipe or cable）。综合管廊内部管线和外部直埋管线相衔接的部位。

（2）通风口（air vent）。供综合管廊内外部空气交换而开设的洞口。

（3）投料口（manhole）。用于将各种管线和设备吊入综合管廊内并满足人员出入而在综合管廊上开设的洞口。

（4）集水坑（sump pit）。用来收集综合管廊内部渗漏水或供水管道排空水、消防积水的构筑物。

（5）舱室（compartment）。由结构本体或防火墙分割的用于敷设管线的封闭空间。

（6）安全标识（safety mark）。为便于综合管廊内部管线分类管理、安全引导、警告警示等而设置的铭牌或颜色标识。

（7）电（光）缆桥架（cable tray）。又名电（光）缆托架，由托盘或梯架的直线段、弯通、组件以及托臂（悬臂支架）、吊架等构成具有密集支承电（光）缆的刚性结构系统的全称。

（8）电缆支架（cantilever bracket）。又名悬臂支架，具有悬臂形式，用以支承电缆的刚性材料支架。

（9）防火分区（fire compartment）。在综合管廊内部采用防火墙、阻火泡等防火设施进行防火分隔，能在一定时间内防止火灾向其余部分蔓延的局部空间。

（10）阻火包（fire protection pillows）。用于阻火封堵又易作业的膨胀式柔性枕袋状耐火物。

（11）逃生孔（escape hole）。为保证安全地撤离危险区域，综合管廊所设置的疏散设施。

五、城市地下综合管廊施工方法

地下结构的非开挖施工方法主要有明挖法、非开挖法、暗挖法、顶管法、盾构法等，其中，暗挖法、顶管法、盾构法适用于综合管廊建设。

（1）明挖法（open cut method）。先将管廊部位岩（土）体全部挖除，然后修建管廊结构，再进行回填的施工方法。

（2）非开挖法（trenchless method）。通过导向、定向钻进等岩土钻掘手段，在地表极小部分开挖的情况下（一般指入口和出口小面积开挖）修建地下管廊的施工方法。

（3）暗挖法（subsurface excavation method）。不开挖地面，采用在地下挖洞方式的施工方法。

（4）顶管法（pipe jacking）。利用液压顶进工作站从顶进工作井将待铺设的管道顶入，在顶管机之后直接铺设管道的非开挖地下管道施工技术。

（5）盾构法（shield tunneling）。用盾构进行挖进，在保持开挖面稳定的同时完成排土及管廊衬砌作业修建管廊的方法。

六、城市地下综合管廊工程基本规定

1. 综合管廊工程建设应以综合管廊工程规划为依据

（1）综合管廊工程应结合城市新区建设、旧城改造、道路新建（包括道路扩建和道路改建），在城市重要地段和管线密集区规划建设。

（2）城市新区综合管廊应与主干路同步建设。

（3）城市老旧城区综合管廊建设宜结合地下空间开发、旧城改造、道路改造、地下主要管线改造等项目同步进行。

（4）综合管廊工程应同步建设管廊内的消防、供电、照明、监控与报警、通风、排水、标识等设施。

（5）综合管廊工程规划与建设应与地下空间、环境景观等相关城市基础设施衔接、协调。

2. 综合管廊工程应统一规划、设计、施工和维护，并应满足管线的使用和运营维护要求

（1）综合管廊工程设计应包括总体设计、结构设计、附属设施设计等。

（2）综合管廊工程规划、设计、施工和维护应与各类工程管线统筹协调。

3. 纳入综合管廊的管线应进行专项管线设计

（1）给水、雨水、污水、再生水，天然气，热力，电力，通信等城市工程管线可纳入城市综合管廊。

（2）城市新区主干路下的管线宜纳入综合管廊，城市老旧城区的地下主要管线改造宜纳入城市老旧城区综合管廊建设。

（3）纳入城市综合管廊的城市工程管线应符合综合管廊总体设计的规定及国家现行相应管线设计标准的规定。

第二节　国外城市地下综合管廊发展历史

城市地下综合管廊在发达国家称为地下管线共同沟或地下综合管沟，共同沟在发达国家

已经存在了一个多世纪，在系统日趋完善的同时其规模也有越来越大的趋势。

一、欧洲

早在 1833 年，巴黎为了解决地下管线的敷设问题和提高环境质量，开始兴建地下管线共同沟。如今巴黎已经建成总长度约 100km、系统较为完善的共同沟网络。

随后，英国的伦敦、德国的汉堡等欧洲城市也相继建设地下共同沟。

1933 年，苏联在莫斯科、基辅等地修建了地下共同沟。

1953 年西班牙在马德里修建地下共同沟。其他如斯德哥尔摩、巴塞罗那、里昂、奥斯陆等城市，都建有较完备的地下共同沟系统。

综合管沟于 19 世纪发源于欧洲。最早是在圆形排水管道内装设自来水、通信等管道。早期的综合管沟由于多种管线共处一室，且缺乏安全检测设备，容易发生意外，所以综合管沟的发展受到很大的限制。

法国巴黎于 1832 年霍乱大流行后，隔年在市区内修建庞大下水道系统，同时修建综合管沟系统，综合管沟内设有自来水管、通信管道、压缩空气管道、交通信号电缆等。

英国伦敦于 1861 年即开始修建综合管沟，其容纳的管线除燃气管、自来水管及污水管外，尚设有通往用户的电力及通信电缆。

德国早在 1890 年即开始修建综合管沟。在汉堡的一条街道建造综合管沟的同时，在道路两侧人行道的地下与路旁建筑物用户直接相连。该综合管沟长度约 455m，在当时获得了很高的评价。

自 1953 年以来，西班牙首都马德里市兴建了大量的综合管沟，由于综合管沟的建造，使城市道路路面被挖掘的次数明显减少，坍塌及交通干扰现象基本被消除，同时有综合管沟的道路使用寿命比一般道路路面使用寿命要长，从综合技术及经济方面来看，效益明显。

俄罗斯的地下综合管沟也相当发达，莫斯科地下有 130km 的综合管沟，除煤气管外，各种管线均有。其特点是大部分的综合管沟为预制拼装结构，分为单室及双室两种。

二、北美

北美的美国和加拿大虽然国土辽阔，但因城市高度集中，城市公共空间用地矛盾仍十分尖锐。美国纽约市的曼哈顿区大型供水系统，完全布置在地下岩层的综合管沟中。加拿大的多伦多和蒙特利尔市，也有很发达的地下综合管沟系统。

三、日本

日本最早于 1926 年开始了千代田综合管沟的建设，1958 年在东京陆续修建综合管沟，并于 1963 年颁布了"综合管沟实施法"，1973 年大阪也开始建造综合管沟，至今已经完成约 10km。其他城市如仙台、横滨、名古屋等都在大量修建综合管沟过程。同时，在 1991 年成立了专门的综合管沟管理部门，负责推动综合管沟的建设工作。随着人们对综合管沟的重视及综合管沟的综合效益的发挥，日本总的综合管沟建造里程已经超过 300km，综合管沟在日本的各大城市的普及率相当高。

建设供排水、热力、燃气、电力、通信、广播电视等市政管线集中铺设的地下综合管廊系统（日本称"共同沟"）已成为日本城市发展现代化、科学化的标准之一。

早在 20 世纪 20 年代，日本首都东京市政机构就在市中心九段地区的干线道路下，将电力、电话、供水和煤气等管线集中铺设，形成了东京第一条地下综合管廊。此后，1963 年制定的《关于建设共同沟的特别措施法》，从法律层面规定了日本相关部门需在交通量大及未来可能拥堵的主要干道地下建设"共同沟"。国土交通省下属的东京国道事务所负责东京地区主干线地下综合管廊的建设和管理，次干线的地下综合管廊则由东京都建设局负责。

如今已投入使用的日比谷、麻布和青山地下综合管廊是东京最重要的地下管廊系统。采用盾构法施工的日比谷地下管廊建于地表以下 30 多米处，全长约 1550m，直径约为 7.5m，如同一条双向车道的地下高速公路。由于日本许多政府部门集中于日比谷地区，须时刻确保电力、通信、供排水等公共服务，所以日比谷地下综合管廊的现代化程度非常高，它承担了该地区几乎所有的市政公共服务功能。

于 20 世纪 80 年代开始修建的麻布和青山地下综合管廊系统同样修建在东京核心区域地下 30 余米深处，其直径约为 5m。这两条地下管廊系统内电力电缆、通信电缆、天然气管道和供排水管道排列有序，并且每月进行检修。其中的通信电缆全部用防火帆布包裹，以防出现火灾，造成通信中断；天然气管道旁的照明用灯则由玻璃罩保护，防止出现电火花导致天然气爆炸等意外事故。这两条地下综合管廊已相互连接，形成了一条长度超过 4km 的地下综合管廊网络系统。

在东京的主城区还有日本桥、银座、上北泽、三田等地下综合管廊，经过了多年的共同开发建设，很多地下综合管廊已经联成网络。东京国道事务所公布的数据显示，在东京市区 1100km 的干线道路下已修建了总长度约为 126km 的地下综合管廊。在东京主城区内还有 162km 的地下综合管廊正在规划修建。

发达国家建设城市地下综合管廊历程证明这是城市基础设施建设的一条成功经验。

第三节　我国城市地下综合管廊建设历史和建设现状

一、我国城市地下综合管廊建设历史

我国地下综合管廊建设起步晚，标志性建设如下：

（1）我国共同沟萌芽在 1958 年，在北京天安门广场下敷设了一条长 1076m 的共同沟，1977 年配合"毛主席纪念堂"施工，又敷设了一条长 500m 的共同沟。

（2）在工业应用上宝钢股份自 1978 年建厂以来，在工艺设计中引进了电缆隧道和废水管廊，并已建成数十公里的地下综合管网。

（3）真正意义上的城市共同沟建设是在 1994 年，上海浦东新区在张扬路建成国内第一条规模较大、距离较长的城市地下综合管线共同沟，全长约 11.1km。

（4）2002 年，上海在嘉定区安亭镇也建设了长度约 5.8km 的共同沟。

（5）2003 年 3 月广州大学城建设了总长约 17km 的共同沟，于 2004 年 9 月建成投入使用。

（6）2006 年，北京建成了中关村（西区）共同沟；深圳也建成了大梅沙-盐田坳共同沟，全长约 2.675km。

（7）广州亚运城道路下共同沟，全长约 5.18km。国内其他城市，如济南、杭州、嘉兴、唐山、厦门等也着手进行了共同沟的规划和建设。

（8）目前，国内规模最大、一次性投资最高、建设里程最长、覆盖面积最广、体系最完善的综合管廊坐落于珠海市横琴新区，由全球最大最强的建设承包商之一中冶集团负责投资

设计建造，覆盖全岛"三片、十区"，总长度 33.4km，总投资约 22 亿元人民币。中冶集团是全球最大最强的冶金工程建设运营承包商，也是国内最早的城市综合方案解决专家和智慧城市理念的积极践行者。

中冶集团曾经参与综合管廊国家规范的编制，并于 2015 年 6 月率先在珠海成立了国内第一家管廊投资建设专业化公司，积极探索并形成良好的模式，迅速推向全国。2015 年 9 月 14 日，中冶集团与中国邮政储蓄银行又在北京隆重签署了《中冶城市综合管廊产业基金战略合作框架协议》《中冶集团与邮储银行战略合作协议》，决定共同设立国内首支千亿级城市综合管廊产业基金，进一步落实习近平总书记提出的"不断提高国有企业的活力、影响力、控制力"要求。

2013 年以来，我国出台了一系列政策，开始通过政策和融资机制推动国内综合管廊建设。

二、制约我国城市地下综合管廊发展的因素

我国仅有北京、上海、广州、深圳、苏州、沈阳等少数几个城市建有综合管廊，据不完全统计，全国建设长度约 800km。综合管廊未能大面积推广的原因不是资金问题，也不是技术问题，而是意识、法律以及利益纠葛造成的。

城市地下综合管廊的建设是我国城市建设的拐点和转折点。根据《中国城市建设统计年鉴》，截至 2011 年底，我国城市仅供水、排水、燃气、供热 4 类市政地下管线长度已超过 148 万 km。如果按照综合管廊的设计模式，将这几种管道设计为一体，建设管廊长度约为 37 万 km，在不计算拆迁等成本的情况下，所需资金就将近 4 万亿元。

兴业证券报告指出，地下综合管廊的廊体单位 km 造价在 0.56 亿～1.31 亿元之间。地下综合管廊分为廊体和管线，廊体造价与断面面积和舱位数量有关，按照国家试行投资标准估算，断面面积 10～20m²、1 舱位的廊体 1km 造价约为 0.56 亿元；断面面积 35～45m²、4 舱位的廊体 1km 造价约为 1.31 亿元，断面面积越大、舱位数量越多，造价越高。

根据兴业证券测算，廊体建造成本中，施工成本占一半，材料成本占比超过 1/3。以断面面积 20～35m²、2 舱的廊体为计算标准，1km 施工成本约为 0.40 亿元，占比约为 49.83%，1km 材料费用约为 0.28 亿元，占比约为 35.06%，其余为设备购铬费与基本预备费。基本预备费是指在投资估算阶段不可预见的工程费用。

综合管廊建设的一次性投资常常高于管线独立铺设的成本。据统计，日本、台北、上海的综合管廊平均造价（按人民币计算）分别是 50 万元/m、13 万元/m 和 10 万元/m，与普通的管线方式相比确要高出很多。但综合节省出的道路地下空间、每次的开挖成本、对道路通行效率的影响以及环境的破坏，综合管廊的成本效益比显然不能只看投入多少。中国台湾曾以信义线 6.5km 的综合管廊为例进行过测算，建综合管廊比不建只需多投资 5 亿元新台币，但 75 年后产生的效益却有 2337 亿元新台币。

但是，目前我国管廊建设法律法规不完善、技术规范不健全、投融资和运营模式不明确等问题也制约管廊建设快速发展，也影响到企业投资积极性。

当然，综合管廊的收益要放到更高的角度。归纳起来，综合管廊可充分利用地下空间，节约地面空间，盘活土地资产。综合管廊可以囊括所有地下管道，统一规划使用地下管廊空间。虽然综合管廊一次性投资大，但总体可以节省投资。按照估算，国内管廊投资 1km 大约 1.2 亿。但已建成的管廊，如广州大学城管廊 1km 投资 3000 万，中间有很大的差别。按

全生命周期考虑，把管线直埋的累计投资加起来，肯定超过每千米 1.2 亿元标准，造成的间接损失更是无法计算。

综合管廊要管几百年。法国巴黎的管廊已经运转 200 年了，运行还很好。总体考虑，综合管廊节省投资的优势显著。

综合管廊建设将拉动经济增长。假设每年能建 8000km 的管廊，每千米 1.2 亿元，就是 1 万亿投资。再加上可拉动钢材、水泥、机械设备等方面的投资，以及大量的人力投入，拉动经济作用十分明显。此前，综合管廊曾一度由于一次性建设成本昂贵、旧城区改造代价大、统一管理难度较大以及政策、法律性支持力度不够等原因而限制了其推广和应用。但目前随着国家相关政策及规范的出台，为综合管廊的发展提供了良好的基础。

三、我国城市地下综合管廊建设迎来新的高潮

1. 自 2013 年以来，国务院已连续发布了多个基础设施和管线建设的文件

（1）2013 年 9 月 16 日，《国务院关于加强城市基础设施建设的意见》发布，要求提高城市管网、排水防涝、消防、污水和垃圾处理等基础设施的建设质量，运营标准和管理水平，消除安全隐患。加大城市管网建设和改造力度，提出用 3 年左右时间，在全国 36 个大中城市全面启动地下综合管廊试点工程，中小城市因地制宜建设一批综合管廊项目。

（2）2014 年 3 月 17 日，中共中央、国务院发布《国家新型城镇化规划（2014—2020年）》。提出推行城市综合管廊，新建城市主干道路、城市新区、各类园区应实行城市地下管网综合管廊模式。

（3）2014 年 6 月 14 日，国务院印发《关于加强城市地下管线建设管理的指导意见》（国办发〔2014〕27 号），要求各地要完成城市地下管线普查，建立综合管理信息系统，编制完成地下管线综合规划。

（4）2014 年 12 月 26 日财政部决定开展中央财政支持地下综合管廊试点工作，对地下综合管廊试点城市给予专项资金补助，该项措施为期 3 年，具体补助数额按城市规模分档确定，直辖市每年 5 亿元，省会城市每年 4 亿元，其他城市每年 3 亿元，对采用政府企业联合出资模式（PPP）达到一定比例的，按上述补助基数奖励 10％。

（5）2015 年 4 月 9 日，国家发展改革委发布城市地下综合管廊建设、战略性新兴产业、养老产业和城市停车场 4 个领域的专项债券发行指引，意图简化和放松相关产业发行债券融资程序标准，拉动相关重点领域投资和消费需求增长。

（6）2015 年 4 月 10 日，财政部 2015 年地下综合管廊试点城市名单公示。包括包头、沈阳等 10 个城市入选 2015 年地下综合管廊试点，并获得相应资金支持。

（7）2015 年 4 月 13 日，住建部举行全国城市地下综合管廊规划建设培训班，住建部及部分城市规划建设负责人、技术专家就技术规范、融资等具体问题进行讨论，全国城市地下综合管廊建设正式拉开序幕。

（8）2015 年 7 月 28 日，国务院常务会议对综合管廊建设作出部署。要求在年度建设中优先安排综合管廊，并制定地下管廊建设专项规划。已建管廊区域，所有管线必须入廊，管廊以外区域不得新建管线，同时要加快现有城市电网、通信网络等架空线入地工程。会议还提出要创新投融资机制，鼓励社会资本参与管廊建设和运营管理，完善管廊建设和抗震防灾标准，建立终身责任和永久性标牌制度。

（9）2015 年 7 月 31 日，住建部召开会议宣布我国将全面启动地下综合管廊建设，在 10

个试点城市 3 年内建设地下综合管廊 389km，年内开工 190km，总投资 351 亿元，其中，中央财政投入 102 亿元，地方政府投入 56 亿元，拉动社会投资约 193 亿元。

（10）2015 年 8 月 10 日，国务院发布《关于推进城市地下综合管廊建设的指导意见》，提出逐步提高城市道路配建地下综合管廊的比例，全面推动地下综合管廊建设，到 2020 年建成一批具有国际先进水平的地下综合管廊并投入运营。

（11）城市地下综合管廊建设将会有多种融资方式，包括政府主导的投资模式、政府企业联合出资模式、特许权经营模式，企业一般在里面承担项目建设和运营的工作，后期政府分期购买服务。并放宽相关企业发行债券的要求，有利于调动社会资本积极性，加速城市地下综合管廊业务的发展。再加上中央财政对试点城市的专项资金补助，项目建设公私两方有望迎来资金面宽裕，我国城市地下综合管廊建设有望在资金解困下迎来加快发展。国务院 2015 年 7 月 28 常务会议在部署综合管廊建设时，鼓励要发挥开发性金融作用，将管廊建设列入专项金融债支持范围。2015 年 8 月初，国家发展改革委表示通过国家开发银行和农业发展银行发行长期专项债券，建立专项基金，用于基础设施建设。中央财政按照专项建设债券利率的 90% 给予贴息。国家开发银行有关负责人随后表示，加大城市地下综合管廊建设力度，是国家开发银行积极支持的重要领域。资料显示，开发银行与住建部合作，共同推出贷款支持项目 27 个，拟建管廊 940km，贷款规模 540 亿元。

（12）李克强总理于 2016 年 5 月 24 日考察武汉中央商务区地下综合管廊时强调，要积极探索 PPP 模式，通过完善回报机制吸引更多社会资本参与地下管廊建设，有效避免城市路面动辄"开膛破肚"，消除"马路拉链"。发展地下管廊是城市品质提升的重要举措。功在当代，利在千秋。李克强总理在武汉中央商务区地下综合管廊施工现场说，我们的城市地上空间高楼林立，发展势头很好，但在地下空间利用的深度广度上，与发达国家还有较大差距。地下空间不仅是城市的"里子"，更是巨大潜在资源。你们要用好这一资源，积极有效拓展城市地下空间。

2. 我国城市地下综合管廊建设虽起步晚，但热情高

（1）十个城市已经开始试点。2015 年，财政部、住建部联合下发《关于开展中央财政支持地下综合管廊试点工作的通知》和《关于组织申报 2015 年地下综合管廊试点城市的通知》，并组织了 2015 年地下综合管廊试点城市评审工作。根据竞争性评审得分，排名在前 10 位的城市进入 2015 年地下综合管廊试点范围。包头、沈阳、哈尔滨、苏州、厦门、十堰、长沙、海口、六盘水、白银 10 城市入围。入围试点城市将获得一定额度的财政补助。10 个城市分布地域广，既有发达地区城市，又有发展中城市。既有老城区集中的城市，也有新建城区项目，试点地方足够有代表性。通过试点，将摸索出在不同财力、不同地区的城市建设综合管廊的经验，以便在全国推开。

（2）2016 年，陕西省住房和城乡建设厅配合省发展改革委提请省政府办公厅印发了《关于加快推进城市地下综合管廊建设的实施意见》，指导全省 13 个市、区编制完成地下综合管廊建设专项规划，不断推进城市地下综合管廊试点建设，并持续增强海绵城市试点建设能力。指导各地建立地下综合管廊项目储备库，明确五年项目滚动规划和年度建设计划，确定西安、延安为地下综合管廊建设省级试点城市。提请省政府办公厅印发了《关于推进海绵城市建设的实施意见》，确定宝鸡、铜川为海绵城市建设试点城市。

（3）山东省政府就加强城市地下管线建设管理专门出台意见，提出将大力建设被誉为城市"里子工程""良心工程"的地下综合管廊，到2015年年底，山东全省城市地下综合管廊长度力争达到300km以上，2020年年底力争达到800km以上。

（4）重庆市的江南新城地下综合管廊5年建设规划已经确立，江南新城的地下管廊全长82.8km，总投资约74亿元。

（5）海南省海口市编制完成了该市地下综合管廊总体发展规划和示范区专项规划，示范项目位于海口市西海岸新区和美安科技新城，规划范围109km²，示范项目总长44.68km，总投资约36.1亿元，计划3年建成。

（6）长沙市也出台建设规划，2015—2017年，将在试点区域内建设总长度63.3km的综合管廊，总投资约34.66亿元。

四、我国城市地下综合管廊建设取得显著成绩

住房城乡建设部统计数据，截至2016年12月20日，全国147个城市28个县已累计开工建设城市地下综合管廊2005km。2017伊始，作为城市看不见的"生命线"，多省市积极已主动积极出台相关规划，地下综合管廊建设正在加速推进。地下综合管廊建设可有效改变"天空蜘蛛网之困、马路拉链之苦"，促进城市空间集约化利用。

1. 北京市

北京市政府常务会议于2017年11月21日研究了《关于加强城市地下综合管廊建设管理的实施意见》，指导北京市地下综合管廊规划、建设和运营管理等方面工作的开展。北京市迎来了地下综合管廊密集建设期，到2020年将建成综合管廊150～200km，在北京城市副中心、冬奥会、世园会等重大项目建设中优先规划建设综合管廊。

北京市综合管廊建设将按照"三随一结合"原则推进，即随城市新区、各类园区同步建设，随新建城市道路、建成区道路改造建设，随轨道交通因地制宜建设，结合架空线入地等项目推动缆线管廊建设。目前，北京市已建成中关村西区、昌平未来科学城、通州运河核心区等综合管廊约20km，从2018年开始，将迎来地下综合管廊密集建设期，2018年新建和续建的综合管廊项目达12个，数量远高于往年，北京城市副中心、世园会、石景山保险产业园、新机场高速公路综合管廊等项目正在积极推进建设。

在项目实施方面，综合管廊将随新区开发、道路、轨道交通同步建设，由市城市管理委牵头建立综合管廊建设工作衔接机制，道路主管部门和轨道交通建设协调部门统筹城市道路、轨道交通与综合管廊的同步建设。区政府牵头推进属地区域型管廊建设。

到2020年，全市将建成综合管廊150～200km，在北京城市副中心、冬奥会、世园会等重大项目建设中，优先规划建设综合管廊，并提高城市道路和轨道交通同步建设综合管廊的比例。到2035年，全市地下综合管廊达到450km左右，逐步构建中心城骨干系统和重点区域系统，带动相关产业发展。

2. 陕西省

（1）2017年1月11日，陕西省首批22项有关海绵城市、综合管廊和装配式建筑设计、建设、管理以及施工的工程建设地方标准，正式发布实施。陕西省住建厅联合省级有关部门，采取有力措施，组织抓好标准的贯彻实施，推进新出台22项标准的体系完善工作，为相关产业发展提供及时有效的技术支撑。同时，加快配套标准的编制，进一步优化、简化工程建设地方标准的立项程序，切实提高全省相关领域工程建设地方标准的科学性、统一性和有效性。陕西省住建厅将组织标准主要起草人员，通过多种方式对标准重要内容进行解读，帮助科研、设计、施工、监理等单位尽快熟悉内容、掌握要点、明确要求，全面提升全省海绵城市、综合管廊和装配式建筑规划、建设、管理水平。

(2) 2017 年 6 月陕西省城市地下综合管廊建设现场会在西安举行，会议通报了全省城市地下综合管廊建设情况，各参会代表参观了西安市昆明路地下综合管廊项目和常宁新区地下综合管廊项目的建设情况，并对下一步工作进行了部署安排。目前，全省竣工项目 33 个，总长度 67km；在建项目 79 个，总长度 166km。到 2020 年，全省建成并投入运营的地下综合管廊将达到 100km。会议要求，各地要认真贯彻落实省政府的部署和要求，结合各地实际情况全盘谋划，主动作为，全面推动我省城市地下综合管廊建设。一是新建改造同步开展，坚决做到新的项目必须同步建设，不欠新账；老的项目因地制宜逐步还账，新老地域的项目同步推动；二是完善前期手续，按照"三个一"标准要求，梳理开工建设任务清单，抓紧制定开工建设方案，严格履行基本建设程序，加快办理各项前期手续；三是推进项目建设，2017 年以前开工建设的项目要继续加快推进，列入 2017 年开工建设任务的项目要按时开工，已开工的项目还要注意及时支付合同约定建设资金，确保工程建设顺利进行；四是各试点城市要勇于担当，主动作为，细化实施方案，制定完善配套政策，高质量完成试点先行先试的任务；五是加强地下综合管廊工程勘察、设计、施工、监理、竣工验收等环节的监督管理，落实工程建设各方质量安全主体责任，确保工程质量安全。

(3) 省住建厅将采取月上报信息、季度通报与年度考核的措施加大综合管廊考核力度，持续推进综合管廊建设。同时，省住建厅将强化各地信息报送工作，要求各地及时在住建部城市地下综合管廊信息系统中填报信息，并及时上报《地下综合管廊建设任务月度进展情况统计表》，确保填报信息及时、完整、准确。

3. 西安市

(1) 2017 年西安市计划新开工建设干支线综合管廊 35.7km，缆线管廊 42km，总投资 43.61 亿元。预计 5 月底，可完成昆明路综合管廊建设。按照西安市申报陕西省综合管廊建设试点城市的实施方案，2016—2018 年开展了 27.75km 干支线管廊、66.4km 缆线管廊项目试点建设。2017 年，已开工建设干支线综合管廊 20.5km、缆线管廊 56.5km。其中，常宁新区东西二号路等 5 个项目均已完成了 400m 范围的土方开挖和边坡支护。渭北工业区渭水二路综合管廊已完成 800m 基坑开挖和钢板桩支护。昆明路综合管廊已全线完成了绿化迁移、交通围挡和障碍物拆除，并完成了 2800 根支护桩施工。港务大道货运线、秦汉大道和朱雀路等缆线管廊主体工程基本完成。

(2) 2018 年在续建项目的基础上，西安市计划新开工建设干支线综合管廊 35.7km、缆线管廊 42km，总投资 43.61 亿元。同时，进一步加快常宁新区 9 条综合管廊建设，实现成片、成网的综合管廊体系，打造综合管廊建设示范区域。2018 年 5 月底前，完成昆明路综合管廊（上层为大环河，下层为 3 仓综合管廊，7 种管线入廊）建设，打造了空间利用合理、管线种类齐全的综合管廊示范项目。

4. 湖北省

湖北省已建立推进全省地下综合管廊、海绵城市建设和城市黑臭水体整治工作联席会议制度，用于指导、督促全省加快推进相关工作。联席会议成员包括省发展改革委、经信委、住建厅、财政厅、环保厅、公安厅以及农发行等 17 个部门。联席会议办公室设在省住建厅。按照分工，省发展改革委、经信委、公安厅、新闻出版广电局等部门要负责督导，将电力、天然气长输管线、各类通信管线、交通信号控制、交通视频监控管线以及广播、有线电视线网等纳入地下综合管廊。省物价局研究制定城市地下综合管廊有偿使用费配套价格政策，指导各地加强对城市地下综合管廊收费行为的监督管理。省环保厅负责指导各地环保部门协助排查黑臭水体，对地下综合管廊、海绵城市建设和城市黑臭水体整治项目环境影响评价工作开辟绿色通道。省水利厅指导各地水利部门协助开展海绵城市建设，督导各地水利部门协助排查城市黑臭水体周边排污口，沟通城市自然水系。此外，国家开发银行和农发行将对推进全省地下综合管廊、海绵城市建设和城市黑臭水体整治提供优惠信贷、专项建设基金等融资支持。

5. 合肥市

合肥市率先在高新区拓展区、新站区少荃湖片区和肥西县产城融合示范区分别试点建设综合管廊 20.29km、24.45km 和 13.58km，建设总长度 58.32km。试点项目于 2017 年建成，于 2018 年投入运营。试点之后逐步推广，根据意见，城市新区、各类园区、成片开发区域新建道路同步规划建设综合管廊；老城区要结合轨道交通建设、地下空间开发、河道治理、道路整治、旧城更新、棚户区改造等，统一规划建设综合管廊。

6. 成都市

成都市政府工作报告中提到，2018 年将着力优化城市功能品质，加快建设宜业宜居城市。增强基础配套功能。深入推进海绵城市建设，完成 21 个地下综合管廊试点项目，探索深层地下空间综合开发。2016 年，成都成为四川省首个入围 2016 年国家地下综合管廊试点城市名单的城市。按照《成都市地下综合管廊专项规划》，成都将在中心城区和天府新区成都直管区等重点区域打造"双核、十四片"的城市地下综合管廊总体格局，到 2030 年建成约 1000km。截至去年，已有大源商务商业核心区综合管廊、新川大道综合管廊、金融城综合管廊等示范线建成。今年，将有包括 IT 大道综合管廊，日月大道综合管廊、成洛路综合管廊、成渝高速综合管廊、中和片区综合管廊等 21 个地下综合管廊试点项目建成。

7. 杭州市

2018 的杭州大江东产业集聚区全面拉开地下综合管廊项目建设序幕。新开建的地下综合管廊分别位于江东大道、河景路及青西三路下，预计总投资约 13.8 亿元，力争年底实现主体竣工。建成后的入廊管线包含高低压电缆、通信、给水、污水、燃气管道等。自 2016 年杭州成功入围全国地下综合管廊试点城市以来，两年内要建 32.26km，其中，大江东承担了全市管廊试点工程三分之一的任务，是杭州规模最大的管廊工程。

8. 淄博市

《淄博市主城区地下综合管廊专项规划》已获淄博市政府批复。规划范围为淄博市主城区，位于滨莱高速以东、鲁山大道以西、黄河大道以南、淄河大道以北，总面积约 283km²，总长 117.5km。规划分为三个阶段，分别是近期：2016—2020 年；中期：2021—2025 年；远期：2026—2030 年。规划综合管廊总长 117.5km，其中，2016—2020 年规划约为 32.7km，2021—2025 年规划为 42.9km，2026—2030 年规划约为 41.9km。规划确定将电力、通信、给水、中水、热力、燃气 6 种管线纳入综合管廊。

9. 日照市

日照市政府印发《日照市 2017 年城市规划建设管理计划及公路建设计划》，结合城中村改造，继续实施城区道路优化畅通工程，其中新（改、扩）建道路共计 44 条，总长度 70km，硬化面积 80 万㎡；结合道路同步建设 7 条综合管廊，总长度 11.2km。概算总投资 15.4 亿元，其中 2.97 亿元列市级城建资金支出，莒州路、五莲路、山府东路等 31 条道路，概算总投资 4.38 亿元，打包采用 PPP 模式组织实施。由东港区政、日照经济技术开发区管委负责拆迁清障。

10. 兰州市

兰州市召开《兰州市综合管廊与轨道交通建设协同推进研究方案》讨论会，探讨综合管廊建设和轨道交通建设同步推进问题。下一步，设计单位将结合与会专家和相关部门单位的意见，在进一步收集轨道交通资料和周边管线资料、人民防空资料、其他隧道和立交桥控制点的基础上，进行充分分析和认真研判，尽快修改完善《兰州市综合管廊与轨道交通建设协同推进研究方案》。

11. 景德镇市

景东片区及高铁商务区地下综合管廊已全面开工，涉及 11 条道路和监控中心，总长度 27.9km。高铁商务区由西片区（珠山新区）、中间的核心区及东片区组成，规划面积约为 10km²，地下综合管廊项目 8 个，分别为迎宾路、站前北路、朝阳东大道、站前二路、站前四路、高铁经一路、建设大道及何家桥北段，合计长度约为 17.1km。景东片区为东城区，结合老城区道路改造进行，地下综合管廊项目 3 个，分别为景德大道、陶玉路和何家桥路，合计长度约为 10.8km。地下综合管廊入廊管线 8 类，包括给水、雨水、污水、燃气、电力、通信、广播电视，并预留中水管位。

12. 云南丘北县

云南丘北县计划投资 26 亿余元实施地下综合管廊建设，采用 PPP 模式实施新城区地下综合管廊建设项目，规划建成普者黑到炭房线城区段、椒莲路、迎宾路和振兴路 4 个干线管廊工程，总长度 14km，支线管廊约 40km，缆线管廊约 km，到 2020 年底，基本建成完善的城市地下综合管廊系统。同时，确定在笔架山片区先行实施实验段建设，该实验段总投资估算 7000 万元，建设管廊系统主体工程及消防、电气、通风、排水及监控等附属设施入廊管线，2018 年 2 月初已完成规划及施工图设计并正式开工建设。

为了进一步加强低碳、绿色、环保理念，促进装配式建筑发展，住建部和地方政府多次出台政策，鼓励并支持装配式建筑发展。2017 年 1 月 10 日，住房和城乡建设部发布第 1417 号、第 1418 号、第 1419 号公告，分别发布 GB/T 51233—2016《装配式木结构建筑技术标准》、GB/T 51232—2016《装配式钢结构建筑技术标准》、GB/T 51231—2016《装配式混凝土建筑技术标准》，3 本标准的实施日期都是 2017 年 6 月 1 日。新形势下，随着装配式建筑技术的日益成熟，新材料、新技术、新工艺的广泛研究与应用，将为中国地下综合管廊建设开辟新路径。

第四节　推进电力管线纳入城市地下综合管廊

一、推进电力管线入廊的重要意义

为贯彻落实中央城市工作会议精神和《中共中央国务院关于进一步加强城市规划建设管理的若干意见》（中发〔2016〕6号）要求，按照《国务院办公厅关于推进城市地下综合管廊建设的指导意见》（国办发〔2015〕61号）有关部署，鼓励电网企业参与投资建设运营城市地下综合管廊，共同做好电力管线入廊工作，住房城乡建设部　国家能源局于2016年5月26日联合发文《关于推进电力管线纳入城市地下综合管廊的意见》（建城〔2016〕98号），要求充分认识电力管线入廊的重要意义，确实做好电力管线入廊工作。

建设城市地下综合管廊（简称管廊），是新型城镇化发展的必然要求，是补齐城市地下基础设施建设"短板"、打造经济发展新动力的一项重大民生工程，也是解决"马路拉链"问题的有效途径。各地住房城乡建设、能源主管部门和各电网企业，要充分认识电力等管线纳入管廊是城市管线建设发展方式的重大转变，有利于提高电力等管线运行的可靠性、安全性和使用寿命；对节约利用城市地面土地和地下空间，提高城市综合承载能力起到关键性作用，对促进管廊建设可持续发展具有重要意义。要加强统筹协调、协商合作，认真做好电力管线入廊等相关工作，积极稳妥推进管廊建设。

二、统筹管廊电网规划及年度建设计划，明确工程标准

1. 统筹管廊电网规划

电网企业要做好电力管线入廊的规划。

2. 统筹管廊年度建设计划

城市组织编制管廊年度建设计划，要提前告知当地电网企业，协调开展相关工作。已经纳入电网规划的电力管线，电网企业要结合管廊年度建设计划，将入廊部分的电力管线纳入电网年度建设计划，与管廊建设计划同步实施。

3. 明确工程标准

电力管线在管廊中敷设，应遵循GB 50289《城市工程管线综合规划规范》、GB 50838《城市综合管廊工程技术规范》、GB 50217《电力工程电缆设计规范》、DL/T 5221《城市电力电缆线路设计技术规定》等相关标准的规定，按照确保安全、节约利用空间资源的原则，结合各地实际情况实施。对敷设方式有争议的，应由城市人民政府组织论证，并经能源主管部门、电网企业和相关管线单位同意后实施。

三、加强电力管线的入廊管理和管廊有偿使用

1. 加强入廊管理

电网企业要主动与管廊建设运营单位协作，积极配合城市人民政府推进电力管线入廊。城市内已建设管廊的区域，同一规划路由的电力管线均应在管廊内敷设。新建电力管线和电力架空线入地工程，应根据本区域管廊专项规划和年度建设，同步入廊敷设；既有电力管线应结合线路改造升级等逐步有序迁移至管廊。

2. 实行有偿使用

相关部门加强沟通，建立投资建设运营有偿使用的机制。

四、落实保障措施

政府部门要切实落实管廊规划建设管理主体责任，组织住房城乡建设部门、能源主管部门等有关部门及电网企业，加强沟通，共同建立有利于电网企业参与投资建设运营管廊的工作协调机制。住房城乡建设主管部门要完善标准规范，抓好工程质量安全，不断提高服务水平。能源主管部门要加强协调，督促指导电网企业积极配合地方管廊建设工作总体部署，推进电力管线入廊。电网企业要做好电力管线入廊的规划、设计、施工、验收、交费及运维等工作。国家电网有限公司、中国南方电网有限责任公司要发挥示范带头作用，组织各分公司贯彻落实文件要求，出台具体的实施措施，积极参与管廊投资建设。住房城乡建设部、国家能源局将建立工作协商机制，组织电网企业共同研究推进电力管线纳入管廊的政策措施，协调解决有关重大问题。

第二章　城市地下综合管廊建设工程规划

第一节　城市地下综合管廊工程规划编制指引

一、制订《城市地下综合管廊工程规划编制指引》的目的

为了贯彻落实《国务院办公厅关于加强城市地下管线建设管理的指导意见》（国办发〔2014〕27 号），做好城市地下综合管廊工程规划建设工作；为了规范和指导城市地下综合管廊工程规划编制工作，提高规划的科学性，避免盲目、无序建设，住房和城乡建设部制定了《城市地下综合管廊工程规划编制指引》，于 2015 年 5 月 26 日以建城〔2015〕70 号文通知形式印发各地，该指引适用于城市地下综合管廊工程规划编制工作，要求认真贯彻执行。县人民政府所在地镇、中心镇开展管廊工程规划编制，可参照执行。

二、对城市地下综合管廊工程规划编制的基本要求

1. 基本原则

（1）城市地下综合管廊工程规划应根据城市总体规划、地下管线综合规划、控制性详细规划编制，与地下空间规划、道路规划等保持衔接。

（2）编制城市地下综合管廊工程规划应以统筹地下管线建设、提高工程建设效益、节约利用地下空间、防止道路反复开挖、增强地下管线防灾能力为目的，遵循政府组织、部门合作、科学决策、因地制宜、适度超前的原则。

（3）管廊工程规划应统筹兼顾城市新区和老旧城区。新区管廊工程规划应与新区规划同步编制，老旧城区管廊工程规划应结合旧城改造、棚户区改造、道路改造、河道改造、管线改造、轨道交通建设、人民防空建设和地下综合体建设等编制。

（4）管廊工程规划期限应与城市总体规划一致，并考虑长远发展需要。建设目标和重点任务应纳入国民经济和社会发展规划。

（5）管廊工程规划原则上 5 年进行一次修订或根据城市规划和重要地下管线规划的修改及时调整。调整程序按编制管廊工程规划程序执行。

2. 编制主体和参与部门

管廊工程规划由城市人民政府组织相关部门编制，用于指导和实施管廊工程建设。编制中应听取道路、轨道交通、给水、排水、电力、通信、广电、燃气、供热等行政主管部门及有关单位、社会公众的意见。

3. 划定三维控制线纳入城市黄线管理

管廊工程规划应合理确定管廊建设区域和时序，划定管廊空间位置、配套设施用地等三维控制线，纳入城市黄线管理。管廊建设区域内的所有管线应在管廊内规划布局。

三、城市地下综合管廊规划编制内容

城市地下综合管廊规划编制内容如表 2-1 所示。

表 2-1　　　　　　　　　　　城市地下综合管廊规划编制内容

序号	项目	编制内容要求
1	规划可行性分析	根据城市经济、人口、用地、地下空间、管线、地质、气象、水文等情况，分析管廊建设的必要性和可行性
2	规划目标和规模	明确规划总目标和规模、分期建设目标和建设规模
3	地下管廊建设区域	敷设两类及以上管线的区域可划为管廊建设区域。 高强度开发和管线密集地区应划为管廊建设区域。主要是以下 3 种： （1）城市中心区、商业中心、城市地下空间高强度成片集中开发区、重要广场，高铁、机场、港口等重大基础设施所在区域。 （2）交通流量大、地下管线密集的城市主要道路以及景观道路。 （3）配合轨道交通、地下道路、城市地下综合体等建设工程地段和其他不宜开挖路面的路段等
4	系统布局	根据城市功能分区、空间布局、土地使用、开发建设等，结合道路布局，确定管廊的系统布局和类型等
5	管线入廊分析	根据管廊建设区域内有关道路、给水、排水、电力、通信、广电、燃气、供热等工程规划和新（改、扩）建计划，以及轨道交通、人民防空建设规划等，确定入廊管线，分析项目同步实施的可行性，确定管线入廊的时序
6	管廊断面选型	根据入廊管线种类及规模、建设方式、预留空间等，确定管廊分舱、断面形式及控制尺寸
7	三维控制线划定	管廊三维控制线应明确管廊的规划平面位置和竖向规划控制要求，引导管廊工程设计
8	重要节点控制	明确管廊与道路、轨道交通、地下通道、人民防空工程及其他设施之间的间距控制要求
9	配套设施	合理确定控制中心、变电站、投料口、通风口、人员出入口等配套设施规模、用地和建设标准，并与周边环境相协调
10	附属设施	明确消防、通风、供电、照明、监控和报警、排水、标识等相关附属设施的配置原则和要求
11	安全防灾	明确综合管廊抗震、防火、防洪等安全防灾的原则、标准和基本措施
12	建设时序	根据城市发展需要，合理安排管廊建设的年份、位置、长度等
13	投资估算	测算规划期内的管廊建设资金规模
14	保障措施	提出组织、政策、资金、技术、管理等措施和建议

四、城市地下综合管廊工程规划编制成果

城市地下综合管廊工程规划编制成果由文本、图纸和附件组成，如表 2-2 所示。

表 2-2　　　　　　　　城市地下综合管廊工程规划编制成果

序号	组成部分	具 体 内 容
1	文本	（1）总则。 （2）依据。 （3）规划可行性分析。 （4）规划目标和规模。 （5）建设区域。 （6）系统布局。 （7）管线入廊分析。 （8）管廊断面选型。 （9）三维控制线划定。 （10）重要节点控制。 （11）配套设施。 （12）附属设施。 （13）安全防灾。 （14）建设时序。 （15）投资估算。 （16）保障措施。 （17）附表
2	图纸	（1）管廊建设区域范围图。 （2）管廊建设区域现状图。 （3）管廊系统规划图。 （4）管廊分期建设规划图。 （5）管线入廊时序图。 （6）管廊断面示意图。 （7）三维控制线划定图。 （8）重要节点竖向控制图和三维示意图。 （9）配套设施用地图。 （10）附属设施示意图
3	附件	（1）规划说明书。 （2）专题研究报告。 （3）基础资料汇编。 （4）其他

第二节　综合管廊系统规划的基本规定

一、对城市地下综合管廊的总要求

1. 城市工程管线应纳入综合管廊中

城市工程管线是指用于服务人民生产生活的市政常规管线，包括给水、雨水、污水、再生水、燃气、热力、电力、通信、广播电视等，这些市政管线应因地制宜纳入综合管廊，各类工业管线不属于综合管廊范围。

根据国内外工程实践，各种城市工程管线均可以敷设在综合管廊内，通过安全保护措施可以确保这些管线在综合管廊内安全运行。一般情况下，信息电（光）缆、电力电缆、给水管道进入综合管廊技术难度较小，这些管线可以同舱敷设，天然气、雨水、污水、热力管道进入综合管廊需满足相关安全规定，天然气管道及热力管道不得与电力管线同舱敷设，且天然气管道应单舱敷设。压力流排水管道与给水管道相似，可优先安排进入综合管廊内。由于我国幅员辽阔，建设场地地势条件差异较大，可通过详细的技术经济比较，确定采用重力流排水管渠进入综合管廊的方案。目前，重庆市、厦门市有充分利用地势条件将重力流污水管道纳入综合管廊的工程实例。考虑到重力流雨水、污水管渠对综合管廊竖向布置的影响，综合管廊内的雨水、污水主干线不宜过长，宜分段排入综合管廊外的下游干线。

根据 GB 50028《城镇燃气设计规范》，城镇燃气包括人工煤气、液化石油气以及天然气。液化石油气密度大于空气，一旦泄漏不易排出；人工煤气中含有 CO 不宜纳入地下综合管廊。且随着经济的发展，天然气逐渐成为城镇燃气的主流，因此，城市综合管廊只考虑将天然气管线纳入综合管廊。

2. 综合管廊工程建设应以综合管廊工程规划为依据

综合管廊建设实施应以综合管廊工程规划为指导，保证综合管廊的系统性，提高综合管廊效益，应根据规划确定的综合管廊断面和位置，综合考虑施工方式和与周边构筑物的安全距离，预留相应的地下空间，保证后续建设项目实施。

3. 综合管廊工程应在城市重要地段和管线密集区规划建设

综合管廊工程应结合新区建设、旧城改造、道路新（扩、改）建，在城市重要地段和管线密集区规划建设。

根据《国务院关于加强城市基础设施建设的意见》（国发〔2013〕36 号）和《关于加强城市地下管线建设管理的指导意见》（国办发〔2014〕27 号）稳步推进城市地下综合管廊建设，开展地下综合管廊试点工程，探索投融资、建设维护、定价收费、运营管理等模式，提高综合管廊建设管理水平。通过试点示范效应，带动具备条件的城市结合新区建设、旧城改造、道路新（改、扩）建，在重要地段和管线密集区建设综合管廊。

综合管廊的建设既有体现针对性，又要体现协同性。综合管理建设要针对需求强烈的城市重要地段和管线密集区，提高综合管廊实施效果；综合管廊建设也要与新区建设、旧城改造、道路建设等相关项目协同推进，提高可实施性。

4. 管廊建设与道路建设同步进行的原则

城市新区主干路下的管线宜纳入综合管廊，综合管廊应与主干路同步建设。城市老（旧）城区综合管廊建设宜结合地下空间开发、旧城改造、道路改造、地下主要管线改造等项目同步进行。

城市新区应高标准规划建设地下管线设施，新区主干路往往也是地下管线设施的重要通道，宜采用综合管廊的方式。综合管廊与新区主干道路同步建设可大大减少建设难度和投资。

城市老（旧）城区综合管廊建设应以规划为指导，结合地下空间开发利用、旧城改造、道路建设、地下主要管线改造等项目同步进行，避免单纯某一项目建设时对地面交通、管线设施运行的影响，并减少项目投资。

5. 综合管廊与地下空间、环境景观协调原则

综合管廊工程规划与建设应与地下空间、环境景观等相关城市基础设施衔接、协调。

综合管廊属于城市基础设施的一种类型，是一种高效集约的城市地下管线布置形式，综合管廊工程规划应与城市给水、雨水、污水、供电、通信、燃气、供热、再生水等地下管线设施规划相协调；城市综合管廊主体采用地下布置，属于城市地下空间利用的形式之一，因此，综合管廊工程规划建设应统筹考虑与城市地下空间尤其是轨道交通的关系；综合管廊的出入口、吊装口、进风口及排风口等均有露出地面的部分，其形式与位置等应与城市环境景观相一致。

6. 综合管廊应统一规划、设计、施工和维护

(1) 综合管廊工程规划、设计、施工和维护应与各类工程管线统筹协调。

(2) 综合管廊应统一规划、设计、施工和维护，并应满足管线的使用和运营维护要求。

(3) 综合管廊应同步建设消防、供电、照明、监控与报警、通风、排水、标识等设施。

综合管廊主要为各类城市工程管线服务，规划设计阶段应以管线规划及其工艺需求为主要依据，建设过程中应与直埋管线在平面和竖向布置相协调，建成后的运营维护应确保纳入管线的安全运行。

城市地下综合管廊与道路、管线等工程密切相关，为更好地发挥综合管廊的效益，并且节省投资，应统一规划，同步建设。综合管廊建设应同步配套消防、供电、照明、监控与报警、通风、排水、标识等设施，以满足管线单位的使用和运行维护要求。

7. 综合管廊工程设计的主要内容和要求

(1) 综合管廊工程设计应包含总体设计、结构设计、附属设施设计等，纳入综合管廊的管线应进行专项管线设计。

(2) 纳入综合管廊的工程管线设计应符合综合管廊总体设计的规定及国家现行相应管线设计标准的规定。

综合管廊工程设计内容应包含平面布置、竖向设计、断面布置、节点设计等总体设计，结构设计，以及电气、监控和报警、通风、排气、消防等附属设施的工程设计。

为确保综合管廊内各类管线安全运行，纳入综合管廊内的管线均应根据管线运行特点和进入综合管廊后的特殊要求进行管线专项设计，管线专项设计应符合本规范和相关专业规范的技术规定。

二、城市地下综合管廊规划的一般规定

(1) 综合管廊工程规划应符合城市总体规划要求，规划年限应与城市总体规划一致，并应预留远景发展空间。

城市总体规划是对一定时期内城市性质、发展目标、发展规模、土地利用、空间布局以及各项建设的综合部署和实施措施，综合管廊工程规划应以城市总体规划为上位依据并符合城市总体规划的发展要求，也是城市总体规划对市政基础设施建设要求的进一步落实，其规划年限应与城市总体规划年限相一致。由于综合管廊生命周期原则上不少于100年，因此综合管廊工程规划应适当考虑城市总体规划法定期限以外（即远景规划部分）的城市发展需求。

(2) 综合管廊工程规划应与城市地下空间规划、工程管线专项规划及管线综合规划相衔接。

城市新区的综合管廊工程规划中，若综合管廊工程规划建设在先，各工程管线规划和管线综合规划应与综合管廊工程规划相适应；老城区的综合管廊工程规划中，综合管廊应满

足现有管线和规划管线的需求，并可依据综合管廊工程规划对各工程管线规划进行反馈优化。

（3）综合管廊工程规划应坚持因地制宜、远近结合、统一规划、统筹建设的原则。

有条件建设综合管廊的城市应编制综合管廊工程规划，且该规划要适应当地的实际发展情况，预留远期发展空间并落实近期可实施项目，体现规划的系统性。

（4）综合管廊工程规划应集约利用地下空间，统筹规划综合管廊内部空间，协调综合管廊与其他地上、地下工程的关系。

综合管廊相比较于传统管道直埋方式的优点之一是节省地下空间，综合管廊工程规划中应按照综合管廊内管线设施优化布置的原则预留地下空间，同时与地下和地上设施相协调，避免发生冲突。

（5）综合管廊工程规划应包含平面布置、断面、位置、近期建设计划等内容。

第三节　综合管廊整体布局

一、综合管廊布局的基本规定

（1）综合管廊布局应与城市功能分区、建设用地布局和道路网规划相适应。

综合管廊的布置应以城市总体规划的用地布置为依据，以城市道路为载体，既要满足现状需求，又能适应城市远期发展。

（2）综合管廊工程规划应结合城市地下管线现状，在城市道路、轨道交通、给水、雨水、污水、再生水、天然气、热力、电力、通信等专项规划以及地下管线综合规划的基础上，确定综合管廊的布局。

按照我国目前的规划编制情况，城市给水、雨水、污水、供电、通信、燃气、供热、再生水等专项规划基本由专业部门编制完成，综合管廊工程规划原则上以上述专项规划为依据，确定综合管廊的布置及入廊管线种类，并且在综合管廊工程规划编制过程中对上述专项规划提出调整意见和建议；对于上述专项规划编制不完善的城市，综合管廊工程规划应考虑各专业管线现状情况和远期发展需求综合确定，并建议同步编制相关专项规划。

（3）综合管廊应与地下交通、地下商业开发、地下人民防空设施及其他相关建设项目协调。

综合管廊与地下交通、地下商业、地下人民防空设施等地下开发利用项目在空间上有交叉或者重叠时，应在规划、选线、设计、施工等阶段与上述项目在空间上统筹考虑，在设计施工阶段宜同步开展，并预先协调可能遇到的矛盾。

（4）综合管廊宜分为干线综合管廊、支线综合管廊及缆线管廊。

（5）综合管廊系统规划应明确管廊的空间位置。

（6）纳入综合管廊内的管线布置，应有管线各自对应的主管单位批准的专项规划。

（7）综合管廊系统规划的编制应根据城市发展总体规划，充分调查城市管线地下通道现状，合理确定主要经济指标，科学预测规划需求量，坚持因地制宜、远近兼顾、全面规划、分步实施的原则，确保综合管廊系统规划和城市经济技术水平相适应。

（8）综合管廊的系统规划应明确管廊的最小覆土深度、相邻工程管线和地下构筑物的最小水平净距和最小垂直净距。

（9）综合管廊等级应根据敷设管线的等级和数量分为干线综合管廊、支线综合管廊及电缆沟。

（10）干线综合管廊宜设置在机动车道、道路绿化带下，其覆土深度应根据地下设施竖向综合规划、道路施工、行车荷载、绿化种植及设计冻深等因素综合确定。

（11）支线综合管廊宜设置在道路绿化带、人行道或非机动车道下，其覆土深度应根据地下设施竖向综合规划、道路施工、绿化种植及设计冻深等因素综合确定。

（12）电缆沟宜设置在人行道下。

（13）综合管廊宜选择地质条件较好的区域建设，避开不利地带。

二、宜采用综合管廊的情况

当遇到下列情况之一时，宜采用综合管廊：

（1）交通运输繁忙或地下管线较多的城市主干道以及配合轨道交通、地下道路、城市地下综合体等建设工程地段。

（2）城市核心区、中央商务区、地下空间高强度成片集中开发区、重要广场、主要道路的交叉口、道路与铁路或河流的交叉处、过江隧道等。

（3）道路宽度难以满足直埋敷设多种管线的路段。

（4）重要的公共空间。

（5）不宜开挖路面的路段。

城市综合管廊工程建设可以做到"统一规则、统一建设、统一管理"，减少道路重复开挖的频率，集约利用地下空间。但是由于综合管廊主体工程和配套工程建设的初期一次性投资较大，不可能在所有道路下均采用综合管廊方式进行管线敷设。结合 GB 50289《城市工程管线综合规划规范》的相关规定，在传统直埋管线因为反复开挖路面对道路交通影响较大、地下空间存在多种利用形式、道路下方空间紧张、地上地下高强度开发、地下管线敷设标准要求较高的地段，以及对地下基础设施的高负荷利用的区域，适宜建设综合管廊。

三、综合管廊应设置监控中心

综合管廊应设置监控中心，监控中心宜与邻近公共建筑合建，建筑面积应满足使用要求。

综合管廊由于配套建有完善的监控预警系统等附属设施，需要通过监控中心对综合管廊及内部设施运行情况进行实时监控，保证设施运行安全和智能化管理。监控中心宜设置控制设备中心、大屏幕显示装置、会商决策室等。监控中心的选址应以满足其功能为首要原则，鼓励与城市气象、给水、排水、交通等监控管理中心或周边公共建筑合建，便于智慧型城市建设和城市基础设施统一管理。

四、综合管廊线形及交叉要求

1. 线形要求

（1）综合管廊平面中心线宜与道路中心线平行，不宜从道路一侧转到另一侧。

（2）综合管廊线形应根据道路状况、地下埋设物状况及相关公共工程设计进行调整，曲线部分最小转弯半径应能满足管廊内各种管线的转弯半径要求。

2. 综合管廊交叉避让应符合的要求

（1）当综合管廊沿铁路、公路敷设时应与铁路、公路线路平行。当综合管廊与铁路、公路交叉时宜采用垂直交叉方式布置；受条件限制，可倾斜交叉布置，其最小交叉角不宜小于60°。

（2）当综合管廊与非重力流管道交叉时，宜选择非重力流管道避让；当综合管廊与重力流管道交叉时，应根据实际情况，经过经济技术比较后确定解决方案。

（3）当综合管廊沿河道敷设时应与河道平行，当综合管廊与河道交叉时应垂直交叉，且宜从河道下部穿越；综合管廊穿越河道时应选择在河床稳定河段，最小覆土深度应按不妨碍河道的整治和管廊安全的原则确定，并应符合以下要求：

1）在航道下面敷设，应在航道底设计高程2.0m以下。

2）在其他河道下面敷设，应在河底设计高程1.0m以下。

3）在灌溉渠道下面敷设，应在渠底设计高程0.5m以下。

3. 距离要求

（1）埋深大于建（构）筑物基础的综合管廊，其与建（构）筑物之间的最小水平净距离，应按下式计算，即

$$l \geqslant \frac{H - H_e}{\tan\alpha} \tag{2-1}$$

式中　l——综合管廊外轮廓边线至建（构）筑物基础边水平距离，m；

　　　H——综合管廊基坑开挖深度，m；

　　　H_e——建（构）筑物基础底砌置深度，m；

　　　α——土壤内摩擦角，(°)。

（2）干线、支线综合管廊与相邻地下构筑物的最小水平间距应根据地质条件和相邻构筑物性质确定，且不得小于表2-3规定的数值。

表 2-3　　　　　　干线、支线综合管廊与相邻地下构筑物的最小水平间距　　　　　　单位：m

相邻情况	明挖施工	非开挖施工
综合管廊与地下构筑物水平净距	1.0	不小于综合管廊外径
综合管廊与地下管线水平净距	1.0	不小于综合管廊外径
综合管廊与地下管线交叉穿越净距	1.0	1.0

4. 其他要求

（1）综合管廊的管线分支口应满足管线预留数量、安装敷设作业空间的要求，相应的管线工作井的土建工程宜同步实施。

（2）综合管廊同其他方式敷设的管线连接处，应做好防水和防止差异沉降的措施。

（3）综合管廊的纵向斜坡超过10%时，应在人员通道部位设防滑地坪或台阶。

第四节　综合管廊的标准断面和容纳的管线

一、综合管廊的标准断面

1. 基本要求

（1）综合管廊断面形式应根据纳入管线的种类及规模、建设方式、预留空间等确定。

（2）综合管廊断面应满足管线安装、检修、维护作业所需要的空间要求。

（3）综合管廊内的管线布置应根据纳入管线的种类、规模及周边用地功能确定。

综合管廊的断面形式应根据容纳的管线种类和数量、管线尺寸、管线的相互关系以及施工方式综合确定。采用明挖现浇施工时宜采用矩形断面，采用明挖预制装配施工时宜采用矩形断面或圆形断面，采用非开挖技术时宜采用圆形断面、马蹄形断面。综合管廊分舱状况应考虑纳入管线之间的相互影响。

2. 综合管廊的净高净宽

（1）综合管廊标准断面内部净高应根据容纳的管线种类、数量等因素综合确定：

1）干线综合管廊的内部净高不宜小于2.1mm。

2）支线综合管廊的内部净高不宜小于1.9m；与其他地下构筑物交叉的局部区段的净高，不应小于1.4m。当不能满足最小净空要求时，可改为排管连接。

（2）综合管廊标准断面内部净宽应根据容纳的管线种类、数量、管线运输、安装、维护、检修等要求综合确定。

3. 综合管廊中的人行通道

（1）干线综合管廊、支线综合管廊内两侧设置支架或管道时，人行通道最小净宽不宜小于1.0m；当单侧设置支架和管道时，人行通道最小净宽不宜小于0.9m。

（2）电缆沟内人行通道的净宽不宜小于表2-4所列值。

表2-4　　　　　　　　　　　　　电缆沟人行通道净宽　　　　　　　　　　　单位：mm

电缆支架配置方式	电缆沟净深		
	≤600	600~1000	≥1000
两侧支架	300	500	700
单侧支架	300	450	600

（3）综合管廊内通道的净宽，尚应满足综合管廊内管道、配件、设备运输净宽的要求。

二、综合管廊容纳的管线

1. 基本要求

（1）信息电（光）缆、电力电缆、给水管道、热力管道等市政公用管线宜纳入综合管廊内。地势平坦建设场地的重力流管道不宜纳入综合管廊。

（2）综合管廊内相互无干扰的工程管线可设置在管廊的同一个舱，相互有干扰的工程管线应分别设在管廊的不同空间。

2. 具体要求

（1）天然气管道应在独立舱室内敷设。

（2）热力管道采用蒸汽介质时应在独立舱室内敷设。

（3）热力管道不应与电力电缆同舱敷设。

（4）110kV及以上电力电缆，不应与通信电缆同侧布置。

（5）给水管道与热力管道同侧布置时，给水管道宜布置在热力管道下方。

（6）给水管道与排水管道可在综合管廊同侧布置，排水管道应布置在综合管廊的底部。

（7）进入综合管廊的排水管道应采用分流制，雨水纳入综合管廊可利用结构本体或采用管道方式。

（8）污水纳入综合管廊应采用管道排水方式，污水管道宜设置在综合管廊的底部。

（9）燃气管道和其他输送易燃或有害介质管道纳入管廊尚应符合相应的专项技术要求。

第三章　城市地下综合管廊总体设计和管线设计

第一节　总体设计的一般规定

一、基本要求

（1）综合管廊平面中心线宜与道路、铁路、轨道交通、公路中心线平行。

综合管廊一般在道路的规划红线范围内建设，综合管廊的平面线形应符合道路的平面线形。当综合管廊从道路的一侧折转到另一侧时，往往会对其他的地下管线和构筑物建设造成影响，因而尽可能避免从道路的一侧转到另一侧。

（2）GB 50289—2015《城市工程管线综合规划规范》第 4.1.7 条规定：综合管廊一般宜与城市快速路、主干路、铁路、轨道交通、公路等平行布置，如需要穿越时，宜尽量垂直穿越，条件受限时，为减少交叉距离，规定交叉角不宜小于60°，如图 3-1 所示。

（3）综合管廊的断面形式及尺寸应根据施工方法及容纳的管线种类、数量、分支等综合确定。

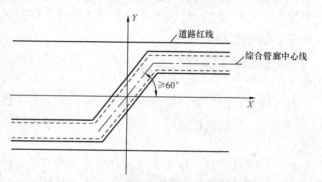

图 3-1　综合管廊最小交叉角示意图

矩形断面的空间利用效率高于其他断面，因而一般具备明挖施工条件时往往优先采用矩形断面。但是当施工条件受到制约必须采用非开挖技术如顶管法、盾构法施工综合管廊时，一般需要采用圆形断面。当采用明挖预制拼装法施工时，综合考虑断面利用、构件加工、现场拼装等因素，可采用矩形、圆形、马蹄形断面。

二、分支口

综合管廊管线分支口应满足预留数量、管线进出、安装敷设作业的要求。相应的分支配套设施应同步设计。

综合管廊内的管线为沿线地块服务，应根据规划要求预留管线引出节点。综合管廊建设的目的之一就是避免道路的开挖，在有些工程建设当中，虽然建设了综合管廊，但由于未能考虑到其他配套的设施同步建设，在道路路面施工完工后再建设，往往又会产生多次开挖路面或人行道的不良影响，因而要求在综合管廊分支口预埋管线，实施管线工井的土建工程。

三、天然气管道

（1）含天然气管道舱室的综合管廊不应与其他建（构）筑物合建。

其他建（构）筑物主要指地下商业、地下停车场、地下道路、地铁车站以及地面建筑物的地下部分等。不同地下建（构）筑物工后沉降控制指标不一致，为了避免因地下建（构）筑物沉降差异导致天然气管线破损而泄漏。日本《共同沟设计指针》第2章基本规划中提到："6）在地铁车站房舍建筑部或者一般部位的建筑物上建设综合管沟时，采用相互分离的构造为佳。如果采用一体式构造时，应该与有关人员协商后制定综合管沟的位置和结构规划。"故不建议与其他建（构）筑物合建。如确需与其他地下建（构）筑物合建，必须充分考虑相互影响因素。

（2）天然气管道舱室与周边建（构）筑物间距应符合 GB 50028《城镇燃气设计规范》的有关规定。

（3）天然气管道舱室地面应采用撞击时不产生火花的材料。

四、压力管道

压力管道进出综合管廊时，应在综合管廊外部设置阀门。

压力管道运行出现意外情况时，应能够快速可靠地通过阀门进行控制，为便于管线维护人员操作，一般应在综合管廊外部设置阀门井，将控制阀门布置在管廊外部的阀门井内。

五、其他要求

（1）综合管廊设计时，应预留管道排气阀、补偿器、阀门等附件安装、运行、维护作业所需要的空间。

管道内输送的介质一般为液体或气体，为了便于管理，往往需要在管道的交叉处设置阀门进行控制。阀门的控制可分为电动阀门或手动阀门两种。由于阀门占用空间较大，应予以考虑。

（2）管道的三通、弯头等部位应设置支撑或预埋件。

（3）综合管廊顶板处，应设置供管道及附件安装用的吊钩、拉环或导轨。吊钩、拉环相邻间距不宜大于10m。

第二节　综合管廊的空间设计

一、综合管廊穿越河道

综合管廊穿越河道时应选择在河床稳定的河段，最小覆土深度应满足河道整治和综合管廊安全运行的要求，并应符合下列规定：

（1）在Ⅰ～Ⅴ级航道下面敷设时，顶部高程应在远期规划航道底高程2.0m以下。

（2）在Ⅵ、Ⅶ级航道下面敷设时，顶部高程应在远期规划航道底高程1.0m以下。

（3）在其他河道下面敷设时，顶部高程应在河道底设计高程1.0m以下。

二、综合管廊与相邻地下管线最小净距

综合管廊与相邻地下管线及地下构筑物的最小净距应根据地质条件和相邻构筑物性质确定，且不得小于表3-1的规定。

表 3-1	综合管廊与相邻地下构筑物的最小净距	单位：m
相邻情况	明挖施工	顶管、盾构施工
综合管廊与地下构筑物水平净距	1.0	综合管廊外径
综合管廊与地下管线水平净距	1.0	综合管廊外径
综合管廊与地下管线交叉垂直净距	0.5	1.0

三、综合管廊的最小转弯半径

（1）综合管廊最小转弯半径应满足综合管廊内各种管线的转弯半径要求。

（2）综合管廊内电力电缆弯曲半径和分层布置，应符合 GB 50217《电力工程电缆设计规范》的有关规定。

（3）综合管廊内通信线缆弯曲半径应大于线缆直径的 15 倍，且应符合 YD 5102《通信线路工程设计规范》的有关规定。

四、其他要求

（1）综合管廊内纵向坡度超过 10% 时，应在人员通道部位设置防滑地坪或台阶。

（2）综合管廊与其他方式敷设的管线连接处，应采取密封和防止差异沉降的措施。

当管线进入综合管廊或从综合管廊外出时，由于敷设方式不同以及综合管廊与道路结构不同，容易产生不均匀沉降，进而对管线运行安全产生影响。设计时应采取措施避免差异沉降对管线的影响。在管线进出综合管廊部位，尚应做好防水措施，避免地下水渗入综合管廊。

（3）综合管廊的监控中心与综合管廊之间宜设置专用连接通道，通道的净尺寸应满足日常检修通行的要求。

监控中心宜靠近综合管廊主线，为便于维护管理人员自监控中心进出管廊，之间宜设置专用维护通道，并根据通行要求确定通道尺寸。

第三节　综合管廊的断面设计

一、综合管廊断面净高

综合管廊标准断面内部净高应根据容纳管线的种类、规格、数量、安装要求等综合确定，不宜小于 2.4m。

综合管廊断面净高应考虑头戴安全帽的工作人员在综合管廊内作业或巡视工作所需要的高度，并应考虑通风、照明、监控因素。

DL/T 5221—2016《城市电力电缆线路设计技术规定》2005 第 6.4.1 条规定："电缆隧道的净高不宜小于 1900mm，与其他沟通交叉的局部段净高，不得小于 1400mm 或改为排管连接。"GB 50217—2007《电力工程电缆设计规范》第 5.5.1 条规定："隧道、工作井的净高不宜小于 1900mm，与其他沟道交叉的局部段净高不得小于 1400mm；电缆夹层的净高，不得小于 2000mm。"

考虑到综合管廊内容纳的管线种类数量较多及各类管线的安装运行需求，同时为长远发展预留空间，结合国内工程实践经验，GB 50838《城市综合管廊工程技术规范》将综合管廊内部净高最小尺寸要求提高至 2.4m。

二、综合管廊断面净宽

1. 基本规定

综合管廊标准断面内部净宽应根据容纳的管线种类、数量、运输、安装、运行、维护等要求综合确定。

综合管廊通道净宽应满足管道、配件及设备运输的要求，并应符合下列规定：

（1）综合管廊内两侧设置支架或管道时，检修通道净宽不宜小于1.0m；单侧设置支架或管道时，检修通道净宽不宜小于0.9m。

综合管廊通道净宽首先应满足管道安装及维护的要求，同时综合DL/T 5221—2005《城市电力电缆线路设计技术规定》第6.1.4条、GB 50217—2007《电力工程电缆设计规范》第5.5.1条的规定，确定检修通道的最小净宽。

（2）配备检修车的综合管廊检修通道宽度不宜小于2.2m。

对于容纳输送性管道的综合管廊，宜在输送性管道舱设置主检修通道，用于管道的运输安装和检修维护，为便于管道运输和检修，并尽量避免综合管廊内空气污染，主检修通道宜配置电动牵引车，参考国内小型牵引车规格型号，综合管廊内适用的电动牵引车尺寸按照车宽1.4m定制，两侧各预留0.4m安全距离，确定主检修通道最小宽度为2.2m。

2. 我国已有综合管廊的标准断面示意图

图3-2所示为根据国内综合管廊的实践经验，已出现的综合管廊标准断面示意。

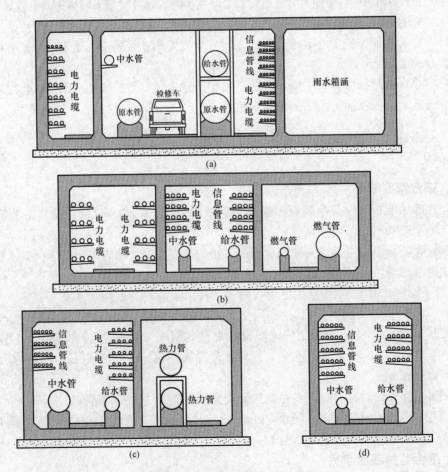

图3-2　综合管廊标准断面示意图

（a）配备电动牵引的检修车的大3舱综合管廊；（b）3舱；（c）2舱；（d）1舱

三、线缆支架桥架和管道安装净距

（1）电力电缆的支架间距应符合 GB 50217《电力工程电缆设计规范》的有关规定。

（2）通信线缆的桥架间距应符合 YD/T 5151《光缆进线室设计规定》的有关规定。

（3）管道的连接一般为焊接、法兰连接、承插连接。根据日本《共同沟设计指针》的规定，管道周围操作空间根据管道连接形式和管径而定。

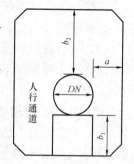

图 3-3　综合管廊中管道的安装净距

GB 50838—2015 规定的综合管廊的管道安装净距如图 3-3 所示。图中符号的数值应符合表 3-2 的规定。

表 3-2 综合管廊的管道安装净距 单位：mm

管道外径	综合管廊的管道安装净距					
	铸铁管、螺栓连接钢管			焊接钢管、塑料管		
	a	b_1	b_2	a	b_1	b_2
$DN<400$	400	400	800	500	500	800
$400 \leqslant DN<800$	500	500				
$800 \leqslant DN<1000$						
$1000 \leqslant DN \leqslant 1500$	600	600		600	600	
$\geqslant DN1500$	700	700		700	700	

第四节　综合管廊的节点设计

一、节点分类和设计的基本要求

综合管廊的节点是指综合管廊的每个舱室应设置人员出入口、逃生口、吊装口、进风口、排风口、管线分支口等。

（1）综合管廊的人员出入口、逃生口、吊装口、进风口、排风口等露出地面的构筑物应满足城市防洪要求，并应采取防止地面水倒灌及小动物进入的措施。

综合管廊的吊装口、进排风口、人员出入口等节点设置是综合管廊必需的功能性要求。这些口都由于需要露出地面，往往会形成地面水倒灌的通道，为了保证综合管廊的安全运行，应当采取技术措施确保在道路积水期间地面水不会倒灌进管廊。

（2）综合管廊人员出入口宜与逃生口、吊装口、进风口结合设置，且不应少于 2 个。

综合管廊人员出入口宜与吊装口进行功能整合，设置爬梯，便于维护人员进出。

二、综合管廊逃生口设置规定

综合管廊逃生口的设置应符合下列规定：

（1）敷设电力电缆的舱室，逃生口间距不宜大于 200m。

（2）敷设天然气管道的舱室，逃生口间距不宜大于 200m。

（3）敷设热力管道的舱室，逃生口间距不应大于 400m。当热力管道采用蒸汽介质时，逃生口间距不应大于 100m。

设置逃生口是保证进入人员的安全，蒸汽管道发生事故时对人的危险性较大，因此，规定综合管廊敷设有输送介质为蒸汽的管道的舱室逃生口间距比较小。

（4）敷设其他管道的舱室，逃生口间距不宜大于 400m。

（5）逃生口尺寸不应小于 1m×1m，当为圆形时，内径不应小于 1m。逃生口尺寸是考虑消防人员救援进出的需要。

三、综合管廊吊装口设置规定

综合管廊吊装口的最大间距不宜超过 400m。吊装口净尺寸应满足管线、设备、人员进出的最小允许限界要求。

由于综合管廊内空间较小，管道运输距离不宜过大，根据各类管线安装敷设运输要求，综合确定吊装口间距不宜大于 400m。吊装口的尺寸应根据各类管道（管节）及设备尺寸确定，一般刚性管道按照 6m 长度考虑，电力电缆需考虑其入廊时的转弯半径要求，有检修车进出的吊装口尺寸应结合检修车的尺寸确定。

四、综合管廊排风口、进风口设置规定

综合管廊排风口、进风口的净尺寸应满足通风设备进出的最小尺寸要求。

天然气管道舱室的排风口与其他舱室排风口、进风口、人员出入口以及周边建（构）筑物口距离都不应小于 10m。天然气管道舱室的各类孔口不得与其他舱室连通，并应设置明显的安全警示标识。

日本《共同沟设计指针》第 5.9.1 条自然通风口中："燃气隧洞的通风口应该是与其他隧洞的通风口分离的结构。"第 5.9.2 条强制通风口中："燃气隧洞的通风口应该与其他隧洞的通风口分开设置。"为了避免天然气管道舱内正常排风和事故排风中的天然气气体进入其他舱室，并可能聚集引起的危险，作出水平间距 10m 规定。

为避免天然气泄漏后，进入其他舱室，天然气舱的各口部及集水坑等应与其他舱室的口部及集水坑分隔设置，并在适当位置设置明显的标示提醒相关人员注意。

五、盖板

露出地面的各类孔口盖板应设置在内部使用时易于人力开启，且在外部使用时非专业人员难以开启的安全装置。

对盖板作出技术规定主要是为了实现防盗安保功能要求，同时满足紧急情况下人员可由内部开启方便逃生的需要。

第五节　综合管廊的管线设计

一、管线设计一般规定

（1）管线设计应以综合管廊总体设计为依据，管线设计应满足总体设计的相关规定。

（2）纳入综合管廊的金属管道应进行防腐设计。

（3）管线配套检测设备、控制执行机构或监控系统应设置与综合管廊监控与报警系统联通的信号传输接口。

该规定目的是综合管廊管理单位能够对综合管廊和管廊内管线进行全面管理。当出现紧急情况时，经专业管线单位确认，综合管廊管理单位可对管线配套设置进行必要的应急控制。

二、给水、再生水管道

（1）给水、再生水管道设计应符合 GB 50013《室外给水设计规范》和 GB 50335《污水再生利用工程设计规范》的有关规定。

（2）给水、再生水管道可选用钢管、球墨铸铁管、塑料管等。接口宜采用刚性连接，钢管可采用沟槽式连接。为保证管道运行安全，减少支墩所占空间，规定一般采用刚性接口。管道沟槽式连接又称为卡箍连接，具有柔性特点，使管路具有抗振动、抗收缩和膨胀的能力，便于安装拆卸。

（3）管道支撑的形式、间距、固定方式应通过计算确定，并应符合 GB 50332《给水排水工程管道结构设计规范》的有关规定。

三、排水管道

1. 一般规定

（1）雨水管渠、污水管道设计应符合 GB 50014《室外排水设计规范》的有关规定。

（2）雨水管渠、污水管道应按规划最高日最高时设计流量确定其断面尺寸，并应按近期流量校核流速。

进入综合管廊的排水管渠断面尺寸一般较大，增容安装施工难度高，应按规划最高日最高时设计流量确定其断面尺寸，与综合管廊同步实施。同时，需按近期流量校核流速，防止管道流速过缓造成淤积。

（3）排水管渠进入综合管廊前应设置检修闸门或闸槽。

雨水管渠、污水管道进入综合管廊前设置检修闸门、闸槽或沉泥井等设施，有利于管渠的事故处置及维修。有条件时，雨水管渠进入综合管廊前宜截流初期雨水。

（4）雨水、污水管道可选用钢管、球墨铸铁管、塑料管等。压力管道宜采用刚性接口，钢管可采用沟槽式连接。

为保证综合管廊的运行安全，应适当提高进入综合管廊的雨水、污水管道管材选用标准，防止意外情况发生，损坏雨水、污水管道。为保证管道运行安全，减少支墩所占空间，规定一般采用刚性接口。管道沟槽式连接又称为卡箍连接，具有柔性特点，使管路具有抗振动、抗收缩和膨胀的能力，便于安装拆卸。

（5）雨水、污水管道支撑的形式、间距、固定方式应通过计算确定，并应符合 GB 50332《给水排水工程管道结构设计规范》的有关规定。

2. 密闭性要求

（1）雨水、污水管道系统应严格密闭，管道应进行功能性试验。

由于雨水、污水管道在运行过程中不可避免地会产生 H_2S、沼气等有毒有害及可燃气体，如果这些气体泄漏至管廊舱室内，存在安全隐患；同时雨水、污水泄漏也会对管廊的安全运营和维护产生不利影响，所以要求进入综合管廊的雨水、污水管道必须保证其系统的严密性。管道、附件及检查设施等应采用严密性可靠的材料，其连接处密封做法应可靠。

排水管渠严密性试验参考 GB 50268《给水排水管道工程施工及验收规范》相关条文，压力管道参照给水管道部分，雨水管渠参照污水管道部分。

（2）利用综合管廊结构本体排除雨水时，雨水舱结构空间应完全独立和严密，并应采取防止雨水倒灌或渗漏至其他舱室的措施。

3. 雨水、污水管道的通气装置及检查和清通设施

（1）雨水、污水管道的通气装置应直接引至综合管廊外部安全空间，并应与周边环境相协调。

压力流管道高点处设置的排气阀及重力流管道设置的排气井（检查井）等通气装置排出的气体，应直接排至综合管廊以外的大气中，其引出位置应协调考虑周边环境，避开人流密集或可能对环境造成影响的区域。

（2）雨水、污水管道的检查及清通设施应满足管道安装、检修、运行和维护的要求。重力流管道并应考虑外部排水系统水位变化、冲击负荷等情况对综合管廊内管道运行安全的影响。

压力流排水管道的检查口和清扫口等应根据需要设置，具体做法可参考 GB 50015《建筑给水排水设计规范》相关条文。

管廊内重力流排水管道的运行有可能受到管廊外上、下游排水系统水位波动变化、突发冲击负荷等情况的影响，因此应适当提高进入综合管廊的雨水、污水管道强度标准，保证管道运行安全。条件许可时，可考虑在管廊外上、下游雨水系统设置溢流或调蓄设施以避免对管廊的运行造成危害。

四、天然气管道

1. 一般规定

（1）天然气管道设计应符合 GB 50028《城镇燃气设计规范》的有关规定。

（2）天然气管道应采用无缝钢管。为确保天然气管道及综合管廊后的安全，GB 50028—2006《城镇燃气设计规范》中第 6.3.1、6.3.2、10.2.23 条作出此规定。

（3）天然气管道支撑的形式、间距、固定方式应通过计算确定，并应符合 GB 50028《城镇燃气设计规范》的有关规定。

（4）天然气管道的阀门、阀件系统设计压力应按提高一个压力等级设计。

（5）天然气管道进出综合管廊附近的埋地管线、放散管、天然气设备等均应满足防雷、防静电接地的要求。

2. 天然气管道的连接

天然气管道的连接应采用焊接。天然气管道泄漏是造成燃烧及爆炸事故的根源，为保证纳入综合管廊后的安全，对天然气管道焊缝的探伤提出严格要求。焊缝检测要求应符合表3-3。

表 3-3   天然气管道焊缝检测要求

压力级别（MPa）	环焊缝无损检测比例	
$0.8 < p \leqslant 1.6$	100%射线检验	100%超声波检验
$0.4 < p \leqslant 0.8$	100%射线检验	100%超声波检验
$0.01 < p \leqslant 0.4$	100%射线检验或100%超声波检验	—
$p \leqslant 0.01$	100%射线检验或100%超声波检验	—

注　1. 射线检验符合 JB/T 4730.2《承压设备无损检验　第2部分：射线检测》规定的Ⅱ级（AB级）为合格。

　　2. 超声波检验符合 JB/T 4730.3《承压设备无损检测　第3部分：超声检测》规定的Ⅰ级为合格。

3. 天然气调压装置

天然气调压装置不应设置在综合管廊内。

根据 GB 50028—2006《城镇燃气设计规范》中第 6.6.2 条第 5 款对天然气调压站的规定："当受到地上条件限制，且调压装置进口压力不大于 0.4MPa 时，可设置在地下单独的建筑物内或地下单独的箱体内，并应符合第 6.6.14 条和第 6.6.5 条的要求；"入廊天然气压力范围为 4.0MPa 以下，即有可能出现天然气次高压调压至中压的情况出现，不符合 GB 50028《城镇燃气设计规范》第 6.6.2 条的规定。考虑到天然气调压装置危险性高，规定各种压力的调压装置均不应设置在综合管廊内。

4. 天然气管道的分段阀和紧急切断阀

（1）天然气管道分段阀宜设置在综合管廊外部。当分段阀设置在综合管廊内部时，应具有远程关闭功能。

为减少释放源，应尽可能不在天然气管道舱内设置阀门。远程关闭阀门由天然气管线主管部门负责。其监测控制信号应上传天然气管线主管部门，同时传一路监视信号至管廊控制中心便于协同。

（2）天然气管道进出综合管廊时应设置具有远程关闭功能的紧急切断阀。

紧急切断阀远程关闭阀门由天然气管线主管部门负责。其监视控制信号应上传天然气管线主管部门，同时传一路监视信号至管廊控制中心便于协同。

五、热力管道

1. 一般规定

（1）热力管道设计应符合 CJJ 34《城镇供热管网设计规范》和 CJJ 105《城镇供热管网结构设计规范》的有关规定。

（2）热力管道及配件保温材料应采用难燃材料或不燃材料。

（3）热力管道应采用钢管、保温层及外护管紧密结合成一体的预制管，并应符合 GB/T 29047《高密度聚乙烯外护管硬质聚氨酯泡沫塑料预制直埋保温管及管件》和 CJ/T 129《玻璃纤维增强塑料外护层聚氨酯泡沫塑料预制直埋保温管》的有关规定。

2. 保温

（1）管道附件必须进行保温。其目的是降低管道附件的散热，控制舱室的环境温度。

（2）管道及附件保温结构的表面温度不得超过 50℃。保温设计应符合 GB/T 4272《设备及管道绝热技术通则》、GB/T 8175《设备及管道绝热设计导则》和 GB 50264《工业设备及管道绝热工程设计规范》的有关规定。

这是为了更好地控制管廊内的环境要求，以便于日常维护管理。

（3）当同舱敷设的其他管线有正常运行所需环境温度限制要求时，应按舱内温度限定条件校核保温层厚度。以确保同舱敷设的其他管线的安全可靠运行。

3. 排气管

当热力管道采用蒸汽介质时，排气管应引至综合管廊外部安全空间，并应与周边环境相协调。

六、电力电缆和通信线缆

1. 电力电缆

（1）电力电缆应采用阻燃电缆或不燃电缆。综合管廊电力电缆一般成束敷设，为了减少电缆可能着火蔓延导致严重事故后果，要求综合管廊内的电力电缆具备阻燃特性或不燃特性。

（2）应对综合管廊内的电力电缆设备电气火灾监控系统。在电缆接头处应设置自动灭火装置。

电力电缆发生火灾主要是由于电力线路过载引起电缆温升超限，尤其在电缆接头处影响最为明显，最易发生火灾事故。为确保综合管廊安全运行，故对进入综合管廊的电力电缆提出电气火灾监控与自动灭火的规定。

（3）电力电缆敷设安装应按支架形式设计，并应符合 GB 50217《电力工程电缆设计规范》和 GB/T 50065《交流电气装置的接地设计规范》的有关规定。

2. 通信线缆

（1）通信线缆应采用阻燃线缆。

（2）通信线缆敷设安装应拆桥架形式设计，并应符合 GB 50311《综合布线系统工程设计规范》和 YD/T 5151《光缆进线室设计规定》的有关规定。

第四章　城市地下综合管廊结构设计

第一节　结构设计的一般规定

一、采用以概率理论为基础的极限状态设计方法

综合管廊土建工程设计应采用以概率理论为基础的极限状态设计方法，应以可靠指标度量结构构件的可靠度。除验算整体稳定外，均应采用含分项系数的设计表达式进行设计。

1. 承载能力极限状态和正常使用极限状态计算

综合管廊结构设计应对承载能力极限状态和正常使用极限状态进行计算。

（1）承载能力极限状态：对应于管廊结构达到最大承载能力，管廊主体结构或连接构件因材料强度被超过而破坏；管廊结构因过量变形而不能继续承载或丧失稳定；管廊结构作为刚体失去平衡（横向滑移、上浮）。

（2）正常使用极限状态：对应于管廊结构符合正常使用或耐久性能的某项规定限值，影响正常使用的变形量限值，影响耐久性能的控制开裂或局部裂缝宽度限值等。

2. 计算公式中，文字符号的含义

（1）材料性能。

f_{py}——预应力筋或螺栓的抗拉强度设计值。

（2）作用和作用效应。

M——弯矩设计值；

M_j——预制拼装综合管廊节段横向拼缝接头处弯矩设计值；

M_k——预制拼装综合管廊节段横向拼缝接头处弯矩标准值；

M_z——预制拼装综合管廊节段整浇部位弯矩设计值；

N——轴向力设计值；

N_j——预制拼装综合管廊节段横向拼缝接头处轴力设计值；

N_z——预制拼装综合管廊节段整浇部位轴力设计值。

（3）几何参数。

A——密封垫沟槽截面面积；

A_0——密封垫截面面积；

A_p——预应力筋或螺栓的截面面积；

h——截面高度；

x——混凝土受压区高度；

θ——预制拼装综合管廊拼缝相对转角。

（4）计算系数及其他。

K——旋转弹簧常数；

α_1——系数；

ζ——拼缝接头弯矩影响系数。

二、综合管廊工程的结构设计使用年限

根据 GB 50068—2018《建筑结构可靠度设计统一标准》第 1.0.4、1.0.5 条规定，普通房屋和构筑物的结构设计使用年限按照 50 年设计，纪念性建筑和特别重要的建筑结构，设计年限按照 100 年考虑。近年来以城市道路、桥梁为代表的城市生命线工程，结构设计使用年限均提高到 100 年或更高年限的标准。综合管廊作为城市生命线工程，同样需要把结构设计年限提高到 100 年。

综合管廊结构应根据设计使用年限和环境类别进行耐久性设计，并应符合 GB/T 50476《混凝土结构耐久性设计规范》的有关规定。

综合管廊工程应按乙类建筑物进行抗震设计，并应满足国家现行标准的有关规定。

三、综合管廊的结构安全等级、裂缝控制等级和防水等级

（1）综合管廊的结构安全等级应为一级，结构中各类构件的安全等级宜与整个结构的安全等级相同。

根据 GB 50068—2018《建筑结构可靠度设计统一标准》中第 1.0.8 条规定，建筑结构设计时，应根据结构破坏可能产生的后果（危及人的性命、造成经济损失、产生社会影响等）的严重性，采用不同的安全等级，综合管廊内容纳的管线为电力、给水等城市生命线，破坏后产生的经济损失和社会影响都比较严重，故确定综合管廊的安全等级为一级。

（2）综合管廊结构构件的裂缝控制等级应为三级，结构构件的最大裂缝宽度限值应小于或等于 0.2mm，且不得贯通。

GB 50010—2010《混凝土结构设计规范》第 3.4.4 和第 3.4.5 条将裂缝控制等级分为三级。根据 GB 50108—2008《地下工程防水技术规范》第 4.1.6 条明确规定，裂缝宽度不得大于 0.2mm，并不得贯通。

（3）综合管廊应根据气候条件、水文地质状况、结构特点、施工方法和使用条件等因素进行防水设计，防水等级标准应为二级，并应满足结构的安全、耐久性和使用要求。综合管廊的变形缝、施工缝和预制构件接缝等部位应加强防水和防火措施。

根据 GB 50108—2008《地下工程防水技术规范》第 3.2.1 条规定，综合管廊防水等级标准应为二级。综合管廊的地下工程不应漏水，结构表面可有少量湿渍。总湿渍面积不应大于总防水面积的 1/1000；任意 100m² 防水面积上的湿渍不超过 1 处，单个湿渍的最大面积不得大于 0.1m²。综合管廊的变形缝、施工缝和预制接缝等部位是管廊结构的薄弱部位，应对其防水和防水措施进行适当加强。

四、综合管廊结构的抗浮稳定和变形抗震验算

（1）对埋设在历史最高水位以下的综合管廊，应根据设计条件计算结构的抗浮稳定。计算时不应计入综合管廊内管线和设备的自重，其他各项作用应取标准值，并应满足抗浮稳定性抗力系数不低于 1.05。

（2）综合管廊土建工程设计应以地质勘察资料为依据，坐落于软土地基、地质条件变化较大地基之上的综合管廊应按相关规范进行变形和抗震验算。

五、预制综合管廊纵向节段长度的确定

预制综合管廊纵向节段的长度应根据节段吊装、运输等施工过程的限制条件综合确定。

预制综合管廊纵向节段的尺寸及重量不应过大。在构件设计阶段应考虑到节段在吊装、运输过程中受到的车辆、设备、安全、交通等因素的制约，并根据限制条件综合确定。

第二节　土建工程材料选用要求

一、综合管廊工程中所用材料的选用原则

综合管廊工程中所使用的材料应根据结构类型、受力条件、使用要求和所处环境等选用，并应考虑耐久性、可靠性和经济性。主要材料宜采用高性能混凝土、高强钢筋。当地基承载力良好、地下水位在综合管廊底板以下时，可采用砌体材料。

二、混凝土

1. 混凝土强度等级

钢筋混凝土结构的混凝土强度等级不应低于 C30。预应力混凝土结构的混凝土强度等级不应低于 C40。

2. 混凝土抗渗等级

地下工程部分宜采用自防水混凝土，设计抗渗等级应符合表 4-1 的规定。

表 4-1　　　　　　　　　　　防水混凝土设计抗渗等级

管廊埋置深度 H（m）	设计抗渗等级
$H<10$	P6
$10 \leqslant H<20$	P8
$20 \leqslant H<30$	P10
$H \geqslant 30$	P12

3. 用于防水混凝土的水泥应符合的规定

（1）水泥品种宜选用硅酸盐水泥、普通硅酸盐水泥。

（2）在受侵蚀性介质作用下，应按侵蚀性介质的性质选用相应的水泥品种。

4. 用于防水混凝土的砂、石应符合的规定

用于防水混凝土的砂、石应符合 JGJ 52《普通混凝土用砂、石质量及检验方法标准》的有关规定。

（1）宜选用坚固耐久、粒形良好的洁净石子；最大粒径不宜大于 40mm，泵送时其最大粒径不应大于输送管径的 1/4；吸水率不应大于 1.5%；不得使用碱活性骨料；石子的质量要求应符合 JGJ 52《普通混凝土用砂、石质量及检验方法标准》的有关规定。

（2）砂宜选用坚硬、抗风化性强、洁净的中粗砂，不宜使用海砂；砂的质量要求应符合 JGJ 52《普通混凝土用砂、石质量及检验方法标准》的有关规定。

5. 防水混凝土的配合比应符合的规定

防水混凝土的配合比应经试验确定，并应符合下列规定：

（1）胶凝材料用量应根据混凝土的抗渗等级和强度等级等选用，其总用量不宜小于 320kg/m³；当强度要求较高或地下水有腐蚀性时，胶凝材料用量可通过试验调整。

（2）在满足混凝土抗渗等级、强度等级和耐久性条件下，水泥用量不宜小于 260kg/m³。

（3）砂率宜为 35%～40%，泵送时可增至 45%。

（4）灰砂比宜为 1：1.5～1：2.5。

（5）水胶比不得大于 0.50，有侵蚀性介质时水胶比不宜大于 0.45。

（6）防水混凝土采用预拌混凝土时，入泵坍落度宜控制在 120～160mm，坍落度每小时损失值不应大于 20mm，坍落度总损失值不应大于 40mm。

（7）掺加引气剂或引气型减水剂时，混凝土含气量应控制在 3%～5%。

（8）预拌混凝土的初凝时间宜为 6～8h。

6. 防水混凝土中各类材料的氯离子含量和含碱量（Na_2O 当量）应符合的规定

（1）氯离子含量不应超过凝胶材料总量的 0.1%。

（2）采用无活性骨料时，含碱量不应超过 3kg/m³；采用有活性骨料时，应严格控制混凝土含碱量并掺加矿物掺合料。

综合管廊结构长期受到下水、地表水的作用，为改善结构的耐久性、避免碱骨料反应，应严格控制混凝土中氯离子含量和含碱量，在 GB 50010—2010《混凝土结构设计规范》第 3.5 节中，有关于混凝土中总碱含量的限制。GB 50108—2008《地下工程防水技术规范》第 4.1.14 条中，对防水混凝土总碱含量予以限制。主要是由于地下混凝土工程长期受地下水、地表水的作用，如果混凝土中水泥和外加剂中含碱量高，遇到混凝土中的集料具有碱活性时，即有引起碱骨料反应的危险，因此，在地下工程中应对所用的水泥和外加剂的含碱量有所控制。控制标准同 GB 50108—2008《地下工程防水技术规范》第 4.1.14 条和 GB/T 50476《混凝土结构耐久性设计规范》附录 B.2 的有关规定。

7. 用于拌制混凝土的水

用于拌制混凝土的水应符合 JGJ 63《混凝土用水标准》的有关规定。

8. 混凝土掺入物的规定

（1）混凝土可根据工程需要掺入减水剂、膨胀剂、防水剂、密实剂、引气剂、复合型外加剂及水泥基渗透结晶型材料等，其品种和用量应经试验确定，所用外加剂的技术性能应符合相关标准的有关质量要求。

（2）混凝土可根据工程抗裂需要掺入合成纤维或钢纤维，纤维的品种及掺量应符合相关标准的有关规定，无相关规定时应通过试验确定。

（3）防水混凝土选用矿物掺合料时，应符合下列规定：

1）粉煤灰的品质应符合 GB/T 1596《用于水泥和混凝土中的粉煤灰》的有关规定，粉煤灰的级别不应低于 Ⅱ 级，烧失量不应大于 5%，用量宜为胶凝材料总量的 20%～30%，当水胶比小于 0.45 时，粉煤灰用量可适当提高。

2）硅粉的品质应符合表 4-2 的要求，用量宜为胶凝材料总量的 2%～5%。

表 4-2 硅粉品质要求

项目	指标
比表面积（m²/kg）	≥15000
二氧化硅含量（%）	≥85

3）粒化高炉矿渣粉的品质要求应符合 GB/T 18046《用于水泥和混凝土中的粒化高炉矿渣粉》的有关规定。

4）使用复合掺合料时，其品种和用量应通过试验确定。

三、钢筋、预应力螺纹钢筋和预应力钢绞线

（1）钢筋应符合 GB 1499.1《钢筋混凝土用钢　第 1 部分：热轧光圆钢筋》、GB 1499.2《钢筋混凝土用钢　第 2 部分：热轧带肋钢筋》和 GB 13014《钢筋混凝土用余热处理钢筋》的有关规定。

（2）预应力筋宜采用预应力钢绞线和预应力螺纹钢筋，并应符合 GB/T 5224《预应力混凝土用钢绞线》和 GB/T 20065《预应力混凝土用螺纹钢筋》的有关规定。

四、螺栓、塑料筋及预埋钢板

（1）用于连接预制节段的螺栓应符合 GB 50017《钢结构设计规范》的有关规定。

（2）纤维增强塑料筋应符合 GB/T 26743《结构工程用纤维增强复合材料筋》的有关规定。

（3）预埋钢板宜采用 Q235 钢、Q345 钢，其质量应符合 GB/T 700《碳素结构钢》的有关规定。

五、砌体结构

砌体结构所用材料的最低强度等级应符合表 4-3 的规定。

表 4-3　　　　　　　　　　　砌体结构所用材料的最低强度等级

潮湿程度	烧结普通砖	混凝土普通砖、蒸压普通砖	混凝土砌块	石材	水泥砂浆
稍潮湿	MU15	MU20	MU7.5	MU30	M5
很潮湿	MU20	MU20	MU10	MU30	M7.5
含水饱和	MU20	MU25	MU15	MU40	M10

注　1. 在冻胀地区，地面以下或防潮层以下的砌体，不宜采用多孔砖，如采用时，其孔洞应用不低于 M10 的水泥砂浆预先灌实。当采用混凝土空心砌块时，其孔洞应采用强度等级不低于 Cb20 的混凝土预先灌实。

　　2. 当设计使用年限大于 50 年时，表中数值应至少提高一级。

六、密封垫

（1）弹性橡胶密封垫的主要物理性能应符合表 4-4 的规定。

表 4-4　　　　　　　　　　　弹性橡胶密封垫的主要物理性能

序号	项　目		指　标	
			氯丁橡胶	三元乙丙橡胶
1	硬度（邵氏，度）		（45±5）～（65±5）	（55±5）～（70±5）
2	伸长率（%）		≥350	≥330
3	拉伸强度（MPa）		≥10.5	≥9.5
4	热空气老化	70℃×96h 硬度变化值（邵氏）	≥+8	≥+6
		扯伸强度变化率（%）	≥-20	≥-15
		扯断伸长率变化率（%）	≥-30	≥-30
5	压缩永久变形（70℃×24h）（%）		≤35	≤28
6	防霉等级		达到或优于 2 级	

注　以上指标均为成品切片测试的数据，若只能以胶料制成试样测试，则其伸长率、拉伸强度的性能数据应达到本规定的 120%。

（2）遇水膨胀橡胶密封垫的主要物理性能应符合表 4-5 的规定。

表 4-5 遇水膨胀橡胶密封垫的主要物理性能

序号	项目		指标			
			PZ-150	PZ-250	PZ-450	PZ-600
1	硬度（邵氏 A，度*）		42±7	42±7	45±7	48±7
2	拉伸强度（MPa）		≥3.5	≥3.5	≥3.5	≥3
3	扯断伸长率（%）		≥450	≥450	≥350	≥350
4	体积膨胀倍率（%）		≥150	≥250	≥400	≥600
5	反复浸水试验	拉伸强度（MPa）	≥3	≥3	≥2	≥2
		扯断伸长率（%）	≥350	≥350	≥250	≥250
		体积膨胀倍率（%）	≥150	≥250	≥500	≥500
6	低温弯折-20℃×2h		无裂纹	无裂纹	无裂纹	无裂纹
7	防霉等级		达到或优于 2 级			

注 1. 成品切片测试应达到标准的 80%。

2. 接头部位的拉伸强度不低于表中标准性能的 50%。

* 硬度为推荐项目。

第三节 综合管廊结构上的作用

一、综合管廊结构上的作用分类

综合管廊结构上的作用，按性质可分为永久作用和可变作用。

（1）永久作用包括结构自重、土压力、预加应力、重力流管道内的水重、混凝土收缩和徐变产生的荷载、地基的不均匀沉降等。

（2）可变作用包括人群载荷、车辆载荷、管线及附件荷载、压力管道内的静水压力（运行工作压力或设计内水压力）及真空压力、地表水或地下水压力及浮力、温度作用、冻胀力、施工荷载等。

作用在综合管廊结构上的荷载须考虑施工阶段以及使用过程中荷载的变化，选择使整体结构或预制构件应力最大、工作状态最为不利的荷载组合进行设计。地面的车辆荷载一般简化为与结构埋深有关的均布荷载，但覆土较浅时应按实际情况计算。

二、综合管廊结构设计的代表值

（1）结构设计时，对不同的作用应采用不同的代表值。永久作用应采用标准值作为代表值；可变作用应根据设计要求采用标准值、组合值或准永久值作为代表值。作用的标准值应为设计采用的基本代表值。

（2）当结构承受两种或两种以上可变作用时，在承载力极限状态设计或正常使用极限状态按短期效应标准值设计时，对可变作用应取标准值和组合值作为代表值。

（3）当正常使用极限状态按长期效应准永久组合设计时，对可变作用应采用准永久值作为代表值。可变作用准永久值为可变作用的标准值乘以作用的准永久值系数。

（4）结构主体及收容管线自重可按结构构件及管线设计尺寸计算确定。常用材料及其制作件的自重可按 GB 50009《建筑结构荷载规范》的规定采用。

（5）预应力综合管廊结构上的预应力标准值，应为预应力钢筋的张拉控制应力值扣除各项预应力损失后的有效预应力值。张拉控制应力值应按 GB 50010《混凝土结构设计规范》的有关规定确定。

三、作用在综合管廊结构的荷载

（1）作用在地下结构上的荷载，可按表 4-6 进行分类。在决定荷载数值时，应考虑施工和使用年限内发生的变化。

表 4-6　　　　　　　　　　　荷载分类表

荷载名称	荷载分类	
结构自重	恒载	主要荷载
围岩压力		
结构附加恒载		
水压力及浮力		
混凝土收缩和徐变的影响力		
车辆荷载		
人群荷载		
管线及附件荷载		
施工荷载		
温度变化影响	附加荷载	
灌浆压力		
冻胀力		
地震作用	偶然荷载	
落石冲击力		

（2）应根据综合管廊所处的地形、地质条件、埋置深度、结构特征和工作条件、施工方法、相邻管廊间距等因素确定荷载，施工中如发现与实际不符，应及时修正。对地质复杂的综合管廊，必要时应通过实地测量确定作用的代表值或荷载计算值及其分布规律。

（3）作用在综合管廊上的水压力，可根据施工阶段和长期使用过程中地下水位的变化，区分不同的围岩条件，按静水压力计算或把水作为土的一部分计入土压力中。

（4）结构主体及收容管线自重可按结构构件及管线设计尺寸计算确定。对常用材料及其制作件，其自重可按 GB 50009《建筑结构荷载规范》的有关规定执行。

（5）预应力综合管廊结构上的预应力标准值，应为预应力钢筋的张拉控制应力值扣除各项预应力损失后的有效预应力值。张拉控制应力值应按 GB 50010《混凝土结构设计规范》的相关规定执行。

（6）建设场地地基土有显著变化段的综合管廊结构，应计算地基不均匀沉降的影响，其标准值应按 GB 50007《建筑地基基础设计规范》的有关规定计算确定。

综合管廊属于狭长形结构，当地质条件复杂时，往往会产生不均匀沉降，对综合管廊结构产生内力。当能够设置变形缝时，尽量采取设置变形缝的方式来消除由于不均匀沉降产生的内力。当由于外界条件约束不能够设置变形缝时，应考虑地基不均匀沉降的影响。

（7）制作、运输和堆放、安装等短暂设计状况下的预制构件验算，应符合 GB 50666《混凝土结构工程施工规范》的有关规定。

第四节　现浇混凝土综合管廊结构

一、闭合框架模型

现浇混凝土综合管廊结构的截面内力计算模型宜采用闭合框架模型。现浇混凝土综合管廊结构一般为矩形箱涵结构。结构的受力模型为闭合框架。现浇综合管廊闭合框架计算模型见图 4-1。

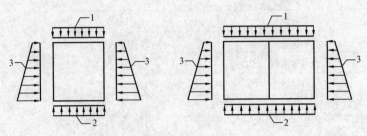

图 4-1　现浇综合管廊闭合框架计算模型
1—综合管廊顶板荷载；2—综合管廊地基反力；3—综合管廊侧向水土压力

作用于结构底板的基底反力分布应根据地基条件确定，并应符合下列规定：
（1）地层较为坚硬或经加固处理的地基，基底反力可视为直线分布；
（2）未经处理的软弱地基，基底反力应按弹性地基上的平面变形截条计算确定。

二、结构设计

现浇混凝土综合管廊结构设计应符合 GB 50010《混凝土结构设计规范》、GB 50608《纤维增强复合材料建设工程应用技术规范》的有关规定。

第五节　预制拼装综合管廊结构

一、预制综合管廊现场拼装方式

预制拼装综合管廊结构且采用预应力筋连接接头、螺栓连接接头或承插式接头。当场地条件较差或易发生不均匀沉降时，宜采用承插式接头。当有可靠依据时，也可采用其他能够保证预制拼装综合管廊结构安全性、适用性和耐久性的接头构造。

二、仅带纵向拼缝接头的预制拼装综合管廊结构

仅带纵向拼缝接头的预制拼装综合管廊结构的截面内力计算模型宜采用与现浇混凝土综合管廊结构相同的闭合框架模型。

预制拼装综合管廊结构计算模型虽为封闭框架，但是由于拼缝刚度的影响，在计算时应考虑到拼缝刚度对内力折减的影响。预制拼装综合管廊闭合框架计算模型见图 4-2。

三、带纵、横向拼缝接头的预制拼装综合管廊结构

1. 截面内力计算模型

带纵、横向拼缝接头的预制拼装综合管廊的截面内力计算模型应考虑拼缝接头的影响，

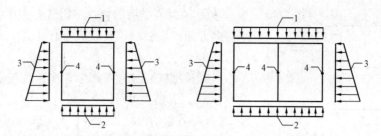

图 4-2　预制拼装综合管廊闭合框架计算模型

1—综合管廊顶板荷载；2—综合管廊地基反力；

3—综合管廊侧向水土压力；4—拼缝接头旋转弹簧

拼缝接头影响宜采用 K-ζ 法（旋转弹簧-ζ 法）计算，构件的截面内力分配应按下列公式计算，即

$$M = K\theta \tag{4-1}$$

$$M_\text{j} = (1-\zeta)M, N_\text{j} = N \tag{4-2}$$

$$M_\text{z} = (1+\zeta)M, N_\text{z} = N \tag{4-3}$$

式中　M——按照旋转弹簧模型计算得到的带纵、横向拼缝接头的预制拼装综合管廊截面内各构件的弯矩设计值，kN·m；

K——旋转弹簧常数，25000kN·m/rad≤K≤50000kN·m/rad；

θ——预制拼装综合管廊拼缝相对转角，rad；

M_j——预制拼装综合管廊节段横向拼缝接头处弯矩设计值，kN·m；

ζ——拼缝接头弯矩影响系数，当采用拼装时取 $\xi=0$，当采用横向错缝拼装时取 $0.3<\zeta<0.6$；

N_j——预制拼装综合管廊节段横向拼缝接头处轴力设计值，kN；

N——按照旋转弹簧模型计算得到的带纵、横向拼缝接头的预制拼装综合管廊截面内各构件的轴力设计值，kN；

M_z——预制拼装综合管廊节段整浇部位弯矩设计值，kN·m；

N_z——预制拼装综合管廊节段整浇部位轴力设计值，kN·m。

K 和 ζ 的取值受拼缝构造、拼装方式和拼装预应力大小等多方面因素影响，一般情况下应通过试验确定。

估算拼缝接头影响的 K-ζ 法（旋转弹簧-ζ 法）是根据上海市政工程设计研究总院（集团）有限公司、同济大学完成的上海世博会园区预制拼装综合管廊相关研究成果，并参考国际隧道协会（ITA）公布的《盾构隧道衬砌设计指南》（Proposed recommendation for design of lining of shield tunnel）中关于结构构件内力计算的相关建议确定的。

该方法用一个旋转弹簧模拟预制拼装综合管廊的横向拼缝接头，即在拼缝接头截面上设置一旋转弹簧，并假定旋转弹簧的弯矩-转角关系满足式（4-1），由此计算出结构的截面内力。根据结构横向拼缝拼装方式的不同，再按式（4-2）、式（4-3）对计算得到的弯矩进行调整。

K 和 ζ 的取值范围是根据相关试验结果和国际隧道协会（ITA）的建议取值确定的。由

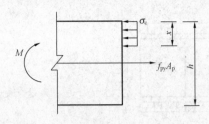

图 4-3 接头受弯承载力计算简图

于 K 和 ζ 的取值受拼缝构造、拼装方式和拼装预应力大小等多方面因素影响，其取值应通过试验确定。

2. 接头

（1）预制拼装综合管廊结构中，现浇混凝土截面的受弯承载力、受剪承载力和最大裂缝宽度宜符合 GB 50010《混凝土结构设计规范》的有关规定。

（2）预制拼装综合管廊结构采用预应力筋连接接头或螺栓连接接头时，其拼缝接头的受弯承载力（见图 4-3）应符合下列公式要求，即

$$M \leqslant f_{\mathrm{py}} A_{\mathrm{p}}\left(\frac{h}{2}-\frac{x}{2}\right) \tag{4-4}$$

$$x=\frac{f_{\mathrm{py}} A_{\mathrm{p}}}{a_1 \sigma_{\mathrm{c}} b} \tag{4-5}$$

式中　M——接头弯矩设计值，$kN \cdot m$；

f_{py}——预应力筋或螺栓的抗拉强度设计值，N/mm^2；

A_{p}——预应力筋或螺栓的截面面积，mm^2；

h——构件截面高度，mm；

x——构件混凝土受压区截面高度，mm；

a_1——系数，当混凝土强度等级不超过 C50 时 a_1 取 1.0，当混凝土强度等级为 C80 时 a_1 取 0.94，期间按线性内插法确定。

（3）带纵、横向拼缝接头的预制拼装综合管廊结构应按荷载效应的标准组合，并应考虑长期作用影响对拼缝接头的外缘张开量进行验算，且应符合下式要求，即

$$\Delta=\frac{M_{\mathrm{k}}}{K} h \leqslant \Delta_{\max} \tag{4-6}$$

式中　Δ——预制拼装综合管廊拼缝外缘张开量，mm；

M_{k}——预制拼装综合管廊拼缝截面弯矩标准值，$kN \cdot m$；

K——旋转弹簧常数；

h——拼缝截面高度，mm；

$\Delta_{\max}$——拼缝外缘最大张开量限值，一般取 2mm。

带纵、横向拼缝接头的预制拼装综合管廊截面内拼缝接头外缘张开量计算公式以及最大张开量限值均根据上海市政工程设计研究总院（集团）有限公司完成的相关研究成果确定。限于篇幅，未列出式（4-6）的推导过程。

根据 DGJ 08-109—2004《城市轨道交通设计规范》第 14.4.3 条，拼缝张开值为 2～3mm，错位量不应大于 10mm。式（4-6）中结合试验结果取 2mm。

四、预制拼装综合管廊拼缝防水措施

（1）预制拼装综合管廊拼缝防水应采用预制成型弹性密封垫为主要防水措施，弹性密封垫的界面应力不应低于 1.5MPa。

预制拼装综合管廊弹性密封垫的界面应力限值根据上海市政工程设计研究总院（集团）

有限公司完成的相关研究成果❶确定，主要为了保证弹性密封垫的紧密接触，达到防水防渗的目的。

（2）拼缝弹性密封垫应沿环、纵面兜绕成框形。沟槽形式、截面尺寸应与弹性密封垫的形式和尺寸相匹配（见图 4-4）。

（3）拼缝处应至少设置一道密封垫沟槽，密封垫及沟槽的截面尺寸应符合下式要求，即

$$A = 1.0 \sim 1.5 A_0 \qquad (4\text{-}7)$$

式中　A——密封垫沟槽截面积；

　　　A_0——密封垫截面积。

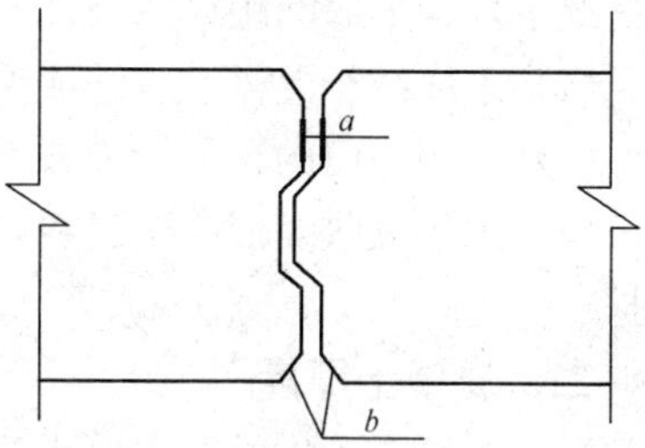

（4）拼缝处应选用弹性橡胶与遇水膨胀橡胶制成的复合密封垫。弹性橡胶密封垫宜采用三元乙丙（EPDM）橡胶或氯丁（CR）橡胶。

（5）复合密封垫宜采用中间开孔、下部开槽等特殊截面的构造形式，并应制成闭合框型。

图 4-4　拼缝接头防水构造

a—弹性密封垫材；b—嵌缝槽

五、抗弯承载能力和受剪承载能力

（1）采用纤维增弹塑料筋作为预应力筋的综合管廊结构抗弯承载力能力按 GB 50608《纤维增强复合材料建设工程应用技术规范》有关规定进行设计。

（2）预制拼装综合管廊拼缝的受剪承载力应符合 JGJ 1《装配式混凝土结构技术规程》的有关规定。

（3）采用高强钢筋或钢绞线作为预应力筋的预制综合管廊结构的抗弯承载能力应按 GB 50010《混凝土结构设计规范》有关规定进行计算。

第六节　综合管廊构造要求

一、纵向设置变形缝

1. 变形缝的设置规定

综合管廊结构应在纵向设置变形缝，变形缝的设置应符合下列规定：

（1）现浇混凝土综合管廊结构变形缝的最大间距应为 30m。

（2）结构纵向刚度突变处以及上覆荷载变化处或下卧土层突变处，应设置变形缝。

（3）变形缝的缝宽不宜小于 30mm。

（4）变形缝应设置橡胶止水带、填缝材料和嵌缝材料等止水构造。

GB 50010—2010《混凝土结构设计规范》第 8.1.1 条：由于地下结构的伸（膨胀）缝、缩（收缩）缝、沉降缝等结构缝是防水防渗的薄弱部位，应尽可能少设，故将前述 3 种结构缝功能整合设置为变形缝。

---

❶　上海市政工程设计研究总院（集团）有限公司，上海世博园区预制预应力综合管廊接头防水性能试验研究［R］. 特种结构，2009，26（1）：109-113。

2. 变形缝间距可适当加大的情形

变形缝间距综合考虑了混凝土结构温度收缩、基坑施工等因素确定的,在采取以下措施的情况下,变形缝间距可适当加大,但不宜大于 40m:

(1) 采取减小混凝土收缩或温度变化的措施。

(2) 采用专门的预加应力或增配构造钢筋的措施。

(3) 采用低收缩混凝土材料,采取跳仓浇筑、后浇带、控制缝等施工方法,并加强施工养护。

二、混凝土厚度

混凝土综合管廊结构主要承重侧壁的厚度不宜小于 250mm,非承重侧壁和隔墙等构件的厚度不宜小于 200mm。

混凝土综合管廊结构中钢筋的混凝土保护层厚度,结构迎水面不应小于 50mm,结构其他部位应根据环境条件和耐久性要求并按 GB 50010《混凝土结构设计规范》的有关规定确定。

综合管廊迎水面混凝土保护层厚度参照 GB 50108《地下工程防水技术规范》第 4.1.6 条和 DL/T 5484—2013《电力电缆隧道设计规程》第 4.3.2 条的规定确定。

三、金属预埋件的锚筋面积和构造要求

综合管廊各部位金属预埋件的锚筋面积和构造要求应按 GB 50010《混凝土结构设计规范》的有关规定确定。预埋件的外露部分应采取防腐保护措施。

四、分布钢筋

明挖施工的综合管廊结构周边构件和中间楼板每侧暴露面上分布钢筋的配筋率不宜低于 0.2%,同时分布钢筋的间距也不宜大于 150mm。

五、腋角

矩形综合管廊结构顶、底板与侧墙连接处应设置腋角,腋角的边宽不宜小于 150mm,内配置八字斜筋的直径宜与侧墙的受力筋相同,间距可为侧墙受力筋间距的两倍(即间隔配置)。当底板与侧墙连接处由于管线支架的安装需要无法设置腋角时,应适当增大拐角处的钢筋量。

第七节 明 挖 综 合 管 廊

一、明挖综合管廊基坑支护

(1) 明挖综合管廊垫坑支护应综合工程地质与水文地质条件、基坑开挖深度、降排水条件、周围环境对基坑侧壁位移的要求、基坑周边荷载、施工季节、支护结构使用期限等因素设计。

(2) 基坑支护结构设计应根据表 4-7 选用相应的侧壁安全等级及重要性系数。

从发展来看,明挖综合管廊基坑工程的开挖深度可能有加深的趋势,安全和环境保护要求也日益提高。对明挖综合管廊,基坑工程的安全等级可参照地区经验确定。

(3) 基坑支护结构应采用以分项系数表示的极限状态设计表达式进行设计。基坑支护结构极限状态可分为下列两类:

表 4-7	建筑基坑侧壁安全等级及重要性系数	
安全等级	破坏后果	重要性系数 γ_0
一级	支护结构破坏或土体失稳或过大变形对基坑周边环境和工程施工影响很严重	1.1
二级	支护结构破坏或土体失稳或过大变形对基坑周边环境影响一般，但对地下结构施工影响严重	1.0
三级	支护结构破坏或土体失稳或过大变形对基坑周边环境影响及地下结构施工影响不严重	0.9

注 各地区建筑基坑侧壁安全等级可根据环境保护等级参照地区经验另行确定。

1) 承载能力极限状态：对应于支护结构达到最大承载能力或土体失稳、管涌导致支护结构和周边环境破坏。

2) 正常使用极限状态：对应于支护结构的变形已妨碍地下结构施工或影响周边环境的正常使用。

基坑工程的设计除应满足稳定性和承载能力要求外，尚应满足基坑周围环境对变形的控制要求。应根据基坑周围环境的状况及环境保护要求进行变形控制设计，并采取相应的保护措施。

二、支护结构与主体结构相结合方案

基坑工程在开挖深、面积大、环境保护或工程有特殊的工期要求等情况下可采用支护结构与主体结构相结合的方案。方案确定前宜开展充分的技术分析。采用支护结构与主体结构相结合的基坑工程的设计应符合下列规定：

（1）支护结构在基坑开挖阶段应根据有关规定进行设计计算和验算，在永久使用阶段应根据相关规范满足主体结构的设计计算要求。

（2）基坑开挖阶段坑外土压力应采用主动土压力，永久使用阶段坑外土压力应采用静止土压力。

（3）支护结构相关构件的节点连接、变形协调与防水构造尚应满足主体工程的设计要求。

明挖综合管廊基坑工程的特点是宽度较小而长度较长，目前支护结构主要采用放坡开挖、土钉墙、钢板桩、混凝土板桩和型钢水泥搅拌墙支护结构等几种形式。水泥土重力式围墙和地下连续墙目前使用较少。

三、基坑支护结构计算及验算

1. 基坑支护结构的计算和验算

根据承载能力极限状态和正常使用极限状态的设计要求，基坑支护应按下列规定进行计算和验算：

（1）基坑支护结构均应进行承载能力极限状态的计算，计算应包括以下内容：

1）据基坑支护形式及其受力特点进行土体稳定性计算。

2）基坑支护结构的受压力、受弯、受剪承载力计算。

3）当有锚杆或支撑时，应对其进行承载力计算和稳定性验算。

（2）对于安全等级为一级及对支护结构变形有限定的二级建筑基坑侧壁，尚应对基坑周边环境及支护结构变形进行验算。

（3）地下水控制计算和验算应包括以下内容：

1）抗渗透稳定性验算。

2）基坑底突涌稳定性验算。

3）根据支护结构设计要求进行地下水位控制计算。

2. 基坑支护结构的稳定性验算

基坑支护结构的稳定性验算包括锚撑内撑的稳定性验算、基坑坑底土抗隆起稳定性验算。基坑坑底抗渗流稳定性验算、抗承压水稳定性和基坑边坡整体稳定性验算，各种支护支护形式的验算内容和侧重点不一样。

（1）在某些工程中，基坑可能采用组合支护形式，譬如，当基坑深度较深时，可采用上部放坡开挖、下部钢板桩支护两次成槽的挖土方法。对采用组合支护形式的基坑，必须同时验算边坡及坑底土体稳定性。

基坑坡脚附近有局部深坑时，且坡脚与局部深坑的距离小于 2 倍深坑的深度，应按深坑的深度验算边坡稳定性。

（2）土钉支护的整体稳定性验算分为两种情况：一是外部整体稳定性验算，可将土钉支护视为复合土体的重力式支护结构进行验算；二是进行土钉支护内部整体稳定性验算，包括根据施工各阶段实际开挖深度进行整体稳定性验算。

（3）抗隆起验算。基坑隆起破坏，是由于开挖面外土体载重大于开挖底部土体的抗剪强度，使得土体产生滑动而导致开挖面底部土体产生向上隆起的现象。

（4）抗渗流验算。以渗流水力梯度 i 小于或等于地基土的临界水力梯度 i_c 来判别坑底土体的抗渗流稳定性，i_c 通常由坑底土体的性质确定。确定 i_c 的方法较多，工程上常用的有基于平面稳定渗流的直线比例法、流网法、阻力系数法和电模拟实验法等。对于板式支护体系的基坑，其防渗地下轮廓线形状比较简单，为便于计算，又满足工程设计要求，在水头不大时（15～20m 内），一般采用直线比例法。需指出的是，由于该方法没有考虑基坑形状对渗流的影响，也没考虑坑周土不透水层的深度，以及地基土的不均匀性等因素，不能用来计算基坑渗流水量。对于基坑内外地下水位的取值，宜考虑降雨、地下水位季节性变化以及施工降水等影响。

（5）抗倾覆验算。对水泥土重力式围护与板式支护结构应进行抗倾覆验算。

四、基坑支护设计内容

（1）基坑支护设计内容包括对支护结构计算和验算、质量检测及施工监测的要求。

（2）当场地开阔和环境条件允许并经验算能满足边坡稳定性要求时，宜采用放坡开挖。放坡开挖的基坑，应对边坡表面进行保护处理，以防止渗水或土的剥落。

（3）当场地有地下水时，应根据场地及周边区域的工程地质条件、水文地质条件、周边环境情况和支护结构与基础形式等因素确定地下水控制方法。当场地周围有地表水汇流排泄或地下水管渗漏时，应对基坑采取相应的保护措施。

第八节 暗挖综合管廊

一、暗挖综合管廊的衬砌结构要求

暗挖综合管廊的衬砌结构应满足以下基本要求：

　　（1）暗挖管廊应采用整体式衬砌或复合式衬砌结构。暗挖综合管廊作为市政工程永久性构筑物，应避免管廊围岩日久风化和水的侵蚀，产生松弛、掉块、坍塌甚至围岩失稳，危及运行安全；管廊建成后应能适应长期运行的需要。管廊投入运行后，衬做衬砌、加固围岩非常困难，技术、经济、安全方面都不合理。

　　（2）暗挖管廊衬砌设计应综合地质条件、断面形式、支护结构、施工条件等，并应充分利用围岩的自承能力，衬砌应有足够的强度、稳定性和耐久性，保证管廊长期安全使用。

　　最大限度地利用和发挥围岩的自承能力是管廊衬砌结构设计应遵守的基本原则。管廊自身有一定的结构作用，应通过一些工程措施和合理的衬砌形式使围岩这一特性得以充分发挥，达到节约工程成本的目的。管廊的衬砌是永久性的重要建筑物，运行中一旦破坏很难恢复，维护费用很高，给管廊运行管理带来很大困难。因此，要求衬砌具有足够的强度、稳定性和耐久性。

　　（3）衬砌结构类型和尺寸应根据使用要求、围岩级别、工程地质和水文地质条件、管廊埋置深度、结构受力特点，并结合工程施工条件、环境条件，通过工程类比和结构计算综合分析确定。在施工阶段，还应根据现场监控量测调整支护参数，必要时可通过试验分析确定。

　　衬砌结构类型和尺寸的影响因素十分复杂，设计中应在满足使用要求的前提下，因地制宜地进行设计。管廊围岩级别、埋设深度、施工条件和施工方法直接影响到围岩的应力状态和结构受力。目前仍以工程类比法为主，但由于地质条件复杂，不同围岩地质条件自身的承载能力不同，并与管廊开挖方式、支护手段和支护时间密切相关，有时单凭工程类比还不足以保证设计的合理性和可靠性，还应进行理论验算。管廊设计阶段，设计者难以准确预测各种复杂条件，在工程实施过程中，应通过现场监控量测，观测围岩与初期支护的变形变化，掌握围岩动态及支护结构受力状态，调整支护参数。围岩地质条件好，围岩变形小或变形趋于稳定，可适当减少支护；反之，应增强支护，实行动态设计。

二、暗挖综合管廊衬砌结构计算

　　暗挖综合管廊衬砌结构计算应符合下列规定：

　　（1）暗挖综合管廊结构应按破损阶段法验算构件截面的强度。结构抗裂有要求时，对混凝土构件应进行抗裂验算，对钢筋混凝土构件应验算其裂缝宽度。

　　在结构设计领域，目前多数工程结构已采用概率极限状态设计法，以可靠指标度量结构构件的可靠度，并采用以分项系数表达的计算式进行设计。暗挖综合管廊因建设时间短，其研究成果较少，目前尚未具备采用极限状态设计法设计条件，然而对于管廊衬砌限制裂缝开展宽度等将使其延长使用寿命的基本条件，因而对管廊结构设计提出同时按承载力和限制裂缝开展宽度进行计算的规定。

　　对构件的截面强度，因暗挖管廊目前尚不具备按概率极限状态设计法设计的条件，故规定按破损阶段法验算，必要时配筋量按限制裂缝开展宽度进行计算。

　　（2）采用荷载结构法计算管廊衬砌时，应计入围岩对衬砌变形的约束作用，如弹性抗力。

　　由理论分析和模型试验说明：管廊衬砌承载后的变形受到围岩的约束，引起围岩的约束力，阻止衬砌变形的发展，从而改善了衬砌的工作状态，提高了衬砌的承载能力，这是地下结构区别于地面结构的主要标志，故在计算衬砌时应考虑围岩对衬砌变形的约束作用。

（3）暗挖管廊结构上的荷载应参照表4-6进行分类，暗挖管廊衬砌的围岩压力应结合管廊埋深进行计算。

第九节　顶管综合管廊

一、顶管管径

顶管管径应根据管线敷设规模及相关要求确定。管材的选择应综合考虑管道用途、管材受力特性和当地具体情况。

顶管管径根据设计功能及相关要求确定，管径不宜太小，较小管径管内操作空间较小，施工较为不便；也不宜太大，较大的管径要求顶推力大，对顶管设备的要求比较高。常见的顶管管径在1～3m之间。如计算所需的管径较大，可考虑布置两根或多根管道同时顶进。顶管常用的管材有钢筋混凝土管、钢管和玻璃纤维增强塑料夹砂管。管材的选择应根据管道用途、管材受力特性、当地采购或制作条件的具体情况来考虑。

二、工作井

工作井的布置需要综合考虑多方面因素，避免对周围建、构筑物和设施产生不利影响；满足工程地形条件、交通、电力、水利等行业管理要求等制约因素，对工作井布置的限定条件；应考虑施工组织的便利，选择靠近电源、水源，便于运输、排水的位置等。工作井还应根据确定的顶进形式进行布置，常见的顶进形式可分为单向顶进、双向对接顶进、调头顶进、多向顶进等几种。工作井形状一般有矩形、圆形、腰圆形、多边形等几种，其中矩形工作井最为常见，较深的工作井也一般采用圆形，且常采用沉井法施工。工作井和接收井按其结构可分为钢筋混凝土井、钢板桩井、地下连续墙井等。工作井和接收井的控制尺寸包括井的最小长度、最小宽度，设计时考虑顶管施工要求。在土质条件好、总顶推力不大和井底不深的情况下，工作井和接收井可采用水泥搅拌桩临时支护或放坡开挖式，但需在工作井中浇筑一堵后座墙。

工作井应按以下基本原则进行设计：

（1）工作井尺寸应按照顶管的管节长度、管节外径、顶管机尺寸、管底高程等参数确定。

（2）接收井的控制尺寸应根据顶管机外径、长度、顶管机在井内拆除和吊装的需要以及工艺管道连接的要求等确定。

（3）需计算顶管施工时顶推力对井身结构的影响。

（4）尽可能减少工作井的数量。

（5）工作井的选址应尽量避开房屋、地下管线、池塘、架空线等不利于顶管施工的场所。

三、顶管综合管廊的结构计算

顶管综合管廊的结构计算包括以下内容：

（1）顶推力的估算。计算完成一次顶进过程（从工作井至接收井）所需的最大顶推力。当估算的总顶推力大于管道允许顶力或工作井允许顶力时，需设置中继间或增加减阻措施。

（2）管道允许顶力。计算管段传力面允许的最大顶力。

（3）管道强度计算。计算管壁截面的最大环向应力、最大纵向应力、最大组合应力等。

计算的应力应小于管壁截面的极限荷载值。

（4）管壁稳定验算。计算柔性管道（钢管、玻璃纤维增强塑料夹砂管等）管壁截面失稳临界压力。计算的临界压力应大于管道外壁实际承受的水土压力值。

（5）管道竖向变形验算。计算柔性管道（钢管、玻璃纤维增强塑料夹砂管等）在地面荷载等竖向荷载作用下产生的最大长期竖向变形，其变形量应不影响管道的正常使用。

（6）钢筋混凝土管道裂缝宽度验算。计算钢筋混凝土管在长期效应作用下，处于大偏心受拉或大偏心受压状态时，最大裂缝宽度，其计算值应不影响管道正常使用。

第十节　盾构综合管廊

一、盾构综合管廊的断面形状

盾构综合管廊的断面形状除应满足管线敷设的要求外，还应根据受力分析、施工难度、经济性等因素确定，宜优先采用圆形断面。

盾构综合管廊的断面形状有圆形、矩形、椭圆形、双圆塔接型等多种形式。对于盾构综合管廊，矩形断面的空间利用率最高，与圆形断面相比可节约 30% 左右的空间。但与其他断面相比，圆形断面结构稳定、受力好，盾构机造价低、容易操作，管片的制作和拼装简单、方便，而且目前国内绝大多数为圆形断面，积累了丰富的经验，因此，选取断面时宜优先选取圆形断面。如果条件成熟，也可采用其他断面。

二、盾构综合管廊的覆土

（1）盾构综合管廊的覆土厚度不宜小于管廊外径，局部地段无法满足时应采取必要的措施。

（2）垂直土压力大小宜根据管廊的覆土厚度、断面形状、外径和围岩条件等来确定。

盾构综合管廊的埋深应根据地面环境、地下设施、地质条件、开挖面大小、盾构特性等来确定。日本规范中提出盾构法隧道顶部的覆土厚度一般为 $1\sim1.5D$（D 为隧道外径），在工程实践中，有覆土厚度小于 D 的成功实例；也有埋深较大时仍发生地面沉陷和爆喷等事故的情况。对于盾构综合管廊，由于其断面小，而且城市地表多为填土层的土质一般较差，盾构法施工的综合管廊的覆土厚度不宜小于管廊外径，局部地段无法满足时应采取必要的措施。

三、平行设置的管廊间净距离

盾构法施工的平行综合管廊间的净距离应根据地质条件、盾构类型、埋设深度等因素确定，且不宜小于管廊外径，无法满足时应做专项设计并采取相应的措施。

平行设置的管廊是指在一定区间的平面上或立面上设置相互平行的管廊，且距离较近时，会在横断面方向或纵断面方向发生与单个管廊所不同的位移及应力，严重时会影响到管廊衬砌的安全性。因此必须对由于多条管廊相互干扰而产生的地基松弛或施工荷载的影响进行分析论证，根据需要进行衬砌加固、地基改良或采用辅助施工措施控制变形等。

四、地基抗力

地基抗力的作用范围、分布形状和大小应根据结构形式、变形特性、计算方法等因素确定。

盾构综合管廊的地基抗力的考虑有两种方法，一种方法是认为地基抗力与地层位移无关，是与作用荷载相平衡的反作用力，一般预先进行假设；另一种方法则认为地基抗力从属于地基的位移，认为地基抗力是由衬砌向围岩方向移位而发生的反力。

五、盾构综合管廊的衬砌结构

盾构综合管廊的衬砌结构计算应符合下列基本原则：

（1）管廊的结构计算应对应于施工过程和运行状态下不同阶段的荷载进行。

（2）管片环的计算尺寸应取管廊断面的形心尺寸。

六、盾构综合管廊的竖井结构

盾构综合管廊的竖井结构设计应根据工程地质和水文地质条件及城市规划要求，结合周围地面既有建筑物、管线状况，通过对技术、经济、环保等的综合对比，合理选择施工方法和结构形式。

第五章　城市地下综合管廊附属工程设计

第一节　附属工程分类

综合管廊附属工程主要分为附属用房、附属设施、附属系统。

（1）附属用房。如控制中心、变电站及其他生活用房等。

（2）附属设施。如投料口、通风口、逃生孔等。

（3）附属系统。如消防系统、供电系统、照明系统、监控及报警系统、通风系统、排水系统、标识系统等。

第二节　附属用房和附属设施设计

一、附属用房设计

（1）附属用房设计应与周围景观相协调，宜结合周围建（构）筑物实施。

（2）控制中心包括管廊监控室及消防控制室。

（3）控制中心与综合管廊之间宜设置直接联络通道，通道的净尺寸应满足管理人员的日常检修要求。

（4）附属用房的规模应满足使用功能及设备安装的要求。

二、附属设施设计

1. 逃生孔

综合管廊应设置逃生孔，其设置应符合下列规定：

（1）沿管廊纵长不应少于2个。采用明挖施工的管廊安全孔间距不宜大于200m，当综合管廊内有热力管道时不应大于100m。采用非开挖法施工的人员逃生孔间距应根据综合管廊地形条件、埋深、通风、消防等条件综合确定。

（2）人员逃生孔盖板应设有在内部使用时易于开启、在外部使用时非专业人员难以开启的安全装置。

（3）人员逃生孔内径净直径不应小于800mm。

（4）人员逃生孔内应设置爬梯。

（5）人员逃生孔高度超过4m时应设置平台，平台上设置活动盖板。

（6）综合管廊首末端无可供人员出入功能的设施时，宜在距首末端不大于5m处设置人员逃生孔。

以上是综合了DL/T 5221—2016《城市电力电缆线路设计技术规定》第9.4.2条、GB 50217—2018《电力工程电缆设计标准》第5.5.7条的规定确定的。

2. 投料口

综合管廊的投料口宜兼顾人员出入功能。投料口最大间距不宜超过 400m。投料口净尺寸应满足管线、设备、人员进出的最小允许限界要求且宽度不应小于 0.8m。

3. 通风口

综合管廊的通风口净尺寸应满足通风设备进出的最小允许限界要求，采用自然通风方式的通风口最大间距不宜超过 200m。

4. 防洪防盗与周围景观协调

（1）综合管廊的投料口、通风口、逃生孔等露出地面的构筑物应满足城镇防洪要求或设有防止地面水倒灌的设施。

（2）综合管廊的投料口、通风口、逃生孔等露出地面的构筑物宜设有防盗措施。

（3）投料口、通风口、逃生孔的外观宜与周围景观相协调，并尽量和周围建（构）筑物结合实施。

综合管廊的投料口、通风口、逃生孔是综合管廊必需的功能性要求，这些孔、口往往会形成地面水倒灌的通道，为了保证综合管廊的安全运行，应当采取技术措施确保在道路积水期间地面水不会倒灌。

第三节　综合管廊的消防系统

一、综合管廊舱室火灾危险性分类

综合管廊舱室火灾危险性分类见表 5-1。

表 5-1　　　　　　　　　　综合管廊舱室火灾危险性分类

舱室内容纳管线种类		舱室火灾危险性类别
天然气管道		甲
阻燃电力电缆		丙
通信线缆		丙
热力管道		丙
污水管道		丁
雨水管道、给水管道、再生水管道	塑料管等难燃管材	丁
	钢管、球墨铸铁管等不燃管材	戊

当舱室内含有两类及以上管线时，舱室火灾危险性类别应按火灾危险性较大的管线确定。

综合管廊的火灾危险性分类原则是综合管廊舱室火灾危险性，根据综合管廊内敷设的管线类型、材质、附件等，依据 GB 50016—2014《建筑设计防火规范》有关火灾危险性分类的规定确定。

二、耐火极限

（1）综合管廊主结构体应为耐火极限不低于 3.0h 的不燃性结构。参照 GB 50016—2014《建筑设计防火规范》第 3.2.1 条规定。由于综合管廊一般为钢筋混凝土结构或砌体结构，能够满足建筑构件的燃烧性能和耐火极限要求。

（2）综合管廊内不同舱室之间应采用耐火极限不低于 3.0h 的不燃性结构进行分隔。

（3）除嵌缝材料外，综合管廊内装修材料应采用不燃材料。

（4）天然气管道舱及容纳电力电缆的舱室应每隔 200m 采用耐火极限不低于 3.0h 的不燃性墙体进行防火分隔。防火分隔处的门应采用甲级防火门，管线穿越防火隔断部位应采用阻火包等防火封堵措施进行严密封堵。

（5）综合管廊交叉口及各舱室交叉部位应采用耐火极限不低于 3.0h 的不燃性墙体进行防火分隔，当有人员通行需求时，防火分隔处的门应采用甲级防火门，管线穿越防火隔断部位应采用阻火包等防火封堵措施进行严密封堵。

三、灭火器材设置

（1）综合管廊内应在沿线、人员出入口、逃生口等处设置灭火器材，灭火器材的设置间距不应大于 50m，灭火器的配置应符合 GB 50140《建筑灭火器配置设计规范》的有关规定。

（2）干线综合管廊中容纳电力电缆的舱室，支线综合管廊中容纳 6 根及以上电力电缆的舱室内设置自动灭火系统；其他容纳电力电缆的舱室宜设置自动灭火系统。

从电缆火灾的危害影响程度与外援扑救难度分析，干线综合管廊中敷设的电力电缆一般主要是输电线路，电压等级高，送电服务范围广，一旦发生火灾，产生的后果非常严重。支线综合管廊中敷设的电力电缆一般主要是中压配电线路，虽然每根电缆送电服务范围有限，但在数量众多时，也会产生严重后果，且外援扑救难度大，修复恢复供电时间长。基于上述分析，作出该规定。

四、综合管廊内的电缆防火与阻燃

综合管廊内的电缆防火与阻燃应符合 GB 50217《电力工程电缆设计规范》和 DL/T 5484《电力电缆隧道设计规程》及 GA 306.1《阻燃及耐火电缆　塑料绝缘阻燃及耐火电缆分级和要求　第 1 部分：阻燃电缆》和 GA 306.2《阻燃及耐火电缆　塑料绝缘阻燃及耐火电缆分级和要求　第 2 部分：耐火电缆》的有关规定。

对于密闭环境内的电气火灾，通常可采用气体灭火、高倍数泡沫灭火、水喷雾灭火等灭火措施。由于环境保护方面的原因，不考虑采用卤代烷灭火的方式。由于综合管廊内的可燃物较少，所以综合管廊内的消防可按轻危险级考虑。对各种灭火方式的分析如下：

1. 气体灭火

气体灭火包括二氧化碳、赛龙灭火等，是一种利用向空气中大量注入灭火气体，相对地减少空气中的氧气含量，降低燃烧物的温度，使火焰熄灭。二氧化碳是一种惰性气体，对绝大多数物质没有破坏作用，灭火后能很快散逸，不留痕迹，又没有毒害。二氧化碳还是一种不导电的物质，可用于扑救带电设备的火灾。

二氧化碳对于扑救气体火灾时，需于灭火前切断气源。因为尽管二氧化碳灭气体火灾是有效的，但由于二氧化碳的冷却作用较小，火虽然能扑灭，但难于在短时间内使火场的环境温度（包括其中设置物的温度）降至燃气的燃点以下。如果气源不能关闭，则气体会继续逸出，当逸出量在空间里达到或高过燃烧下限浓度，则有发生爆炸的危险。

由于综合管廊是埋设于地下的封闭空间，且其保护范围为一狭长空间，难以定点实施气体喷射保护，因此，需采用全淹没灭火系统。

2. 高倍数、中倍数泡沫灭火

高倍数、中倍数泡沫灭火系统是一种较新的灭火技术。泡沫具有封闭效应、蒸汽效应和冷却效应。其中封闭效应是指大量的高倍数、中倍数泡沫以密集状态封闭了火灾区域，防止新鲜空气流入，使火焰熄灭。蒸汽效应是指火焰的辐射热使其附近的高倍数、中倍数泡沫中水分蒸发，变成水蒸气，从而吸收了大量的热量，而且使蒸汽与空气混合体中的含氧量降低到7.5%左右，这个数值大大低于维持燃烧所需氧的含量。冷却效应是指燃烧物附近的高倍数、中倍数泡沫破裂后的水溶液汇集滴落到该物体燥热的表面上，由于这种水溶液的表面张力相当低，使其对燃烧物体的冷却深度超过了同体积普通水的作用。

由于高倍数、中倍数泡沫是导体，所以不能直接与带电部位接触，否则必须在断电后才可喷发泡沫。

综合管廊是埋设于地下的封闭空间，其中分隔为较多的防火分区，根据对规范的系统分类及适用场合的分析，该消防系统可采用高倍数泡沫灭火系统，一次对单个防火分区进行消防灭火。

3. 水喷雾灭火

水喷雾灭火系统是利用水雾喷头在一定水压下将水流分解成细小水雾滴进行灭火或防护冷却的一种固定式灭火系统。该系统是在自动喷水系统的基础上发展起来的，不仅安全可靠，经济实用，而且具有适用范围广、灭火效率高的优点。

水喷雾的灭火机理主要是具有表面冷却、窒息、浮化、稀释的作用。

由于水喷雾所具备的上述灭火机理，使水喷雾具有适用范围广的优点，不仅在扑灭固体可燃物火灾中提高了水的灭火效率，同时由于其独特的优点，在扑灭可燃液体火灾和电气火灾中得到广泛的应用。

从以上比较可见，采用二氧化碳等气体灭火或泡沫灭火，设备比较复杂，并需占用较多空间来存储二氧化碳或泡沫液，管理维护工作量较大。对于整体构造简单，功能相对单一的综合管廊来说，水喷雾灭火系统设备较简单，管理维护较方便，灭火范围广，效率高，同时细小的雾滴能降低火场的温度，适用于有电缆的管廊。

第四节　综合管廊的通风系统

一、综合管廊的通风方式

综合管廊的通风主要是保证综合管廊内部空气的质量，应以自然通风为主，机械通风为辅。

综合管廊宜采用自然进风和机械排风相结合的通风方式。天然气管道舱和含有污水管道的舱室应采用机械进、排风的通风方式。

自然通风方式要求通风区域较短，且进、排风口高差应保护足够余压使管廊内空气产生有效流动。

但是天然气管道舱和含有污水管道的舱室，由于存在可燃气体泄漏的可能，需及时快速将泄漏气体排出，因此采用强制通风方式。

二、综合管廊的通风量

综合管廊的通风量应根据通风区间、截面尺寸并经计算确定，且应符合下列规定：

（1）正常通风换气次数不应小于 2 次/h，事故通风换气次数不应小于 6 次/h。

（2）天然气管道舱正常通风换气次数不应小于 6 次/h，事故通风换气次数不应小于 12 次/h。

（3）舱室内天然气浓度大于其爆炸下限浓度值（体积分数）20％时，应启动事故段分区及其相邻分区的事故通风设备。

（4）消除综合管廊内余热。

（5）人员检修新风量，宜按 30m³/（h·人）计。

根据 GB 50058—2014《爆炸危险环境电力装置设计规范》中第 3.2.4 条规定："当爆炸危险区域内通风的空气流量能使可燃物质很快稀释到爆炸下限值的 25％以下时，可定为通风良好，并应符合下列规定：……4）对于封闭区域，每平方米地板面积每分钟至少提供 0.3m³ 的空气或至少 1h 换气 6 次"。为保证管廊内的通风良好，确定天然气管道舱正常通风换气次数不应小于 6 次/h，事故通风换气次数不应小于 12 次/h。

设置机械通风装置是防止爆炸性气体混合物形成或缩短爆炸性气体混合物滞留时间的有效措施之一。通风设备应在天然气浓度检测报警系统发出报警或启动指令时及时可靠地联动，排除爆炸性气体混合物，降低其浓度至安全水平。同时注意进风口不要设置在有可燃及腐蚀介质排放处附近或下风口，排风口排出的空气附近应无可燃物质及腐蚀介质，避免引起次生事故。

三、对综合管廊通风系统的其他要求

（1）综合管廊通风口的通风面积应根据综合管廊的通风量、截面尺寸、通风区间经计算确定。换气次数应在 2 次/h 以上，换气所需时间不宜超过 30min。

（2）综合管廊的通风口处风速不宜超过 5m/s，综合管廊内部风速不宜超过 1.5m/s。

（3）通风口下缘距室外地坪不宜低于 0.5m，并满足挡水要求。

（4）综合管廊的通风口应加设能防止小动物进入综合管廊内的金属网格，网孔净尺寸不应大于 10mm×10mm。

（5）排风口应避免直接吹到人行道或附近建筑，直接朝向人行道的排风口处风速不宜超过 3m/s。进风口应设置在空气洁净的地方。

（6）综合管廊的机械风机应符合节能环保要求。通风口处的噪声应符合 GB 3096《声环境质量标准》的相关规定。

天然气管道舱风机应采用防爆风机。

（7）当综合管廊内空气温度高于 40℃或需进行线路检修时，应开启排风机，并应满足综合管廊内环境控制的要求。

（8）综合管廊舱室内发生火灾时，发生火灾的防火分区及相邻分区的通风设备应能够自动关闭。

（9）综合管廊内应设置事故后机械排烟设施。

综合管廊一般为密闭的地下构筑物，不同于一般民用建筑。综合管廊内一旦发生火灾应及时可靠地关闭通风设施。火灾扑灭后由于残余的有毒烟气难以排除，对人员灾后进入清理十分不利，为此应设置事故后机械排烟设施。

第五节　综合管廊的供配电系统

一、供配电系统的接线方案

综合管廊供配电系统接线方案、电源供电电压、供电点、供电回路数、容量等应依据综合管廊建设规模、周边电源情况、综合管廊运行管理模式，并经技术经济比较后确定。

综合管廊系统一般呈现网络化布置，涉及的区域比较广。其附属用电设备具有负荷容量相对较小而数量众多、在管廊沿线呈带状分散布置的特点。按不同电压等级电源所适用的合理供电容量和供电距离，一座管廊可采用由沿线城市公网分别直接引入多路 0.4kV 电源进行供电的方案，也可以采用集中一处由城市公网提供中压电源，如 10kV 电源供电的方案。管廊内再划分若干供电分区，由内部自建的 10kV 配变电站供配电。不同电源方案的选取与当地供电部门的公网供电营销原则和综合管廊产权单位性质有关，方案的不同直接影响到建设投资和运行成本，故需做充分调研工作，根据具体条件经综合比较后确定经济合理的供电方案。

二、综合管廊的负荷分级

综合管廊的消防设备、监控与报警设备、应急照明设备应按 GB 50052《供配电系统设计规范》规定的二级负荷供电。天然气管道舱的监控与报警设备、管道紧急切断阀、事故风机应按二级负荷供电，且宜采用两回线路供电；当采用两回线路供电有困难时，应另设置备用电源。其余用电设备可按三级负荷供电。

天然气泄漏将会给综合管廊带来严重的安全隐患，所以管廊中含天然气管道舱室的监控与报警系统应能持续地进行环境检测、数据处理与控制工作。当监测到泄漏浓度超限时，事故风机应能可靠启动、天然气管道紧急切断阀应能可靠关闭。参照 GB 50052《供配电系统设计规范》有关负荷分级规定，故将含天然气管道舱室的监控与报警设备、管道紧急切断阀、事故风机定为二级负荷。

三、变压器容量

变压器的容量应根据综合管廊的计算负荷以及用电设备的启动方式、运行方式，并充分考虑变压器的节能运行要求等综合因素来确定。变压器负载率宜控制在 0.6～0.7。对 10（6）kV/0.4kV 的变压器联结组标号宜选用 Dyn11 接线。

关于 10（6）kV/0.4kV 的变压器联结组标号的规定。与 Dyn11 和 Yyn0 结线的同容量变压器相比，尽管前者空载损耗与负载损耗略大于后者，但由于 Dyn11 结线比 Yyn0 结线的零序阻抗要小得多，即增大了相零单相短路的电流值，对提高单相短路电流动作断路器或熔断器的灵敏度有较大作用，有利于单相接地短路故障的切除，并且，当用于单相不平衡负荷时，Yyn0 结线变压器一般要求中性线电流不得超过低压绕组额定电流的 15%，严重限制了接用单相负荷的容量，影响了变压器设备能力的充分利用；由于 3 次及以上的高次谐波激磁电流在原边结成 △ 型条件下，可在原边环流，有利于抑制高次谐波电流。因此，推荐采用 Dyn11 联结组标号变压器。

四、综合管廊配电系统技术规定

（1）综合管廊内的低压配电应采用交流 220V/380V 系统，系统接地形式应为 TN-S 制，并宜使三相负荷平衡。

由于管廊空间相对狭小，附属设备的配电采用 PE 与 N 分隔的 TN-S 系统，有利减少对人员的间接电击危害，减少对电子设备的干扰，便于进行总等电位联结。

（2）综合管廊应以防火分区作为配电单元，各配电单元电源进线截面应满足该配电单元内设备同时投入使用时的用电需要。

综合管廊每个防火分区一般均配有各自的进出口、通风、照明、消防设施，将防火分区划作供电单元可便于供电管理和消防时的联动控制。由于综合管廊存在后续各专业管线、电缆等工艺设备的安装敷设，故有必要考虑作业人员同时开启通风、照明等附属设施的可能。

（3）设备受电端的电压偏差：动力设备不宜超过供电标称电压的±5%，照明设备不宜超过+5%、-10%。

受电设备端电压的电压偏差直接影响设备功能的正常发挥和使用寿命，选用通用设备技术数据。以长距离带状为特点的管廊供电系统中，应校验线路末端的电压损失不超过规定要求。

（4）应采取无功功率补偿措施，使电源总进线处功率因数满足当地供电部门要求。

（5）应在各供电单元总进线处设置电能计量测量装置。

五、综合管廊电气设备技术规定

综合管廊内电气设备应符合下列规定：

（1）电气设备防护等级应适应地下环境的使用要求，并采取防水防潮措施，防护等级不应低于 IP54。

（2）电气设备应安装在便于维护和操作的地方，不应安装在低洼、可能受积水浸入的地方。

管廊敷设有大量管线、电缆，空间一般紧凑、狭小，附属设备及其配电屏、控制箱的安装位置应满足设备进行维护、操作对空间的要求，并尽可能不妨碍管廊管线、电缆的敷设。管廊内含有水管时，存在爆管水淹的事故可能，电气设备的安装应考虑这一因素，在处理事故用电完成之前应不受浸水影响。

（3）电源总配电箱宜安装在管廊进出口处。

（4）天然气管道舱内的电气设备应符合 GB 50058《爆炸危险环境电力装置设计规范》有关爆炸性气体环境 2 区的防爆规定。

敷设在管廊中的天然气管道管法兰、阀门等属于 GB 50058《爆炸危险环境电力装置设计规范》规定的二级释放源，在通风条件符合规范规定的情况下该区域可划为爆炸性气体环境 2 区，在该区域安装的电气设备应符合 GB 50058《爆炸危险环境电力装置设计规范》的相关规定。

（5）综合管廊内应设置交流 220V/380V 带剩余电流动作保护装置的检修插座，插座沿线间距不宜大于 60m。检修插座容量不宜小于 15kW，安装高度不宜小于 0.5m。天然气管道舱内的检修插座应满足防爆要求，且应在检修环境安全的状态下送电。

设置检修插座的目的主要考虑到综合管廊管道及其设备安装时的动力要求。根据电焊机的使用情况，其一、二次电缆长度一般不超过 30m，以此确定临时接电用插座的设置间距。

为了减少爆炸性气体环境中爆炸危险的诱发可能性，在含天然气管线舱室内一般不宜设置插座类电器。当必须设置检修插座时，插座必须采用防爆型，在检修工况且舱内泄漏气体浓度低于爆炸下限值的 20% 时，才允许向插座回路供电。

（6）非消防设备的供电电缆、控制电缆应采用阻燃电缆，火灾时需继续工作的消防设备应采用耐火电缆或不燃电缆。天然气管道舱内的电气线路不应有中间接头，线路敷设应符合 GB 50058《爆炸危险环境电力装置设计规范》的有关规定。

（7）综合管廊每个分区的人员进出口处宜设置本分区通风、照明的控制开关。

人员在进入某段管廊时，一般需先行进行换气通风、开启照明，故需在入口设置开关。每区段的各出入口均安装开关，可以方便巡检人员在任意一出入口离开时均能及时关闭本段通风或照明，以利节能。

六、综合管廊接地系统

综合管廊接地应符合下列规定：

（1）综合管廊内的接地系统应形成环形接地网，接地电阻不应大于 1Ω。

综合管廊接地装置接地电阻值应符合 GB/T 50065《交流电气装置的接地设计规范》的有关规定。当接地电阻值不满足要求时，可通过经济技术比较增大接地电阻，并校验接触电位差和跨步电位差，且综合接地电阻应不大于 1Ω。

（2）综合管廊的接地网宜采用热镀锌扁钢，且截面面积不应小于 $40mm \times 5mm$。接地网应采用焊接搭接，不得采用螺栓搭接。

（3）综合管廊内的金属构件、电缆金属套、金属管道以及电气设备金属外壳均应与接地钢连通。

（4）含天然气管道舱室的接地系统尚应符合 GB 50058《爆炸危险环境电力装置设计规范》的有关规定。

七、综合管廊地上建（构）筑物的防雷

综合管廊地上建（构）筑物部分的防雷应符合 GB 50057《建筑物防雷设计规范》的有关规定；地下部分可不设置直击雷防护措施，但应在配电系统中设置防雷电感应过电压的保护装置，并应在综合管廊内设置等电位联结系统。

第六节　综合管廊的照明系统

一、照度

综合管廊内应设正常照明和应急照明，其照度应符合下列规定：

（1）综合管廊内人行道上的一般照明的平均照度不应小于 15lx，最低照度不应小于 5lx；出入口和设备操作处的局部照度可为 100lx。监控室一般照明照度不宜小于 300lx。

（2）管廊内疏散应急照明照度不应低于 5lx，应急电源持续供电时间不应小于 60min。

（3）监控室备用应急照明照度应达到正常照明照度的要求。

二、灯具

综合管廊照明灯具和标志灯应符合下列规定：

（1）灯具应为防触电保护等级 I 类设备，能触及的可导电部分应与固定线路中的保护（PE）线可靠连接。

（2）灯具应采取防水防潮措施，防护等级不宜低于 IP54，并应具有防外力冲撞的防护措施。

（3）灯具应采用节能型光源，并应能快速启动点亮。

（4）安装高度低于 2.2m 的照明灯具应采用 24V 及以下安全电压供电。当采用 220V 电压供电时，应采取防止触电的安全措施，并应敷设灯具外壳专用接地线。

（5）安装在天然气管道舱内的灯具应符合 GB 50058《爆炸危险环境电力装置设计规范》的有关规定。

（6）出入口和各防火分区防火门上方应设置安全出口标志灯，灯光疏散指示标志应设置在距地坪高度 1.0m 以下，间距不应大于 20m。

综合管廊通道空间一般紧凑狭小、环境潮湿，且其中需要进行管线的安装施工作业，施工人员或工具较易触碰到照明灯具。所以对管廊中灯具的防潮、防外力、防触电等要求提出具体规定。

三、照明回路导线及敷设方式

照明回路导线应采用硬铜导线，截面面积不应小于 2.5mm^2。线路明敷设时宜采用保护管或线槽穿线方式布线。天然气管线舱内的照明线路应采用低压流体输送用镀锌焊接钢管配线，并应进行隔离密封防爆处理。在含天然气管线舱室敷设的照明电气线路应符合 GB 50058《爆炸危险环境电力装置设计规范》的相关规定。

第七节　综合管廊的监控与报警系统

一、综合管廊监控与报警系统分类与组成

1. 分类

综合管廊监控与报警系统宜分为环境与设备监控系统、安全防范系统、通信系统、预警与报警系统、地理信息系统和统一管理信息平台等。

2. 组成

（1）监控与报警系统的组成及其系统架构、系统配置应根据综合管廊建设规模、纳入管线的种类、综合管廊运营维护管理模式等确定。

（2）监控、报警和联动反馈信号应送至监控中心。

二、综合管廊环境与设备监控系统

综合管廊应设置环境与设备监控系统，并应符合下列规定：

（1）应能对综合管廊内环境参数进行监测与报警。环境参数检测内容应符合表 5-2 的规定，含有两类及以上管线的舱室，应按较高要求的管线设置。气体报警设定值应符合 GBZ/T 205《密闭空间作业职业危害防护规范》的有关规定。

表 5-2　　　　　　　　　　　　　　　　环境参数检测内容

舱室容纳 管线类别	给水管道、再生水 管道、雨水管道	污水管道	天然气 管道	热力管道	电力电缆、 通信线缆
温度	●	●	●	●	●
湿度	●	●	●	●	●
水位	●	●	●	◐	
O$_2$	◐	●	◐		
H$_2$S 气体	▲	●	▲	▲	▲
CH$_4$ 气体	▲	●	●	▲	▲

注　●应监测；▲宜监测。

雨水利用管廊本体独立的结构空间输送，可不对该空间环境参数进行监测。

（2）应对通风设备、排水泵、电气设备等进行状态监测和控制；设备控制方式宜采用就地手动、就地自动和远程控制。

（3）应设置与管廊内各类管线配套检测设备、控制执行机构联通的信号传输接口；当管线采用自成体系的专业监控系统时，应通过标准通信接口接入综合管廊监控与报警系统统一管理平台。

（4）环境与设备监控系统设备宜采用工业级产品。

（5）H_2S、CH_4 气体探测器应设置在管廊内人员出入口和通风口处。

三、综合管廊安全防范系统

综合管廊应设置安全防范系统，并应符合下列规定：

（1）综合管廊内设备集中安装地点、人员出入口、变配电间和监控中心等场所应设置摄像机；综合管廊内沿线每个防火分区内应至少设备一台摄像机，不分防火分区的舱室，摄像机设置间距不应大于 100m。

（2）综合管廊人员出入口、通风口应设置入侵报警探测装置和声光报警器。

（3）综合管廊人员出入口应设置出入口控制装置。

（4）综合管廊应设置电子巡查管理系统，并宜采用离线式。

（5）综合管廊的安全防范系统应符合 GB 50348《安全防范工程技术规范》、GB 50394《入侵报警系统工程设计规范》、GB 50395《视频安防监控系统工程设计规范》和 GB 50396《出入口控制系统工程设计规范》的有关规定。

四、综合管廊通信系统

综合管廊应设置通信系统，并应符合下列规定：

（1）应设置固定式通信系统，电话应与监控中心接通，信号应与通信网络联通。综合管廊人员出入口或每一防火分区内应设置通信点；不分防火分区的舱室，通信点设置间距不应大于 100m。

（2）固定式电话与消防专用电话合用时，应采用独立通信系统。

（3）宜设置用于对讲通话的无线信号覆盖系统。

五、综合管廊火灾自动报警系统

干线、支线综合管廊含电力电缆的舱室应设置火灾自动报警系统，并应符合下列规定：

（1）应在电力电缆表层设置线型感温火灾探测器，并应在舱室顶部设置线型光纤感温火灾探测器或感烟火灾探测器。

（2）应设置防火门监控系统。

（3）设置火灾探测器的场所应设置手动火灾报警按钮和火灾警报器，手动火灾报警按钮处宜设置电话插孔；综合管廊内非公共场所，平时只有少量工作人员进行巡检工作，当有紧急情况时火灾警报器可以满足需要，所以可不设消防应急广播。

（4）确认火灾后，防火门监控器应联动关闭常开防火门，消防联动控制器应能联动关闭着火分区及相邻分区通风设备、启动自动灭火系统。

（5）应符合 GB 50116《火灾自动报警系统设计规范》的有关规定。

根据以往电力隧道工程、综合管廊工程的运营经验，地下舱室火灾危险主要来自敷设的大量电力电缆，所以提出对敷设有电力电缆的管廊舱室进行火灾自动报警的规定，以及时发现处置火灾的发生。本处所指电力电缆不包括为综合管廊配套设施供电的少量电力电缆。

六、天然气管道舱可燃气体探测报警系统

天然气管道舱应设置可燃气体探测报警系统，并应符合下列规定：

（1）天然气报警浓度设定值（上限值）不应大于其爆炸下限值（体积分数）的20％。

（2）天然气探测器应接入可燃气体报警控制器。

（3）当天然气管道舱天然气浓度超过报警浓度设定值（上限值）时，应由可燃气体报警控制器或消防联动控制器联动启动天然气舱事故段分区及其相邻分区的事故通风设备。

（4）紧急切断浓度设定值（上限值）不应大于其爆炸下限值（体积分数）的25％。

（5）应符合GB 50493《石油化工可燃气体和有毒气体检测报警设计规范》、GB 50028《城镇燃气设计规范》和GB 50116《火灾自动报警系统设计规范》的有关规定。

七、综合管廊地理信息系统

综合管廊宜设置地理信息系统，并应符合下列规定：

（1）应具有综合管廊和内部各专业管线基础数据管理、图档管理、管线拓扑维护、数据离线维护、维修与改造管理、基础数据共享等功能。

（2）应能为综合管廊报警与监控系统统一管理信息平台提供人机交互界面。

八、综合管廊统一管理平台

综合管廊应设置统一管理平台，并应符合下列规定：

（1）应对监控与报警系统各组成系统进行系统集成，并应具有数据通信、信息采集和综合处理功能。

（2）应与各专业管线配套监控系统联通。

综合管廊及管廊内各专业管线单位建设前应根据实际情况确定并统一在线监控接入技术要求。

（3）应与各专业管线单位相关监控平台联通。

通过与各专业管线单位数据通信接口，各专业管线单位应将本专业管线运行信息、会影响到管廊本体安全或其他专业管线安全运行的信息，送至统一管理平台；统一管理平台应将监测到的与各专业管线运行安全有关信息，送至各专业管线公司。

（4）宜与城市基础设施地理信息系统联通或预留通信接口。

（5）应具有可靠性、容错性、易维护性和可扩展性。

九、综合管廊监控与报警系统安装接线技术要求

（1）天然气管道舱内设置的监控与报警系统设备、安装与接线技术要求应符合GB 50058《爆炸危险环境电力装置设计规范》的有关规定。

（2）监控与报警系统中的非消防设备的仪表控制电缆、通信线缆应采用阻燃线缆。消防设备的联动控制线缆应采用耐火线缆。

（3）火灾自动报警系统布线应符合GB 50116《火灾自动报警系统设计规范》的有关规定。

（4）监控与报警系统主干信息传输网络介质宜采用光缆。

（5）综合管廊内监控与报警设备防护等级不宜低于IP65。

（6）监控与报警设备应由在线式不间断电源供电。

（7）监控与报警系统的防雷、接地应符合GB 50116《火灾自动报警系统设计规范》、

GB 50174《电子信息系统机房设计规范》和 GB 50343《建筑物电子信息系统防雷技术规范》的有关规定。

第八节　综合管廊的排水系统

一、综合管廊内应设置自动排水系统

（1）综合管廊内的排水系统主要满足排出综合管廊的结构渗漏水、管道检修放空水的要求，未考虑管道爆管或消防情况下的排水要求。

（2）综合管廊的排水区间应根据综合管廊的纵坡确定，排水区间不宜大于 200mm。应在排水区间的最低点设置集水坑，并设置自动水位排水泵。

（3）综合管廊的底板宜设置排水明沟，并应通过排水明沟将综合管廊内积水汇入集水坑，排水明沟的坡度不应小于 0.2%。

为了将水流尽快汇集至集水坑，综合管廊内采用有组织的排水系统。一般在综合管廊的单侧或双侧设置排水明沟，综合考虑道路的纵坡设计和综合管廊埋深，排水明沟的纵向坡度不小于 0.2%。

（4）综合管廊的排水应就近接入城市排水系统，并应设置止回阀。

二、集水坑

集水坑的有效容积应根据渗入综合管廊内的水量确定，且应满足以下要求：

（1）集水坑除满足有效容积外，还应满足水泵及水位控制器等的安装、检查要求。

（2）集水坑的最低水位应满足水泵吸水要求。

（3）集水坑上口设置格栅盖，集水坑边缘距离沉降缝 2m 以上。

（4）天然气管道舱应设置独立集水坑。

三、排水温度

综合管廊排出的废水温度不应高于 40℃。

第九节　综合管廊的标识系统

一、综合管廊介绍牌

综合管廊的主出入口内应设置综合管廊介绍牌，并应标明综合管廊建设时间、规模、容纳管线。

综合管廊的人员主出入口一般情况下指控制中心与综合管廊直接连接的出入口，在靠近控制中心侧，应当根据控制中心的空间布置，布置合适的介绍牌，对综合管廊的建设情况进行简要的介绍，以利于综合管廊的管理。

二、纳入综合管廊的管线标识

纳入综合管廊的管线应采用符合管线管理单位要求的标识进行区分，并应标明管线属性、规格、产权单位名称、紧急联系电话。标识应设置在醒目位置，间隔距离不应大于 100m。

综合管廊内部容纳的管线较多，管道一般按照颜色区分或每隔一定距离在管道上标识。

电（光）缆一般每隔一定间距设置铭牌进行标识。同时针对不同的设备应有醒目的标识。

三、综合管廊的设备标识

综合管廊的设备旁边应设置设备铭牌，并应标明设备的名称、基本数据、使用方式及紧急联系电话。

四、综合管廊警示标识

综合管廊内应设置"禁烟""注意碰头""注意脚下""禁止触摸""防坠落"等警示、警告标识。

五、综合管廊其他标识

（1）综合管廊内部应设置里程标识，交叉口处应设置方向标识。

（2）人员出入口、逃生口、管线分支口、灭火烧器材设置处等部位，应设置带编号的标识。

（3）综合管廊穿越河道时，应在河道两侧醒目位置设置明确的标识。

第六章　城市地下综合管廊工程投资估算

第一节　城市综合管廊工程投资估算指标

一、制订《城市综合管廊工程投资估算指标》的作用

为贯彻落实《国务院办公厅关于加强城市地下管线建设管理的指导意见》（国办发〔2014〕27号），推进城市综合管廊工程建设，依据 GB 50838—2015《城市综合管廊工程技术规范》，住房和城乡建设部组织上海市政工程设计研究院（主编单位）和北京市市政工程设计研究总院、中冶京诚工程技术有限公司、北京城建设计发展集团、北京市建设工程造价管理处、中电联电力工程定额管理总站、工业和信息化部通信工程定额质监中心、北京市煤气热力工程设计院等参编单位制定了《城市综合管廊工程投资估算指标》[ZYA1-12(10)-2015]（试行），于2015年6月15日以建标〔2015〕85号通知形式印发，自2015年7月1日起施行。各地可结合本地实际情况，进一步补充细化综合管廊造价指标，为综合管廊建设提供更完善的计价依据。

《城市综合管廊工程投资估算指标》（简称指标）施行多年的情况表明，《指标》的制订发布对合理确定和控制城市综合管廊工程投资，满足城市综合管廊工程编制项目建议书和可行性研究报告投资估算的需要起到积极作用。

二、《指标》编制依据和适用范围

1. 编制依据

《指标》是以 GB 50838—2015《城市综合管廊工程技术规范》、相关的工程设计标准、工程造价计价办法、有关定额指标为依据，结合近年有代表性的城市综合管廊工程的相关资料编制而成的。

2. 适用范围

(1)《指标》适用于新建的城市综合管廊工程项目。改建、扩建的项目可参考使用。

(2)《指标》是城市综合管廊工程前期编制投资估算、多方案比选和优比设计的参考依据；是项目决策阶段评价投资可行性，分析投资效益的主要经济指标。

三、造价指标

1. 造价指标分类

城市综合管廊工程投资估算指标分为综合指标和分项指标。

(1) 综合指标。包括建筑工程费、安装工程费、设备购置费、工程建设其他费用和基本预备费。

(2) 分项指标。包括建筑工程费、安装工程费和设备购置费。

2. 建筑安装工程费

建筑安装工程费由直接费和综合费用组成。

（1）直接费。由人工费、材料费和机械费组成。

《指标》中的人工、材料、机械台班单价按北京市 2014 年 5 月造价信息。

（2）综合费用。由企业管理费、利润、规费和税金组成。

3. 设备购置费

依据设计文件规定，其价格由设备原价＋设备运杂费组成。

设备运杂费是指除设备原价之外的设备采购、运输、包装及仓库保管等方面支出费用的总和。

《指标》中的设备购置费采用国产设备，由于设计的技术标准、各种设备的更新等因素，实际采用的设备可能有较大出入，如在设计方案已有主要设备选型，应按主要设备原价加运杂费等费用计算设备购置费。

4. 工程建设其他费用

除通信工程外，工程建设其他费用包括建设管理费、可行性研究费、研究试验费、勘察设计费、环境影响评价费、场地准备及临时设施费、工程保险费、联合试运转费等。

工程建设其他费用费率的计费基数为建筑安装工程费与设备购置费之和。各地根据具体情况可予以调整。

5. 基本预备费

基本预备费是指在投资估算阶段不可预见的工程费用。

基本预备费费率的计费基数为建筑安装工程费＋设备购置费＋工程建设其他费用 3 部分之和。

四、造价指标的作用

1. 综合指标的作用

综合指标可应用于项目建议书与可行性研究阶段。

2. 分项指标的作用

当设计建设相关条件需进一步明确时，分项指标可应用于估算某一标准段或特殊段费用。

五、造价指标计算程序

造价指标计算程序如表 6-1 所示。

表 6-1　　　　　　造价指标计算程序表城市综合管廊工程投资估算

指标分类			指标基价项目	取费基数及计算方法
综合指标	分项指标	一	建筑安装工程费	4＋5
		1	人工费小计	—
		2	材料费小计	—
		3	机械费小计	—
		4	直接费小计	1＋2＋3
		5	综合费用	4×综合费用费率
		二	管廊本体设备购置费	原价＋设备运杂费
		三	工程建设其他费用	（一＋二）×工程建设其他费用费率
		四	基本预备费	（一＋二＋三）×10％
		五	专业管线费	

注　本表一至四项指管廊本体工程建设费用，第五项指电力、通信、燃气、热力等专业管线入廊费用。造价指标按入廊管线不同情况进行组合，与管廊本体工程费用叠加。

六、《指标》使用注意事项

1. 消耗量原则上不作调整

《指标》中的人工、材料、机械费的消耗量原则上不作调整。

2. 具体调整办法

如需调整，使用《指标》时可按指标消耗量及工程所在地市场价格并按照规定的计算程序和方法调整指标，费率可参照指标确定，也可按各级建设行政主管部门发布的费率调整。具体调整办法如表 6-2 所示。

表 6-2   城市综合管廊工程造价指标调整办法

调整项目	调 整 办 法
（一）建筑安装工程费的调整	（1）人工费：以指标人工工日数乘以当时当地造价管理部门发布的人工单价确定
	（2）材料费：以指标主要材料消耗量乘以当时当地造价管理部门发布的相应材料价格确定。 其他材料费 = 指标其他材料费 × $\dfrac{\text{调整后的主要材料费}}{\text{指标材料费小计} - \text{指标其他材料费}}$
	（3）机械费： 机械费 = 指标机械费 × $\dfrac{\text{调整后（人工费小计} + \text{材料费小计）}}{\text{指标（人工费小计} + \text{材料费小计）}}$
	（4）直接费：调整后的直接费为调整后的人工费、材料费、机械费之和
	（5）综合费用：综合费用的调整应按当时当地不同工程类别的综合费率计算。计算公式为 综合费用 = 调整后的直接费 × 当时当地的综合费率
	（6）建筑安装工程费： 建筑安装工程费 = 调整后的（直接费 + 综合费用）
（二）设备购置费的调整	指标中列有设备购置费的，按主要设备清单，采用当时当地的设备价格进行调整
（三）工程建设其他费用的调整	工程建设其他费用 = 调整后的（建筑安装工程费 + 设备购置费）× 工程建设其他费用费率
（四）基本预备费的调整	基本预备费 = 调整后的（建筑安装工程费 + 设备购置费 + 工程建设其他费用）× 基本预备费费率
（五）综合指标基价的调整	综合指标基价 = 调整后的（建筑安装工程费 + 设备购置费 + 工程建设其他费用 + 基本预备费）

3. 工程量计算规则

（1）混凝土体积：不包括素混凝土垫层和填充混凝土。

（2）管廊断面面积等于净宽度×净高度。

（3）建筑体积等于管廊断面面积×长度。

4. 材料价格汇总表

材料价格汇总表见表 6-3。

表 6-3   **材料价格汇总表**

序号	项目名称	单位	价格(元)	说明
1	热轧圆钢 10~14	t	3620.00	
2	热轧带肋钢筋 14	t	3680.00	
3	型钢	t	3550.00	
4	普通硅酸盐水泥 42.5	t	390.00	
5	商品混凝土 C30	m³	395.00	
6	商品混凝土 C35	m³	410.00	
7	木材	t	2200.00	
8	砂	t	67.00	
9	碎石(0.5~3.2)	t	59.00	
10	豆石(0.5~1.2)	t	63.00	
11	级配砂石	t	51.00	
12	建筑工程人工	工日	99	
13	安装工程人工	工日	88	
14	防腐无缝钢管 $D219 \times 7$	m	283.93	
15	防腐螺旋钢管 $D323.9 \times 7.9$	m	460.70	
16	防腐螺旋钢管 $D406.4 \times 7.9$	m	580.19	
17	防腐螺旋钢管 $D508 \times 8$	m	734.11	
18	镀锌钢管 20	m	8.82	
19	可燃气体检测探头	台	2200	
20	可燃气体检测报警器	台	18000	
21	联动控制箱	台	2000	
22	预制保温管 $D400$(含接口保温)	m	1267.88	
23	预制保温管 $D450$(含接口保温)	m	1364.23	
24	预制保温管 $D500$(含接口保温)	m	1505.26	
25	预制保温管 $D600$(含接口保温)	m	1950.09	
26	预制保温管 $D700$(含接口保温)	m	2393.40	
27	预制保温管 $D800$(含接口保温)	m	2871.93	
28	预制保温管 $D900$(含接口保温)	m	3154.39	
29	预制保温管 $D1000$(含接口保温)	m	3466.61	
30	波纹管补偿器 $DN400$	个	33155	
31	波纹管补偿器 $DN450$	个	38396	
32	波纹管补偿器 $DN500$	个	41294	
33	波纹管补偿器 $DN600$	个	57060	
34	波纹管补偿器 $DN700$	个	75838	
35	波纹管补偿器 $DN800$	个	78634	
36	波纹管补偿器 $DN900$	个	81684	

序号	项目名称	单位	价格(元)	说明
37	波纹管补偿器 $DN1000$	个	95270	
38	焊接阀门 $DN400$	个	46000	
39	焊接阀门 $DN450$	个	59500	
40	焊接阀门 $DN500$	个	75000	
41	焊接阀门 $DN600$	个	110000	
42	焊接阀门 $DN700$	个	150000	
43	焊接阀门 $DN800$	个	230000	
44	焊接阀门 $DN900$	个	301000	
45	焊接阀门 $DN1000$	个	380000	
46	电力电缆 YJV 22-8.7/15kV-3×120mm²	m	356	
47	电力电缆 YJV 22-8.7/15kV-3×240mm²	m	583	
48	电力电缆 YJV 22-8.7/15kV-3×300mm²	m	727	
49	电力电缆 YJV 22-8.7/15kV-3×400mm²	m	762	
50	电力电缆 YJV 22-8.7/24kV-3×120mm²	m	389	
51	电力电缆 YJV 22-18/24kV-3×300mm²	m	736	
52	电力电缆 YJV-26/35kV-1×630mm²	m	401	
53	电力电缆 YJV-26/35kV-3×300mm²	m	767.28	
54	电力电缆 YJV-26/35kV-3×400mm²	m	787	
55	电力电缆 YJLW03-66-1×1000mm²	m	730	
56	电力电缆 YJLW03-64/110kV-1×800mm²	m	620	
57	电力电缆 YJLW03-64/110kV-1×1000mm²	m	760	
58	电力电缆 YJLW03-64/110kV-1×1200mm²	m	841	
59	电力电缆 YJLW03-127/220kV-1×1000mm²	m	900	
60	电力电缆 YJLW03-127/220kV-1×1200mm²	m	1123	
61	电力电缆 YJLW03-127/220kV-1×1600mm²	m	1450	
62	电力电缆 YJLW03-127/220kV-1×2500mm²	m	1766	
63	电缆头支架 Q235	t	3550	
64	电缆桥架玻璃钢 300×100	m	180	
65	电力电缆接头 YJV-26/35kV-1×630mm²	套	10200	
66	电力电缆接头 YJLW03-66-1×1000mm²	套	22500	
67	电力电缆接头 YJLW03-64/110kV-1×800～1200mm²	套	31800	
68	电力电缆接头 YJLW03-127/220kV-1×1000～1600mm²	套	85000	
69	电力电缆接头 YJLW03-127/220kV-1×2500mm²	套	100000	
70	电缆固定金具 66kV	套	290	
71	电缆固定金具 110kV	套	290	
72	电缆固定金具 220kV-1000～1600mm²	套	850	

续表

序号	项目名称	单位	价格（元）	说明
73	电缆固定金具 220kV-2500mm²	套	950	
74	48 芯光缆	m	6000	
75	96 芯光缆	m	11000	
76	144 芯光缆	m	16000	
77	288 芯光缆	m	28000	
78	100 对电缆	m	18000	
79	200 对电缆	m	34000	
80	光缆接续器材	套	300	
81	电缆接续器材	套	100	

七、《指标》中的指标编号和指标基价

（一）文字意义

1. 字母 Z 表示综合指标

综合指标包括管廊本体和进入管廊的专业管线，其中管廊本体包括管廊的建筑工程、供电照明、通风、排水、自动化及仪表、通信、监控及报警、消防等辅助设施，以及入廊电缆支架的相关费用，但不包括入廊管线、电（光）缆桥架以及给水、排水、热力、燃气管道支架。《指标》对电力、通信、燃气和热力按照主材不同分别列出了综合指标，给水和排水管线的造价可参考《市政工程投资估算指标》。综合指标适用于干线和支线管廊工程。综合指标的计量单位为 m。除入廊通信管线外，工程建设其他费用费率为 15%。除入廊通信管线外，基本预备费费率为 10%。

（1）1Z 表示管廊本体工程综合指标。

（2）2Z 表示入廊电力管线综合指标。

（3）3Z 表示入廊通信管线综合指标。

（4）4Z 表示入廊燃气管线综合指标。

（5）5Z 表示入廊热力管线综合指标。

2. 字母 F 表示分项指标

分项指标按照不同构筑物分为标准段、吊装口、通风口、管线分支口、端部井、分变电站、人员出入口、控制中心连接段、倒虹段、交叉口等，内容包括土方工程、钢筋混凝土工程、降水、围护结构和地基处理等。分项指标内列出了工程特征，当自然条件相差较大，设计标准不同时，可按工程量进行调整。

分项指标包括标准段、吊装口、通风口、管线分支口、人员出入口、交叉口、端部井、分变电站、分变电站-水泵房、倒虹段和其他。

（1）1F 表示标准段分项指标。

（2）2F 表示吊装口分项指标。

（3）3F 表示通风口分项指标。

（4）4F 表示管线分支口分项指标。

（5）5F 表示人员出入口分项指标。

（6）6F 表示交叉口分项指标。

（7）7F 表示端部井分项指标。

（8）8F 表示分变电站分项指标。

（9）9F 表示分变电站-水泵房分项指标。

（10）10F 表示倒虹段分项指标。

（11）11F 表示其他（电力、通信出线井、配电设备井、热力舱节点井、控制中心连接段、暗挖段三舱分离）分项指标。

（二）编号方法

×Z-××或×F-××，×用阿拉伯数字表示，"－"线后面的数字表示划分序号，即同一部分的顺序编号。

（三）编号的意义

《指标》中全部综合指标编号的意义汇总如表 6-4～表 6-8 所示。

表 6-4　　　　　　　　　　　　　管廊本体工程综合指标

指标编号	断面面积（m²）	舱数（个）	指标基价（元/m）
1Z-01	10～20	1	51091～61133
1Z-02	20～35	1	61133～75557
1Z-03	20～35	2	61133～97815
1Z-04	35～45	2	97815～122121
1Z-05	35～45	3	97815～139953
1Z-06	35～45	4	97815～163742
1Z-07	45～55	3	139953～162061
1Z-08	45～55	4	163742～172394
1Z-09	45～55	5	163742～188896
1Z-10	55～65	4	172394～218928
1Z-11	55～65	5	188896～245054
1Z-12	65～75	4	218928～236368
1Z-13	65～75	5	245054～260950
1Z-14	75～85	4	236368～300178
1Z-15	75～85	5	260950～325697
1Z-16	85～95	5	325697～331938
1Z-17	85～95	6	325697～360476

表 6-5　　　　　　　　　　　　　入廊电力管线综合指标

指标编号	电压等级（kV）	电缆截面（芯数×mm²）	指标基价（元/m）
2Z-01	10	3×120	829.75
2Z-02	10	3×240	1103.39
2Z-03	10	3×300	1275.95
2Z-04	10	3×400	1306.10
2Z-05	20	3×120	886.08
2Z-06	20	3×300	1287.23

指标编号	电压等级（kV）	电缆截面（芯数×mm²）	指标基价（元/m）
2Z-07	35	1×630	652.01
2Z-08	35	3×300	1406.21
2Z-09	35	3×400	1429.69
2Z-10	66	1×1000	1461.89
2Z-11	110	1×800	1356.25
2Z-12	110	1×1000	1556.27
2Z-13	110	1×1200	1651.33
2Z-14	220	1×1000	2212.34
2Z-15	220	1×1200	2467.82
2Z-16	220	1×1600	3009.63
2Z-17	220	1×2500	4065.50

表 6-6　　　　　　　　　　入廊通信管线综合指标

指标编号	敷设光缆芯数或电缆对数	指标基价（元/km）
3Z-01	48 芯光缆敷设	12424.51
3Z-02	96 芯光缆敷设	20213.58
3Z-03	144 芯光缆敷设	27028.24
3Z-04	288 芯光缆敷设	43748.46
3Z-05	100 对电缆敷设	25887.54
3Z-06	200 对电缆敷设	46384.20

表 6-7　　　　　　　　　　入廊燃气管线综合指标

指标编号	管径	指标基价（元/m）
4Z-01	DN200	1603.00
4Z-02	DN300	2027.00
4Z-03	DN400	2364.00
4Z-04	DN500	2792.00

表 6-8　　　　　　　　　　入廊热力管线综合指标

指标编号	管径	指标基价（元/m）
5Z-01	DN400	6412.00
5Z-02	DN450	7058.00
5Z-03	DN500	7801.00
5Z-04	DN600	9901.00
5Z-05	DN700	12040.00
5Z-06	DN800	14244.00
5Z-07	DN900	15761.00
5Z-08	DN1000	17918.00

第二节　管廊本体工程综合指标

　　管廊本体工程综合指标是根据管廊断面面积、仓位数量，考虑合理的技术经济情况进行组合设置的。管廊本体工程综合指标反映不同断面、不同舱位管廊的综合投资指标，内容包括土方工程、钢筋混凝土工程、降水、围护结构和地基处理等，但未考虑湿陷性黄土区、地震设防、永久性冻土和地质情况十分复杂等地区的特殊要求，如发生时应结合具体情况进行调整。

管廊本体工程综合指标见表 6-9～表 6-25。

表 6-9   **管廊本体 1Z-01 综合指标**   单位：m

序号	项 目		单 位	指 标 编 号
				1Z-01
				断面面积 10～20m²
				1 舱
	指标基价		元	51091～61133
一	建筑工程费用		元	32838～40776
二	安装工程费用		元	3397
三	管廊本体设备购置费		元	4153
四	工程建设其他费用		元	6058～7249
五	基本预备费		元	4645～5558
建筑安装工程费				
直接费	人工费	建筑工程人工	工日	45.20～57.15
		安装工程人工	工日	29.21～33.56
		人工费小计	元	6957～8481
	材料费	商品混凝土	m³	6.83～9.08
		钢材	kg	1115.31～1481.53
		木材	m³	0.05～0.06
		砂	t	3.70～3.81
		钢管及钢配件	kg	187.50～187.50
		其他材料	元	574～700
		材料费小计	元	17393～21203
	机械费	机械费	元	4415～5383
		其他机械费	元	223～271
		机械费小计	元	4638～5654
	小 计		元	28988～35338
	综合费用		元	7247～8835
	合 计		元	36235～44173

表 6-10　　　　　　　　**管廊本体 1Z-02 综合指标**　　　　　　　单位：m

序号	指 标 编 号		单 位	1Z-02
				断面面积 20～35m²
	项　　目			1 舱
	指标基价		元	61133～75557
一	建筑工程费用		元	40776～52179
二	安装工程费用		元	3397
三	管廊本体设备购置费		元	4153
四	工程建设其他费用		元	7249～8959
五	基本预备费		元	5558～6869
建筑安装工程费				
直接费	人工费	建筑工程人工	工日	57.15～71.90
		安装工程人工	工日	33.56～42.23
		人工费小计	元	8481～10671
	材料费	商品混凝土	m³	9.08～12.58
		钢材	kg	1481.53～2053.75
		木材	m³	0.06
		砂	t	3.81～3.94
		钢管及钢配件	kg	187.50
		其他材料	元	700～880
		材料费小计	元	21203～26677
	机械费	机械费	元	5383～6772
		其他机械	元	271～341
		机械费小计	元	5654～7113
	小　计		元	35338～44461
	综合费用		元	8835～11115
	合　　计		元	44173～55576

表 6-11 管廊本体 1Z-03 综合指标 单位：m

序号		项 目	单 位	1Z-03
				断面面积 20~35m²
				2 舱
		指标基价	元	61133~97815
一		建筑工程费用	元	40776~67974
二		安装工程费用	元	3397~4207
三		管廊本体设备购置费	元	4153~5143
四		工程建设其他费用	元	7249~11599
五		基本预备费	元	5558~8892
建筑安装工程费				
直接费	人工费	建筑工程人工	工日	57.15~93.38
		安装工程人工	工日	33.56~54.84
		人工费小计	元	8481~13859
	材料费	商品混凝土	m³	9.08~16.94
		钢材	kg	1481.53~2765.38
		木材	m³	0.06
		砂	t	3.81~4.54
		钢管及钢配件	kg	187.50~250.00
		其他材料	元	700~1143
		材料费小计	元	21203~34647
	机械费	机械费	元	5383~8796
		其他机械	元	271~443
		机械费小计	元	5654~9239
		小 计	元	35338~57745
		综合费用	元	8835~14436
		合 计	元	44173~72181

表6-12　　　　　　　　　　　管廊本体 1Z-04 综合指标　　　　　　　　单位：m

指　标　编　号			1Z-04
序号	项　　　目	单　位	断面面积 35～45m²
			2舱
	指标基价	元	97815～122121
一	建筑工程费用	元	67974～87188
二	安装工程费用	元	4207
三	管廊本体设备购置费	元	5143
四	工程建设其他费用	元	11599～14481
五	基本预备费	元	8892～11102
建筑安装工程费			
直接费	人工费	建筑工程人工	工日	93.38～118.24
		安装工程人工	工日	54.84～69.44
		人工费小计	元	13859～17548
	材料费	商品混凝土	m³	16.94～21.43
		水下商品混凝土	m³	2.34
		钢材	kg	2765.38～3497.74
		木材	m³	0.06
		砂	t	4.54～4.70
		钢管及钢配件	kg	250.00
		其他材料	元	1143～1448
		材料费小计	元	34647～43869
	机械费	机械费	元	8796～11137
		其他机械	元	443～562
		机械费小计	元	9239～11699
	小　计		元	57745～73116
	综合费用		元	14436～18279
	合　计		元	72181～91395

表 6-13　　　　　　　　　　　管廊本体 1Z-05 综合指标　　　　　　　单位：m

序号	项　目		单　位	指 标 编 号
				1Z-05
				断面面积 35~45m²
				3 舱
	指标基价		元	97815~139953
一	建筑工程费用		元	67974~99535
二	安装工程费用		元	4207~4995
三	管廊本体设备购置费		元	5143~6105
四	工程建设其他费用		元	11599~16595
五	基本预备费		元	8892~12723
建筑安装工程费				
直接费	人工费	建筑工程人工	工日	93.38~135.23
		安装工程人工	工日	54.84~79.42
		人工费小计	元	13859~20070
	材料费	商品混凝土	m³	16.94~25.34
		水下商品混凝土	m³	2.34
		钢材	kg	2765.38~4134.97
		木材	m³	0.06
		砂	t	4.54~5.14
		钢管及钢配件	kg	250.00~312.50
		其他材料	元	1143~1656
		材料费小计	元	34647~50174
	机械费	机械费	元	8796~12738
		其他机械	元	443~642
		机械费小计	元	9239~13380
	小　计		元	57745~83624
综合费用			元	14436~20906
合　计			元	72181~104530

表 6-14 管廊本体 1Z-06 综合指标 单位：m

序号			指 标 编 号		1Z-06
			项 目	单 位	断面面积 35～45m²
					4 舱
			指标基价	元	97815～163742
一			建筑工程费用	元	67974～116461
二			安装工程费用	元	4207～5840
三			管廊本体设备购置费	元	5143～7139
四			工程建设其他费用	元	11599～19416
五			基本预备费	元	8892～14886
建筑安装工程费					
直接费	人工费		建筑工程人工	工日	93.38～158.22
			安装工程人工	工日	54.84～92.92
			人工费小计	元	13859～23482
	材料费		商品混凝土	m³	16.94～30.53
			水下商品混凝土	m³	2.34
			钢材	kg	2765.38～4981.93
			木材	m³	0.06
			砂	t	4.54～5.66
			钢管及钢配件	kg	250.00～350.00
			其他材料	元	1143～1937
			材料费小计	元	34647～58705
	机械费		机械费	元	8796～14903
			其他机械	元	443～751
			机械费小计	元	9239～15654
	小 计			元	57745～97841
综合费用				元	14436～24460
合 计				元	72181～122301

表 6-15　　　　　　　　　　管廊本体 1Z-07 综合指标　　　　　　　单位：m

序号	项　目		单　位	1Z-07
				断面面积 45～55m²
				3 舱
	指标基价		元	139953～162061
一	建筑工程费用		元	99535～117011
二	安装工程费用		元	4995
三	管廊本体设备购置费		元	6105
四	工程建设其他费用		元	16595～19217
五	基本预备费		元	12723～14733
建筑安装工程费				
直接费	人工费	建筑工程人工	工日	135.23～157.84
		安装工程人工	工日	79.42～92.70
		人工费小计	元	20070～23425
	材料费	商品混凝土	m³	25.34～30.86
		水下商品混凝土	m³	2.34
		钢材	kg	4134.97～5035.87
		木材	m³	0.06
		砂	t	5.14～5.33
		钢管及钢配件	kg	312.50
		其他材料	元	1656～1933
		材料费小计	元	50174～58563
	机械费	机械费	元	12738～14867
		其他机械	元	642～750
		机械费小计	元	13380～15617
	小　计		元	83624～97605
	综合费用		元	20906～24401
	合　计		元	104530～122006

表 6-16　　　　　　　　　　　**管廊本体 1Z-08 综合指标**　　　　　　　　单位：m

序号	指 标 编 号		单 位	1Z-08
	项　　目			断面面积 45～55m²
				4 舱
	指标基价		元	163742～172394
一	建筑工程费用		元	116461～123301
二	安装工程费用		元	5840
三	管廊本体设备购置费		元	7139
四	工程建设其他费用		元	19416～20442
五	基本预备费		元	14886～15672
建筑安装工程费				
直接费	人工费	建筑工程人工	工日	158.22～167.07
		安装工程人工	工日	92.92～98.12
		人工费小计	元	23482～24795
	材料费	商品混凝土	m³	30.53～32.45
		水下商品混凝土	m³	2.34
		钢材	kg	4981.93～5295.55
		木材	m³	0.06
		砂	t	5.66～5.84
		钢管及钢配件	kg	350.00
		其他材料	元	1937～2046
		材料费小计	元	58705～61988
	机械费	机械费	元	14903～15737
		其他机械	元	751～793
		机械费小计	元	15654～16530
	小　计		元	97841～103313
	综合费用		元	24460～25828
	合　　计		元	122301～129141

表 6-17　　　　　　　　　　**管廊本体 1Z-09 综合指标**　　　　　　单位：m

序号	指 标 编 号		单 位	1Z-09
	项　目			断面面积 45～55m²
				5 舱
	指标基价		元	163742～188896
一	建筑工程费用		元	116461～133774
二	安装工程费用		元	5840～6998
三	管廊本体设备购置费		元	7139～8553
四	工程建设其他费用		元	19416～22399
五	基本预备费		元	14886～17172
建筑安装工程费				
直接费	人工费	建筑工程人工	工日	158.22～182.12
		安装工程人工	工日	92.92～106.96
		人工费小计	元	23482～27028
	材料费	商品混凝土	m³	30.53～35.77
		水下商品混凝土	m³	2.34
		钢材	kg	4981.93～5836.89
		木材	m³	0.06
		砂	t	5.66～6.32
		钢管及钢配件	kg	350.00～375.00
		其他材料	元	1937～2230
		材料费小计	元	58705～67571
	机械费	机械费	元	14903～17154
		其他机械	元	751～865
		机械费小计	元	15654～18019
	小　计		元	97841～112618
	综合费用		元	24460～28154
	合　计		元	122301～140772

表 6-18　　　　　　　　　　**管廊本体 1Z-10 综合指标**　　　　　　　　　单位：m

序号	指 标 编 号		单 位	1Z-10
	项　　目			断面面积 55～65m²
				4 舱
	指标基价		元	172394～218928
一	建筑工程费用		元	123301～160086
二	安装工程费用		元	5840
三	管廊本体设备购置费		元	7139
四	工程建设其他费用		元	20442～25960
五	基本预备费		元	15672～19903
建筑安装工程费				
直接费	人工费	建筑工程人工	工日	167.07～214.66
		安装工程人工	工日	98.12～126.07
		人工费小计	元	24795～31858
	材料费	商品混凝土	m³	32.45～36.18
		水下商品混凝土	m³	2.34
		水泥	kg	12597.39
		钢材	kg	5295.55～5904.29
		木材	m³	0.06～0.07
		砂	t	5.84～5.93
		钢管及钢配件	kg	350.00
		其他材料	元	2046～2628
		材料费小计	元	61988～79645
	机械费	机械费	元	15737～20219
		其他机械	元	793～1019
		机械费小计	元	16530～21238
	小　　计		元	103313～132741
	综合费用		元	25828～33185
	合　　计		元	129141～165926

表 6-19　　　　　　　　　管廊本体 1Z-11 综合指标　　　　　单位：m

序号		项　目	单　位	指　标　编　号
				1Z-11
				断面面积 55~65m²
				5 舱
		指标基价	元	188896~245054
一		建筑工程费用	元	133774~178167
二		安装工程费用	元	6998
三		管廊本体设备购置费	元	8553
四		工程建设其他费用	元	22399~29058
五		基本预备费	元	17172~22278
建筑安装工程费				
直接费	人工费	建筑工程人工	工日	182.12~239.55
		安装工程人工	工日	106.96~140.69
		人工费小计	元	27028~35552
	材料费	商品混凝土	m³	35.77~41.38
		水下商品混凝土	m³	2.34
		水泥	kg	13278.33
		钢材	kg	5836.89~6753.78
		木材	m³	0.06~0.07
		砂	t	6.32~6.56
		钢管及钢配件	kg	375.00
		其他材料	元	2230~2933
		材料费小计	元	67571~88879
	机械费	机械费	元	17154~22563
		其他机械	元	865~1138
		机械费小计	元	18019~23701
		小　计	元	112618~148132
	综合费用		元	28154~37033
	合　计		元	140772~185165

表 6-20　　　　　　　　　　　**管廊本体 1Z-12 综合指标**　　　　　　　单位：m

序号			指 标 编 号		1Z-12
			项　目	单　位	断面面积 65～75m²
					4 舱
			指标基价	元	218928～236368
一			建筑工程费用	元	160086～173873
二			安装工程费用	元	5840
三			管廊本体设备购置费	元	7139
四			工程建设其他费用	元	25960～28028
五			基本预备费	元	19903～21488
建筑安装工程费					
直接费	人工费		建筑工程人工	工日	214.66～232.49
			安装工程人工	工日	126.07～136.54
			人工费小计	元	31858～34505
	材料费		商品混凝土	m³	36.18～39.96
			水下商品混凝土	m³	2.34
			水泥	kg	12597.39
			钢材	kg	5904.29～6520.71
			木材	m³	0.07
			砂	t	5.93～6.20
			钢管及钢配件	kg	350.00
			其他材料	元	2628～2847
			材料费小计	元	79645～86262
	机械费		机械费	元	20219～21899
			其他机械	元	1019～1104
			机械费小计	元	21238～23003
	小　计			元	132741～143770
	综合费用			元	33185～35943
	合　计			元	165926～179713

表 6-21   管廊本体 1Z-13 综合指标   单位：m

序号	项 目		单 位	指 标 编 号
				1Z-13
				断面面积 65～75m²
				5 舱
	指标基价		元	245054～260950
一	建筑工程费用		元	178167～190733
二	安装工程费用		元	6998
三	管廊本体设备购置费		元	8553
四	工程建设其他费用		元	29058～30943
五	基本预备费		元	22278～23723
建筑安装工程费				
直接费	人工费	建筑工程人工	工日	239.55～255.80
		安装工程人工	工日	140.69～150.23
		人工费小计	元	35552～37964
	材料费	商品混凝土	m³	41.38～44.76
		水下商品混凝土	m³	2.34
		水泥	kg	13278.33
		钢材	kg	6753.78～7304.15
		木材	m³	0.07
		砂	t	6.56～6.80
		钢管及钢配件	kg	375.00
		其他材料	元	2933～3132
		材料费小计	元	88879～94911
	机械费	机械费	元	22563～24095
		其他机械	元	1138～1215
		机械费小计	元	23701～25310
	小 计		元	148132～158185
	综合费用		元	37033～39546
	合 计		元	185165～197731

表 6-22　　　　　　　　　　**管廊本体 1Z-14 综合指标**　　　　　　　　单位：m

序号		指 标 编 号		1Z-14
		项　　　目	单　位	断面面积 75～85m²
				4 舱
		指标基价	元	236368～300178
一		建筑工程费用	元	173873～224316
二		安装工程费用	元	5840
三		管廊本体设备购置费	元	7139
四		工程建设其他费用	元	28028～35594
五		基本预备费	元	21488～27289
建筑安装工程费				
直接费	人工费	建筑工程人工	工日	232.49～297.75
		安装工程人工	工日	136.54～174.87
		人工费小计	元	34505～44190
	材料费	商品混凝土	m³	39.96～43.87
		水下商品混凝土	m³	2.34～23.02
		水泥	kg	12597.39～22352.20
		钢材	kg	6520.71～7159.14
		木材	m³	0.07
		砂	t	6.20～6.48
		钢管及钢配件	kg	350.00
		其他材料	元	2847～3646
		材料费小计	元	86262～110475
	机械费	机械费	元	21899～28046
		其他机械	元	1104～1414
		机械费小计	元	23003～29460
		小　　计	元	143770～184125
		综合费用	元	35943～46031
	合　　计		元	179713～230156

表 6-23　　　　　　　　　　　　　**管廊本体 1Z-15 综合指标**　　　　　　　　　单位：m

序号		项　　目	单　位	指 标 编 号	1Z-15
				断面面积 75～85m²	
				5 舱	
		指标基价	元	260950～325697	
一		建筑工程费用	元	190733～241917	
二		安装工程费用	元	6998	
三		管廊本体设备购置费	元	8553	
四		工程建设其他费用	元	30943～38620	
五		基本预备费	元	23723～29609	
		建筑安装工程费			
直接费	人工费	建筑工程人工	工日	255.80～322.02	
		安装工程人工	工日	150.23～189.12	
		人工费小计	元	37964～47792	
	材料费	商品混凝土	m³	44.76～48.40	
		水下商品混凝土	m³	2.34～24.12	
		水泥	kg	13278.33～22892.63	
		钢材	kg	7304.15～7898.55	
		木材	m³	0.07	
		砂	t	6.80～7.06	
		钢管及钢配件	kg	375.00	
		其他材料	元	3132～3943	
		材料费小计	元	94911～119479	
	机械费	机械费	元	24095～30332	
		其他机械	元	1215～1529	
		机械费小计	元	25310～31861	
		小　计	元	158185～199132	
		综合费用	元	39546～49783	
		合　　计	元	197731～248915	

表6-24　　　　　　　　　　　管廊本体1Z-16综合指标　　　　　　　　　单位：m

序号	项　目			单　位	指标编号	1Z-16
					断面面积85～95m²	
					5舱	
	指标基价			元	325697～331938	
一	建筑工程费用			元	241917～246851	
二	安装工程费用			元	6998	
三	管廊本体设备购置费			元	8553	
四	工程建设其他费用			元	38620～39360	
五	基本预备费			元	29609～30176	
建筑安装工程费						
直接费	人工费		建筑工程人工	工日	322.02～328.40	
			安装工程人工	工日	189.12～192.87	
		人工费小计		元	47792～48739	
	材料费		商品混凝土	m³	48.40～49.40	
			水下商品混凝土	m³	24.12～25.36	
			水泥	kg	22892.63	
			钢材	kg	7898.55～8061.27	
			木材	m³	0.07～0.08	
			砂	t	7.01～7.06	
			钢管及钢配件	kg	375.00	
			其他材料	元	3943～4021	
		材料费小计		元	119479～121847	
	机械费		机械费	元	30332～30933	
			其他机械	元	1529～1560	
		机械费小计		元	31861～32493	
	小　计			元	199132～203079	
	综合费用			元	49783～50770	
合　计				元	248915～253849	

表 6-25　　　　　　　　　　**管廊本体 1Z-17 综合指标**　　　　　　单位：m

序号	项　目		单　位	指 标 编 号 = 1Z-17
				断面面积 85～95m²
				6 舱
	指标基价		元	325697～360476
一	建筑工程费用		元	241917～266861
二	安装工程费用		元	6998～8145
三	管廊本体设备购置费		元	8553～9955
四	工程建设其他费用		元	38620～42744
五	基本预备费		元	29609～32771
建筑安装工程费				
直接费	人工费	建筑工程人工	工日	322.02～355.77
		安装工程人工	工日	189.12～208.95
		人工费小计	元	47792～52801
	材料费	商品混凝土	m³	48.40～54.59
		水下商品混凝土	m³	24.12～26.46
		水泥	kg	22892.63
		钢材	kg	7898.55～8909.80
		木材	m³	0.07～0.08
		砂	t	7.06～7.66
		钢管及钢配件	kg	375.00～400.00
		其他材料	元	3943～4356
		材料费小计	元	119479～132003
	机械费	机械费	元	30332～33511
		其他机械	元	1529～1690
		机械费小计	元	31861～35201
	小　计		元	199132～220005
	综合费用		元	49783～55001
	合　　计		元	248915～275006

第三节 入廊电力管线和入廊电信管线综合指标

一、入廊电力管线综合指标

（1）入廊电力管线是指在综合管廊中敷设电力电缆，主要包括 10kV 电力电缆、20kV 电力电缆、35kV 电力电缆、66kV 电力电缆、110kV 电力电缆、220kV 电力电缆。

（2）综合指标包括电力电缆敷设、电缆中间头制作安装、电缆终端头制作安装、电缆桥架安装、电缆接头支架安装、电缆接地装置安装、电缆常规试验等。但未包括电缆支架、电缆防火设施、GIS 终端头的六氟化硫的收（充）气，冬季施工的电缆加温，夜间施工降效，绝热设施、隧道内抽水等。

（3）电力电缆敷设以"元/m"为计量单位；电缆长度"m"按电缆结构型式确定，即单相统包型为"m/三相"，单芯电缆为"m/单相"。

（4）电力电缆均是按交联聚乙烯绝缘、铜芯电缆考虑的。

（5）电缆桥架是按在管廊中敷设一层玻璃钢桥架考虑的。

（6）电力电缆的固定方式是按常规形式测算的，如实际工程采用特殊固定方式，按价差另行计算。

（7）电缆接地装置安装是指接地箱、交叉互联箱、接地电缆和交叉互联电缆等。

入廊电力管线综合指标见表 6-26～表 6-42。

表 6-26　　　　　　　　　入廊电力管线 2Z-01 综合指标　　　　　　　　　单位：m

序号	指标编号		单 位	2Z-01
	项　　目			10kV
				3×120mm²
	指标基价		元	829.75
一	建筑工程费用		元	
二	安装工程费用		元	655.93
三	设备购置费		元	
四	工程建设其他费用		元	98.39
五	基本预备费		元	75.43
建筑安装工程费				
直接费	人工费	安装工程人工	工日	0.2203
		人工费小计	元	10.8
	材料费	电缆	m	1.01
		电缆头支架	kg	0.43
		电缆桥架	m	0.53
		其他材料	元	20.52
		材料费小计	元	477.01
	机械费	机械费	元	3.13
	小　　计		元	490.93
综合费用			元	165
合　　计			元	655.93

表 6-27 入廊电力管线 2Z-02 综合指标 单位：m

序号		指标编号		2Z-02
		项　目	单　位	10kV
				3×240mm²
		指标基价	元	1103.39
一		建筑工程费用	元	
二		安装工程费用	元	872.24
三		设备购置费	元	
四		工程建设其他费用	元	130.84
五		基本预备费	元	100.31
建筑安装工程费				
直接费	人工费	安装工程人工	工日	0.2572
		人工费小计	元	12.51
	材料费	电缆	m	1.01
		电缆头支架	kg	0.43
		电缆桥架	m	0.53
		其他材料	元	20.74
		材料费小计	元	706.50
	机械费	机械费	元	4.18
		小　计	元	723.19
		综合费用	元	149.05
		合　计	元	872.24

表 6-28　　　　　　　　　　**入廊电力管线 2Z-03 综合指标**　　　　　　单位：m

序号		指 标 编 号			2Z-03
		项　目		单　位	10kV
					3×300mm²
		指标基价		元	1275.95
一		建筑工程费用		元	
二		安装工程费用		元	1008.65
三		设备购置费		元	
四		工程建设其他费用		元	151.3
五		基本预备费		元	116
		建筑安装工程费			
直接费	人工费	安装工程人工		工日	0.2835
		人工费小计		元	13.65
	材料费	电缆		m	1.01
		电缆头支架		kg	0.43
		电缆桥架		m	0.53
		其他材料		元	20.75
		材料费小计		元	851.95
	机械费	机械费		元	4.6
		小　计		元	870.20
		综合费用		元	138.45
		合　计		元	1008.65

表 6-29 　　　　　　　　　入廊电力管线 2Z-04 综合指标 　　　　　　　单位：m

序号		指 标 编 号		2Z-04
		项　　目	单　位	10kV
				3×400mm²
		指标基价	元	1306.1
一		建筑工程费用	元	
二		安装工程费用	元	1032.49
三		设备购置费	元	
四		工程建设其他费用	元	154.87
五		基本预备费	元	118.74
建筑安装工程费				
直接费	人工费	安装工程人工	工日	0.2908
		人工费小计	元	13.97
	材料费	电缆	m	1.01
		电缆头支架	kg	0.43
		电缆桥架	m	0.53
		其他材料	元	20.76
		材料费小计	元	887.31
	机械费	机械费	元	5.05
		小　　计	元	906.33
		综合费用	元	126.16
		合　　计	元	1032.49

表 6-30 　　　　　　　　　**入廊电力管线 2Z-05 综合指标** 　　　　　　　　　单位：m

序号	项目		单位	2Z-05
				20kV
				3×120mm²
	指标基价		元	886.08
一	建筑工程费用		元	
二	安装工程费用		元	700.46
三	设备购置费		元	
四	工程建设其他费用		元	105.07
五	基本预备费		元	80.55
建筑安装工程费				
直接费	人工费	安装工程人工	工日	0.2203
		人工费小计	元	10.8
	材料费	电缆	m	1.01
		电缆头支架	kg	0.43
		电缆桥架	m	0.53
		其他材料	元	20.52
		材料费小计	元	510.34
	机械费	机械费	元	3.13
	小　计		元	524.26
综合费用			元	176.2
合　计			元	700.46

表 6-31 　　　　　　**入廊电力管线 2Z-06 综合指标**　　　　　　单位：m

序号			指 标 编 号		2Z-06
			项　目	单　位	20kV
					3×300mm²
			指标基价	元	1287.23
一			建筑工程费用	元	
二			安装工程费用	元	1017.57
三			设备购置费	元	
四			工程建设其他费用	元	152.64
五			基本预备费	元	117.02
建筑安装工程费					
直接费	人工费		安装工程人工	工日	0.2835
			人工费小计	元	13.65
	材料费		电缆	m	1.01
			电缆头支架	kg	0.43
			电缆桥架	m	0.53
			其他材料	元	20.75
			材料费小计	元	861.04
	机械费		机械费	元	3.13
	小　计			元	877.82
综合费用				元	139.75
合　计				元	1017.57

表 6-32　　　　　　　　　**入廊电力管线 2Z-07 综合指标**　　　　　　　　单位：m

序号			指 标 编 号		2Z-07
			项　目	单　位	35kV
					1×630mm²
			指标基价	元	652.01
一			建筑工程费用	元	
二			安装工程费用	元	573.05
三			设备购置费	元	
四			工程建设其他费用	元	19.69
五			基本预备费	元	59.27
			建筑安装工程费		
直接费	人工费		安装工程人工	工日	0.1636
			人工费小计	元	7.97
	材料费		电缆	m	1
			电缆头	套	0.004
			电缆头支架	kg	0.21
			电缆桥架	m	0.18
			其他材料	元	35.06
			材料费小计	元	510.00
	机械费		机械费	元	22.91
	小　计			元	540.88
	综合费用			元	32.17
	合　计			元	573.05

表6-33   **入廊电力管线 2Z-08 综合指标**   单位：m

序号			指标编号		2Z-08
			项　目	单　位	35kV
					$3×300mm^2$
			指标基价	元	1406.21
一			建筑工程费用	元	
二			安装工程费用	元	1211.71
三			设备购置费	元	
四			工程建设其他费用	元	66.66
五			基本预备费	元	127.84
建筑安装工程费					
直接费	人工费		安装工程人工	工日	0.2476
			人工费小计	元	12.45
	材料费		电缆	m	1
			电缆头支架	kg	0.43
			电缆桥架	m	0.53
			其他材料	元	131.46
			材料费小计	元	995.66
	机械费		机械费	元	74.37
	小　　计			元	1082.48
综合费用				元	129.23
合　　计				元	1211.71

表 6-34　　　　　　　　　　入廊电力管线 2Z-09 综合指标　　　　　　　　单位：m

序号			指标编号		2Z-09
			项 目	单 位	35kV
					$3 \times 400mm^2$
			指标基价	元	1429.69
一			建筑工程费用	元	
二			安装工程费用	元	1232.84
三			设备购置费	元	
四			工程建设其他费用	元	66.88
五			基本预备费	元	129.97
建筑安装工程费					
直接费	人工费		安装工程人工	工日	0.2476
			人工费小计	元	12.45
	材料费		电缆	m	1
			电缆头支架	kg	0.43
			电缆桥架	m	0.53
			其他材料	元	131.46
			材料费小计	元	1016.38
	机械费		机械费	元	74.37
	小　计			元	1103.20
综合费用				元	129.64
合　计				元	1232.84

表 6-35　　　　　　　　　　入廊电力管线 2Z-10 综合指标　　　　　　　单位：m

序号		指 标 编 号		2Z-10
		项　目	单　位	66kV
				1×1000mm²
		指标基价	元	1461.89
一		建筑工程费用	元	
二		安装工程费用	元	1268.47
三		设备购置费	元	
四		工程建设其他费用	元	60.52
五		基本预备费	元	132.9
建筑安装工程费				
直接费	人工费	安装工程人工	工日	0.2287
		人工费小计	元	11.33
	材料费	电缆	m	0
		电缆头	套	0.006
		电缆头支架	kg	0.294
		电缆桥架	m	0.180
		电缆固定材料（金具等）	套	0.203
		其他材料	元	146.38
		材料费小计	元	1103.69
	机械费	机械费	元	30.81
	小　计		元	1145.84
综合费用			元	122.63
合　计			元	1268.47

表 6-36 入廊电力管线 2Z-11 综合指标 单位：m

序号		指 标 编 号		2Z-11
		项 目	单 位	110kV
				1×800mm²
		指标基价	元	1356.25
一		建筑工程费用	元	
二		安装工程费用	元	1177.89
三		设备购置费	元	
四		工程建设其他费用	元	55.06
五		基本预备费	元	123.3
		建筑安装工程费		
直接费	人工费	安装工程人工	工日	0.1875
		人工费小计	元	9.34
	材料费	电缆	m	1
		电缆头	套	0.006
		电缆头支架	kg	0.21
		电缆桥架	m	0.180
		电缆固定材料（金具等）	套	0.203
		其他材料	元	116.13
		材料费小计	元	1024.88
	机械费	机械费	元	28.55
		小 计	元	1062.77
		综合费用	元	115.12
		合 计	元	1177.89

表 6-37　　　　　　　　　入廊电力管线 **2Z-12** 综合指标　　　　　　　单位：m

序号			指 标 编 号	单 位	2Z-12
			项　目		110kV
					$1 \times 1000mm^2$
			指标基价	元	1556.27
一			建筑工程费用	元	
二			安装工程费用	元	1354.27
三			设备购置费	元	
四			工程建设其他费用	元	60.52
五			基本预备费	元	141.48
建筑安装工程费					
直接费	人工费		安装工程人工	工日	0.2287
			人工费小计	元	11.33
	材料费		电缆	m	1
			电缆头	套	0.006
			电缆头支架	kg	0.29
			电缆桥架	m	0.180
			电缆固定材料（金具等）	套	0.203
			其他材料	元	146.38
			材料费小计	元	1189.49
	机械费		机械费	元	30.81
	小　计			元	1231.64
综合费用				元	122.63
合　计				元	1354.27

表 6-38　　　　　　　　　　　**入廊电力管线 2Z-13 综合指标**　　　　　　　单位：m

序号	项 目	单 位	指 标 编 号 2Z-13 110kV 1×1200mm²
	指标基价	元	1651.33
一	建筑工程费用	元	
二	安装工程费用	元	1439.98
三	设备购置费	元	
四	工程建设其他费用	元	61.23
五	基本预备费	元	150.12
建筑安装工程费			
直接费 人工费	安装工程人工	工日	0.2287
	人工费小计	元	11.33
材料费	电缆	m	1
	电缆头	套	0.006
	电缆头支架	kg	0.29
	电缆桥架	m	0.180
	电缆固定材料（金具等）	套	0.203
	其他材料	元	146.38
	材料费小计	元	1270.49
机械费	机械费	元	30.81
	小　计	元	1312.64
	综合费用	元	127.34
	合　计	元	1439.98

表6-39　　　　　　　　　　入廊电力管线 2Z-14 综合指标　　　　　　单位：m

序号		项　目	单　位	指 标 编 号
				2Z-14
				220kV
				$1\times1000mm^2$
		指标基价	元	2212.34
一		建筑工程费用	元	
二		安装工程费用	元	1932.8
三		设备购置费	元	
四		工程建设其他费用	元	78.42
五		基本预备费	元	201.12
建筑安装工程费				
直接费	人工费	安装工程人工	工日	0.2554
		人工费小计	元	12.33
	材料费	电缆	m	1
		电缆头	套	0.006
		电缆头支架	kg	0.29
		电缆桥架	m	0.180
		电缆固定材料（金具等）	套	0.203
		其他材料	元	149.00
		材料费小计	元	1764.99
	机械费	机械费	元	34.83
	小　计		元	1812.15
综合费用			元	120.65
合　计			元	1932.8

表 6-40 　　　　　　　　　　　**入廊电力管线 2Z-15 综合指标** 　　　　　　　　单位：m

序号		指 标 编 号		2Z-15
		项　　目	单　位	220kV
				1×1200mm²
		指标基价	元	2467.82
一		建筑工程费用	元	
二		安装工程费用	元	2163.84
三		设备购置费	元	
四		工程建设其他费用	元	79.63
五		基本预备费	元	224.35
建筑安装工程费				
直接费	人工费	安装工程人工	工日	0.2554
		人工费小计	元	12.33
	材料费	电缆	m	1
		电缆头	套	0.006
		电缆头支架	kg	0.29
		电缆桥架	m	0.180
		电缆固定材料（金具等）	套	0.203
		其他材料	元	149.00
		材料费小计	元	1987.99
	机械费	机械费	元	34.83
	小　　计		元	2035.15
	综合费用		元	128.69
	合　　计		元	2163.84

表 6-41　　　　　　　　　　入廊电力管线 2Z-16 综合指标　　　　　　　　单位：m

指 标 编 号			2Z-16
序号	项　目	单　位	220kV
			1×1600mm²
	指标基价	元	3009.63
一	建筑工程费用	元	
二	安装工程费用	元	2634.81
三	设备购置费	元	
四	工程建设其他费用	元	101.22
五	基本预备费	元	273.6
建筑安装工程费			
直接费	人工费	安装工程人工	工日	0.3116
		人工费小计	元	15.06
	材料费	电缆	套	1
		电缆头	kg	0.006
		电缆头支架	m	0.29
		电缆桥架	套	0.180
		电缆固定材料（金具等）	m	0.203
		其他材料	元	249.75
		材料费小计	元	2415.74
	机械费	机械费	元	40.42
	小　计		元	2471.22
综合费用			元	163.59
合　计			元	2634.81

106

表6-42　　　　　　　　　　　　　　入廊电力管线 2Z-17 综合指标　　　　　　　　　　单位：m

序号		指 标 编 号		2Z-17
		项　目	单位	220kV
				1×2500mm²
		指标基价	元	4065.5
一		建筑工程费用	元	
二		安装工程费用	元	3535.49
三		设备购置费	元	
四		工程建设其他费用	元	160.42
五		基本预备费	元	369.59
建筑安装工程费				
直接费	人工费	安装工程人工	工日	0.4315
		人工费小计	元	20.76
	材料费	电缆	m	1
		电缆头	套	0.007
		电缆头支架	kg	0.50
		电缆桥架	m	0.180
		电缆固定材料（金具等）	套	0.209
		其他材料	元	510.66
		材料费小计	元	3209.39
	机械费	机械费	元	46.07
	小　计		元	3276.22
	综合费用		元	259.27
	合　计		元	3535.49

二、入廊通信管线综合指标

（1）入廊通信管线包括在综合管廊中敷设 48 芯光缆、96 芯光缆、144 芯光缆、288 芯光缆、100 对对绞电缆、200 对对绞电缆。

（2）综合指标包含敷设光（电）缆、光（电）缆接续、光（电）缆中继段测试等。但未包含安装光（电）缆承托铁架、托板、余缆架、标志牌、管廊吊装口外地面交通管制协调、其他同廊管线的安全看护等。

（3）综合指标是按照常规条件下，采用在支架上人工明布光（电）缆方式取定的。测算模型中光缆按 2km 一个接头（电缆 1km 一个接头）计取，临时设施距离按 35km 计取。

（4）指标计算时已考虑敷设光（电）缆工程量＝(1＋自然弯曲系数)×路由长度＋各种设计预留。

（5）工程建设其他费仅含建设单位管理费、设计费、监理费、安全生产费，费率按工程费的 10.8％计取。预备费按建筑安装工程费、设备购置费和工程建设其他费的 4％计取。

（6）工程量计算规则：工程造价指标应按敷设光（电）缆的路由长度计算。

入廊通信管线综合指标见表 6-43～表 6-48。

表 6-43　　　　　　　　　入廊通信管线 3Z-01 综合指标　　　　　　　　单位：km

序号	指 标 编 号			3Z-01
	项　目		单　位	48 芯光缆敷设
	指标基价		元	12424.51
一	建筑工程费用		元	
二	安装工程费用		元	10782.17
三	设备购置费		元	
四	工程建设其他费用		元	1164.47
五	基本预备费		元	477.87
建筑安装工程费				
直接费	人工费	安装工程人工	工日	47.82
		人工费小计	元	1568.91
	材料费	光缆	m	1036.00
		光缆接续器材	套	0.51
		其他材料	元	243.27
		材料费小计	元	6610.77
	机械、仪表费	机械费	元	100.80
		仪表费	元	332.40
		机械、仪表费小计	元	433.20
	小　计		元	8612.88
综合费用			元	2169.29
合　计			元	10782.17

表 6-44   **入廊通信管线 3Z-02 综合指标**   单位：km

序号		指 标 编 号		3Z-02
		项 目	单 位	96 芯光缆敷设
		指标基价	元	20213.58
一		建筑工程费用	元	
二		安装工程费用	元	17541.63
三		设备购置费	元	
四		工程建设其他费用	元	1894.50
五		基本预备费	元	777.45
建筑安装工程费				
直接费	人工费	安装工程人工	工日	62.22
		人工费小计	元	2046.09
	材料费	光缆	m	1036.00
		光缆接续器材	套	0.51
		其他材料	元	441.18
		材料费小计	元	11988.68
	机械、仪表费	机械费	元	168.00
		仪表费	元	506.06
		机械、仪表费小计	元	674.06
		小 计	元	14708.83
综合费用			元	2832.80
合 计			元	17541.63

表 6-45　　　　　　　　　　入廊通信管线 3Z-03 综合指标　　　　　　　单位：km

序号	指 标 编 号			3Z-03
	项　目	单 位		144 芯光缆敷设
	指标基价	元		27028.24
一	建筑工程费用	元		
二	安装工程费用	元		23455.50
三	设备购置费	元		
四	工程建设其他费用	元		2533.19
五	基本预备费	元		1039.55
建筑安装工程费				
直接费	人工费	安装工程人工	工日	68.19
		人工费小计	元	2238.69
	材料费	光缆	m	1036.00
		光缆接续器材	套	0.51
		其他材料	元	639.08
		材料费小计	元	17366.58
	机械、仪表费	机械费	元	184.80
		仪表费	元	565.54
		机械、仪表费小计	元	750.34
	小　计		元	20355.61
	综合费用		元	3099.89
	合　计		元	23455.50

表 6-46　　　　　　　　　**入廊通信管线 3Z-04 综合指标**　　　　　　　单位：km

序号			指 标 编 号		3Z-04
			项　目	单　位	288 芯光缆敷设
			指标基价	元	43748.46
一			建筑工程费用	元	
二			安装工程费用	元	37965.55
三			设备购置费	元	
四			工程建设其他费用	元	4100.28
五			基本预备费	元	1682.63
建筑安装工程费					
直接费	人工费		安装工程人工	工日	86.79
			人工费小计	元	2821.19
	材料费		光缆	m	1036.00
			光缆接续器材	套	0.51
			其他材料	元	1114.05
			材料费小计	元	30273.55
	机械、仪表费		机械费	元	218.40
			仪表费	元	745.32
			机械、仪表费小计	元	963.72
	小　计			元	34058.46
	综合费用			元	3907.09
	合　计			元	37965.55

表 6-47		入廊通信管线 3Z-05 综合指标		单位：km
序号		指 标 编 号		3Z-05
		项 目	单 位	100 对电缆敷设
		指标基价	元	25887.64
一		建筑工程费用	元	
二		安装工程费用	元	22465.67
三		设备购置费	元	
四		工程建设其他费用	元	2426.29
五		基本预备费	元	995.68
建筑安装工程费				
直接费	人工费	安装工程人工	工日	34.42
		人工费小计	元	1175.69
	材料费	电缆	m	1036
		电缆接续器材	套	1.01
		其他材料	元	979.58
		材料费小计	元	19675.45
	机械、仪表费	机械费	元	
		仪表费	元	
		机械、仪表费小计	元	
	小 计		元	20851.14
综合费用			元	1614.53
合 计			元	22465.67

表 6-48　　　　　　　　　　　　**入廊通信管线 3Z-06 综合指标**　　　　　　　　单位：km

序号			指　标　编　号		3Z-06
			项　目	单　位	200 对电缆敷设
			指标基价	元	46384.20
一			建筑工程费用	元	
二			安装工程费用	元	40252.88
三			设备购置费	元	
四			工程建设其他费用	元	4347.31
五			基本预备费	元	1784.01
建筑安装工程费					
直接费	人工费		安装工程人工	工日	37.45
			人工费小计	元	1321.13
	材料费		电缆	m	1036
			电缆接续器材	套	1.01
			其他材料	元	1845.64
			材料费小计	元	37117.50
	机械、仪表费		机械费	元	
			仪表费	元	
			机械、仪表费小计	元	
	小　计			元	38438.63
	综合费用			元	1814.25
	合　计			元	40252.88

第四节 入廊燃气管线和入廊热力管线综合指标

一、入廊燃气管线综合指标

（1）入廊燃气管线适用于城市综合管廊工程中工作压力小于1.6MPa的城镇天然气管网工程。

（2）入廊燃气管线综合指标包括钢管及管件安装、管道吹扫、强度试验、严密性试验、探伤、滑动支架制作安装和燃气可燃气体报警系统安装等。

（3）入廊燃气管线应采用无缝钢管，钢管的连接形式主要为焊接。如实际管材规格、价格与指标不同时，可按设计进行调整和换算。

（4）入廊燃气管线防腐为加强级三层PE（聚乙烯胶带）防腐材料，采用集中防腐与现场补口的制作方法。如实际防腐形式与指标不同时，可按设计进行调整和换算。

（5）入廊燃气管线综合考虑了管件、阀门、滑动支架等工程量。如实际数量与指标不同时，可按设计进行调整和换算。

（6）入廊燃气管线指标包含了可燃气体报警系统，但不包括监控系统的投资。

（7）入廊燃气管线指标不包含防火墙及防火门的投资。

入廊燃气管线综合指标见表6-49～表6-52。

表 6-49 　　　　　　　　　　　**入廊燃气管线 4Z-01 综合指标** 　　　　　　　　　单位：m

序号		指 标 编 号		4Z-01
		项 目	单 位	管径
				DN200
		指标基价	元	1603
一		建筑工程费用	元	
二		安装工程费用	元	982
三		设备购置费	元	285
四		工程建设其他费用	元	190
五		基本预备费	元	146
建筑安装工程费				
直接费	人工费	安装工程人工	工日	2.127
		人工费小计	元	187
	材料费	防腐钢管	m	1.014
		镀锌钢管20	m	2.06
		其他材料费	元	214.28
		材料费小计	元	520
	机械费	机械费	元	29.61
		其他机具费	元	10.02
		机械费小计	元	40
	小 计		元	747
	综合费用		元	235
	合 计		元	982

表 6-50　　　　　　　　　　　入廊燃气管线 **4Z-02** 综合指标　　　　　　　　单位：m

序号		指标编号		4Z-02
序号		项　目	单　位	管径
序号		项　目	单　位	DN300
		指标基价	元	2027
一		建筑工程费用	元	
二		安装工程费用	元	1318
三		设备购置费	元	285
四		工程建设其他费用	元	240
五		基本预备费	元	184
建筑安装工程费				
直接费	人工费	安装工程人工	工日	2.462
直接费	人工费	人工费小计	元	217
直接费	材料费	防腐钢管	m	1.013
直接费	材料费	镀锌钢管 20	m	2.06
直接费	材料费	其他材料费	元	270.05
直接费	材料费	材料费小计	元	755
直接费	机械费	机械费	元	41.32
直接费	机械费	其他机具费	元	12.09
直接费	机械费	机械费小计	元	53
		小　计	元	1025
		综合费用	元	293
		合　计	元	1318

表 6-51　　　　　　　　　　入廊燃气管线 4Z-03 综合指标　　　　　　　单位：m

序号	项　　目	单　位	指 标 编 号
			4Z-03
			管径
			DN400
	指标基价	元	2364
一	建筑工程费用	元	
二	安装工程费用	元	1584
三	设备购置费	元	285
四	工程建设其他费用	元	280
五	基本预备费	元	215
建筑安装工程费			
直接费	人工费	安装工程人工	工日	2.771
		人工费小计	元	244
	材料费	防腐钢管	m	1.012
		镀锌钢管 20	m	2.06
		其他材料费	元	328.87
		材料费小计	元	934
	机械费	机械费	元	52.36
		其他机具费	元	13.95
		机械费小计	元	66
小　计		元	1244
综合费用		元	340
合　计		元	1584

表 6-52　　　　　　　**入廊燃气管线 4Z-04 综合指标**　　　　单位：m

序号	指 标 编 号			4Z-04
	项　目	单　位		管径
				DN500
	指标基价	元		2792
一	建筑工程费用	元		
二	安装工程费用	元		1922
三	设备购置费	元		285
四	工程建设其他费用	元		331
五	基本预备费	元		254
建筑安装工程费				
直接费	人工费	安装工程人工	工日	3.137
		人工费小计	元	276
	材料费	防腐钢管	m	1.011
		镀锌钢管 20	m	2.06
		其他材料费	元	407.65
		材料费小计	元	1168
	机械费	机械费	元	62.90
		其他机具费	元	16.17
		机械费小计	元	79
	小　计		元	1523
综合费用			元	399
合　计			元	1922

二、入廊热力管线综合指标

（1）入廊热力管线适用于供热输送介质为热水的城镇热网工程。

（2）入廊热力管线综合指标包括预制保温管及管件安装、接头保温、补偿器安装、管道支架制作安装、探伤、管道水压试验及水冲洗、预警系统等。

（3）入廊热力管线采用预制保温管，工作管为钢管，连接形式为焊接，保温材料为聚氨酯，外护管为高密度聚乙烯管。如实际管材规格、价格与指标不同时，可按设计进行调整和换算。

（4）补偿器和阀门数量按照理论设计计算确定，选用外压轴向型波纹管补偿器和焊接蝶阀。如实际数量、价格与指标不同时，可按设计进行调整和换算。

（5）入廊热力管线指标考虑了EMS预警系统。

（6）入廊热力管线指标综合考虑了滑动支架、导向支架、固定支架等的工程量。

入廊热力管线综合指标见表6-53～表6-60。

表 6-53   **入廊热力管线 5Z-01 综合指标**   单位：m

序号	指 标 编 号		单 位	5Z-01
	项 目			管径 DN400
	指标基价		元	6412
一	建筑工程费用		元	
二	安装工程费用		元	5069
三	设备购置费		元	
四	工程建设其他费用		元	760
五	基本预备费		元	583
	建筑安装工程费			
直接费	人工费	安装工程人工	工日	3.426
		人工费小计	元	302
	材料费	预制保温管	m	2.024
		波纹管补偿器	个	0.015
		焊接阀门	个	0.0015
		型钢	kg	16.453
		普通钢板 $\delta=8\sim15$	kg	15.770
		其他材料费	元	542.31
		材料费小计	元	3807
	机械费	机械费	元	85.49
		其他机具费	元	24.69
		机械费小计	元	110
	小 计		元	4219
	综合费用		元	850
	合 计		元	5069

表 6-54　　　　　　　　　　　**入廊热力管线 5Z-02 综合指标**　　　　　　单位：m

序号		指 标 编 号		5Z-02
		项　目	单　位	管径
				DN450
		指标基价	元	7058
一		建筑工程费用	元	
二		安装工程费用	元	5579
三		设备购置费	元	
四		工程建设其他费用	元	837
五		基本预备费	元	642
		建筑安装工程费		
直接费	人工费	安装工程人工	工日	3.796
		人工费小计	元	334
	材料费	预制保温管	m	2.024
		波纹管补偿器	个	0.015
		焊接阀门	个	0.0015
		型钢	kg	18.398
		普通钢板 $\delta=8\sim15$	kg	17.570
		其他材料费	元	604.82
		材料费小计	元	4178
	机械费	机械费	元	102.73
		其他机具费	元	27.37
		机械费小计	元	130
		小　计	元	4643
		综合费用	元	936
		合　计	元	5579

表 6-55   **入廊热力管线 5Z-03 综合指标**   单位：m

序号		指 标 编 号		5Z-03
		项 目	单 位	管径
				DN500
		指标基价	元	7801
一		建筑工程费用	元	
二		安装工程费用	元	6167
三		设备购置费	元	
四		工程建设其他费用	元	925
五		基本预备费	元	709
建筑安装工程费				
直接费	人工费	安装工程人工	工日	4.225
		人工费小计	元	372
	材料费	预制保温管	m	2.022
		波纹管补偿器	个	0.015
		焊接阀门	个	0.0015
		型钢	kg	20.743
		普通钢板 $\delta=8\sim15$	kg	20.675
		其他材料费	元	674.47
		材料费小计	元	4620
	机械费	机械费	元	108.97
		其他机具费	元	30.39
		机械费小计	元	139
	小 计		元	5131
综合费用			元	1036
合 计			元	6167

表 6-56　　　　　　　　**入廊热力管线 5Z-04 综合指标**　　　　　　　单位：m

序号	指 标 编 号		5Z-04
	项　　目	单　位	管径
			DN600
	指标基价	元	9901
一	建筑工程费用	元	
二	安装工程费用	元	7827
三	设备购置费	元	
四	工程建设其他费用	元	1174
五	基本预备费	元	900
建筑安装工程费			
直接费	人工费	安装工程人工	工日	4.967
		人工费小计	元	437
	材料费	预制保温管	m	2.022
		波纹管补偿器	个	0.013
		焊接阀门·	个	0.0015
		型钢	kg	23.216
		普通钢板 $\delta=8\sim15$	kg	24.080
		其他材料费	元	867.64
		材料费小计	元	5912
	机械费	机械费	元	132.45
		其他机具费	元	37.22
		机械费小计	元	170
	小　计		元	6519
综合费用			元	1308
合　计			元	7827

表 6-57　　　　　　　　　　　　入廊热力管线 5Z-05 综合指标　　　　　　　　单位：m

序号	指 标 编 号		单 位	5Z-05
	项　　目			管径
				DN700
	指标基价		元	12040
一	建筑工程费用		元	
二	安装工程费用		元	9518
三	设备购置费		元	
四	工程建设其他费用		元	1428
五	基本预备费		元	1095
建筑安装工程费				
直接费	人工费	安装工程人工	工日	5.771
		人工费小计	元	508
	材料费	预制保温管	m	2.02
		波纹管补偿器	个	0.013
		焊接阀门	个	0.0015
		型钢	kg	25.917
		普通钢板 $\delta=8\sim15$	kg	29.495
		其他材料费	元	944.05
		材料费小计	元	7219
	机械费	机械费	元	161.21
		其他机具费	元	44.20
		机械费小计	元	205
	小　计		元	7932
综合费用			元	1586
合　计			元	9518

表 6-58   **入廊热力管线 5Z-06 综合指标**   单位：m

		指 标 编 号		5Z-06
序号		项 目	单 位	管径
				DN800
		指标基价	元	14244
一		建筑工程费用	元	
二		安装工程费用	元	11260
三		设备购置费	元	
四		工程建设其他费用	元	1689
五		基本预备费	元	1295
		建筑安装工程费		
直接费	人工费	安装工程人工	工日	6.643
		人工费小计	元	585
	材料费	预制保温管	m	2.02
		波纹管补偿器	个	0.013
		焊接阀门	个	0.0015
		型钢	kg	29.057
		普通钢板 $\delta=8\sim15$	kg	33.814
		其他材料费	元	1123.78
		材料费小计	元	8552
	机械费	机械费	元	198.58
		其他机具费	元	51.56
		机械费小计	元	250
		小 计	元	9387
		综合费用	元	1873
		合 计	元	11260

表 6-59　　　　　　　　　　入廊热力管线 5Z-07 综合指标　　　　　单位：m

序号		指 标 编 号		5Z-07
				管径
		项 目	单 位	DN900
		指标基价	元	15761
一		建筑工程费用	元	
二		安装工程费用	元	12460
三		设备购置费	元	
四		工程建设其他费用	元	1869
五		基本预备费	元	1433
建筑安装工程费				
直接费	人工费	安装工程人工	工日	7.299
		人工费小计	元	642
	材料费	预制保温管	m	2.018
		波纹管补偿器	个	0.013
		焊接阀门	个	0.0015
		型钢	kg	33.511
		普通钢板 $\delta=8\sim15$	kg	38.300
		其他材料费	元	1287.02
		材料费小计	元	9463
	机械费	机械费	元	225.76
		其他机具费	元	57.05
		机械费小计	元	283
	小 计		元	10388
综合费用			元	2072
合 计			元	12460

表 6-60　　　　　　**入廊热力管线 5Z-08 综合指标**　　　　单位：m

序号	指标编号			5Z-08
	项　目		单　位	管径
				*DN*1000
	指标基价		元	17918
一	建筑工程费用		元	
二	安装工程费用		元	14164
三	设备购置费		元	
四	工程建设其他费用		元	2125
五	基本预备费		元	1629
建筑安装工程费				
直接费	人工费	安装工程人工	工日	8.082
		人工费小计	元	711
	材料费	预制保温管	m	2.018
		波纹管补偿器	个	0.013
		焊接阀门	个	0.0015
		型钢	kg	38.665
		普通钢板 $\delta=8\sim15$	kg	41.800
		其他材料费	元	1641.39
		材料费小计	元	10778
	机械费	机械费	元	260.19
		其他机具费	元	64.13
		机械费小计	元	324
	小　计		元	11813
	综合费用		元	2351
	合　计		元	14164

第五节 标准段分项指标

标准段分项指标见表6-61～表6-78。

表6-61 　　　　　　　　标准段1舱1F-01分项指标　　　　　　　单位：m

指标编号	1F-01		构筑物名称	标准段1舱	
结构特征：结构内径3.4m×2.4m，底板厚300mm，外壁厚300mm，顶板厚300mm					
建筑体积	8.16m³		混凝土体积	3.84m³	
项目	单位	构筑物	占指标基价的%	折合指标	
				建筑体积（元/m³）	混凝土体积（元/m³）
1. 指标基价	元	26202	100.00%	3211	6823
2. 建筑安装工程费	元	24492	93.47%	3001	6378
2.1 建筑工程费	元	18095	69.06%	2218	4712
2.2 安装工程费	元	6397	24.41%	784	1666
3. 设备购置费	元	1710	6.53%	210	445
3.1 给排水消防	元	9			
3.2 电气工程	元	444			
3.3 管廊监测	元	1161			
3.4 通风工程	元	96			

土建主要工程数量和主要工料数量

主要工程数量				主要工料数量			
项目	单位	数量	建筑体积指标（每m³）	项目	单位	数量	建筑体积指标（每m³）
土方开挖	m³	90.007	11.030	土建人工	工日	45.743	5.606
混凝土垫层	m³	0.420	0.051	商品混凝土	m³	4.548	0.557
钢筋混凝土底板	m³	1.200	0.147	钢材	t	0.698	0.085

续表

主要工程数量				主要工料数量			
项目	单位	数量	建筑体积指标 （每 m³）	项目	单位	数量	建筑体积指标 （每 m³）
钢筋混凝土侧墙	m³	1.440	0.176	木材	m³	0.011	0.001
钢筋混凝土顶板	m³	1.200	0.147	砂	t	0.951	0.116
井点降水	根	2.672	0.328	碎（砾）石	t	0.000	0.000
				其他材料费	元	69.80	8.55
				机械使用费	元	1850.82	226.82

设备主要数量（3990m）		
项目及规格	单位	数　量
一、给排水消防		
消火栓	台	258
二、电气工程		
250kV·A 变压器	台	4
照明柜	台	50
动力柜	台	50
三、管廊监测		
光线分布式测温主机	台	1
落地式报警控制器	台	1
局域网交换机设备安装、调试 企业级交换机 三层交换机	台	2
PLC 编程控制器	台	21
现场以太网交换机	台	21
应用服务器　容错服务器	台	1
摄像设备	台	115
管沟内弱电配电箱	台	21
47U 19 寸标准机柜	台	7
四、通风工程		
排风、排烟机（双速离心柜式风机、防爆）	台	21

表 6-62		标准段 1 舱 1F-02 分项指标				单位：m

表 6-62　标准段 1 舱 1F-02 分项指标　单位：m

指标编号			1F-02	构筑物名称		标准段 1 舱
结构特征：结构内径 2.5m×2.4m，底板厚 300mm，外壁厚 300mm，内壁厚 300mm，顶板厚 300mm						
建筑体积		6.00m³		混凝土体积		3.49m³
项目	单位	构筑物		占指标基价的%	折合指标	
					建筑体积（元/m³）	混凝土体积（元/m³）
1. 指标基价	元	32796		100.00%	5466	9393
2. 建筑安装工程费	元	31287		95.40%	5214	8961
2.1 建筑工程费	元	21892		66.75%	3649	6270
2.2 安装工程费	元	9395		28.65%	1566	2691
3. 设备购置费	元	1509		4.60%	251	432
3.1 电气工程	元	1482				
3.2 通风工程	元	27				

土建主要工程数量和主要工料数量

主要工程数量				主要工料数量			
项目	单位	数量	建筑体积指标（每 m³）	项目	单位	数量	建筑体积指标（每 m³）
土方开挖	m³	40.125	6.688	土建人工	工日	55.070	9.178
混凝土垫层	m³	0.330	0.055	商品混凝土	m³	3.396	0.566
钢筋混凝土底板	m³	0.965	0.161	钢材	t	0.885	0.148
钢筋混凝土侧墙	m³	1.596	0.266	木材	m³	0.003	0.001
钢筋混凝土顶板	m³	0.930	0.155	砂	t	1.959	0.326
				豆石	t	1.722	0.287
				其他材料费	元	593.28	98.88
				机械使用费	元	1796.66	299.44

设备主要数量（426m）

项目及规格	单位	数量
一、电气工程		
干式变压器	台	1
10kV 负荷开关柜	面	3
低压配电柜	面	3
风机配电控制柜	面	1
火灾报警控制器	面	1
复合型空气监测器	套	6
手动火灾报警按钮	套	10
PLC 柜	面	1
UPS 柜	面	1
摄像机	套	12
紧急电话	个	10
井盖监控设备	套	91
二、通风工程		
消防高温排烟风机	台	3
诱导风机	台	48

表 6-63　　　　　　　　　　标准段 2 舱 1F-03 分项指标　　　　　　　　　单位：m

指标编号		1F-03	构筑物名称		标准段 2 舱	
结构特征：结构内径(3+1.8)m×2.9m，底板厚 300mm，外壁厚 300mm，内壁厚 250mm，顶板厚 300mm						
建筑体积		19.77m³	混凝土体积		5.95m³	
项目	单位	构筑物	占指标基价的 %	折合指标		
				建筑体积（元/m³）	混凝土体积（元/m³）	
1. 指标基价	元	32060	100.00%	1621.63	5388.17	
2. 建筑安装工程费	元	27959	87.21%	1414.22	4699.02	
2.1　建筑工程费	元	24604	76.47%	1244.51	4135.13	
2.2　安装工程费	元	3355	10.47%	169.71	563.90	
3. 设备购置费	元	4101	12.79%	207.41	689.14	
3.1　给排水消防	元	279				
3.2　电气工程	元	2350				
3.3　自控仪表	元	1055				
3.4　火灾报警	元	363				
3.5　光纤电话	元	15				
3.6　通风工程	元	39				

土建主要工程数量和主要工料数量

主要工程数量				主要工料数量			
项目	单位	数量	建筑体积指标（每 m³）	项目	单位	数量	建筑体积指标（每 m³）
土方开挖	m³	62.251	3.149	土建人工	工日	44.268	2.239
混凝土垫层	m³	1.210	0.061	商品混凝土	m³	6.041	0.306
钢筋混凝土底板	m³	1.740	0.088	钢材	t	1.005	0.051
钢筋混凝土侧墙	m³	2.721	0.138	木材	m³	0.041	0.002
钢筋混凝土顶板	m³	1.440	0.073	砂	t	1.295	0.066
井点降水	根	1.667	0.084	其他材料费	元	3060.11	154.79
				机械使用费	元	3538.25	57.39

设备主要数量（1000m）

项目及规格	单位	数　量
一、给排水消防		
排水泵 30m³/h，15m	套	38
排水泵 30m³/h，30m	套	8

续表

项目及规格	单位	数 量
磷酸铵盐干粉灭火器 4kg	套	112
二、电气工程		
埋地式变压器 160kV·A	台	1
低压配电柜	台	4
低压配电控制箱	台	4
EPS	套	4
照明配电控制箱	台	4
排水泵控制箱	套	28
工业专用插座箱	套	56
三、自控仪表		
分变电站现场通信箱	套	1
现场自控箱 ACU	套	3
温湿度监测仪	套	6
有毒气体检测仪	套	6
氧气监测仪	套	6
IP 摄像机	套	15
红外对射装置	个	15
四、火灾报警		
分变电站区域火灾报警箱	套	1
现场消防箱	套	4
警铃	个	26
五、光纤电话		
光纤紧急电话机	台	4
光纤紧急电话机接入卡	块	4
光纤紧急电话副机	台	12
六、通风系统		
屋顶式排烟风机 DWT-I型 4580m³/h	台	1
屋顶式排烟风机 DWT-I型 6200m³/h	台	2
屋顶式排烟风机 DWT-I型 9100m³/h	台	1
电动排烟防火阀 700×700	个	8

表 6-64　　　　　　　　　　标准段 2 舱 1F-04 分项指标　　　　　　　　　单位：m

指标编号		1F-04		构筑物名称		标准段 2 舱
结构特征：结构内径(2.4＋2.7)m×3m，底板厚 400mm，外壁厚 400mm，内壁厚 300mm，顶板厚 400mm						
建筑体积		15.3m³		混凝土体积		7.94m³
项目	单位	构筑物	占指标基价的%		折合指标	
				建筑体积（元/m³）		混凝土体积（元/m³）
1. 指标基价	元	36862	100%	2409.27		4642.55
2. 建筑安装工程费	元	32462	88.06%	2121.72		4088.45
2.1　建筑工程费	元	25903	70.27%	1693.00		3262.33
2.2　安装工程费	元	6559	25.32%	428.72		826.11
3. 设备购置费	元	4400	11.94%	287.56		554.21
3.1　火灾报警及消防	元	879				
3.2　电气工程	元	1723				
3.3　管廊监测	元	402				
3.4　通风工程	元	170				
3.5　排水工程	元	266				
3.6　通信系统	元	960				

土建主要工程数量和主要工料数量							
主要工程数量				主要工料数量			
项目	单位	数量	建筑体积指标（每 m³）	项目	单位	数量	建筑体积指标（每 m³）
土方开挖	m³	76.059	4.971	土建人工	工日	47.506	3.105
混凝土垫层	m³	0.615	0.040	商品混凝土	m³	9.400	0.614
钢筋混凝土底板	m³	2.418	0.158	钢材	t	1.136	0.074
钢筋混凝土侧墙	m³	3.103	0.203	木材	m³	0.031	0.002
钢筋混凝土顶板	m³	2.418	0.158	砂	t	0.869	0.057
土钉墙	m²	16.612	1.086				
				其他材料费	元	361.90	23.65
				机械使用费	元	2713.01	177.32

设备主要数量（750m）		
项目及规格	单位	数　量
一、给排水消防		
潜水泵 1.1kW（自带电控箱）	台	7

续表

项目及规格	单位	数 量
潜水泵 1.5kW（自带电控箱）	台	4
潜水泵 11kW（耐高温事故泵）	套	1
二、电气工程		
箱式变电站（SC10-160kV·A）	台	2
动力照明配电箱	台	4
检修照明箱	台	7
检修插座箱	台	26
风机控制箱	台	4
风机控制按钮盒	台	8
应急照明配电箱	台	4
三、管廊监测		
温湿度变送器	台	40
氧气含量检测仪	台	40
浮标液位开关	台	20
便携式四合一气体含量检测仪	台	2
四、通风工程		
轴流风机 1.5kW	台	4
轴流风机 0.75kW	台	4
五、通信系统		
火灾报警区域控制器	套	1
红外光束探测器	套	5
保安监控摄像设备	m	2000
远端光接入模块	台	10
固定电话终端	台	6
中继台及天线	套	22
门禁设备	套	4
保安监控摄像设备	套	10
测温光纤主机	套	1
保安监控摄像设备	m	2000

表 6-65　　　　　　　　**标准段 1 舱 1F-05 分项指标**　　　　　　　单位：m

指标编号	1F-05		构筑物名称	标准段 1 舱	
结构特征：结构内径 2.6m×2.6m，底板厚 350mm，外壁厚 350mm，内壁厚 350mm，顶板厚 350mm					
建筑体积	6.76m³		混凝土体积	4.28m³	
项目	单位	构筑物	占指标基价的%	折合指标	
				建筑体积（元/m³）	混凝土体积（元/m³）
1. 指标基价	元	38414	100.00%	5682.54	8975.23
2. 建筑安装工程费	元	36907	96.08%	5459.62	8623.13
2.1　建筑工程费	元	26074	67.88%	3857.10	6092.06
2.2　安装工程费	元	10833	28.20%	1602.52	2531.08
3. 设备购置费	元	1507	3.92%	222.93	352.10
3.1　电气工程	元	1479			
3.2　通风工程	元	28			

土建主要工程数量和主要工料数量

主要工程数量				主要工料数量			
项目	单位	数量	建筑体积指标（每 m³）	项目	单位	数量	建筑体积指标（每 m³）
土方开挖	m³	58.515	8.656	土建人工	工日	66.039	9.769
混凝土垫层	m³	0.349	0.052	商品混凝土	m³	4.259	0.630
钢筋混凝土底板	m³	1.189	0.176	钢材	t	1.131	0.167
钢筋混凝土侧墙	m³	1.942	0.287	木材	m³	0.003	0.000
钢筋混凝土顶板	m³	1.153	0.171	砂	t	2.321	0.343
				豆石	t	2.260	0.334
				其他材料费	元	720.69	106.61
				机械使用费	元	1931.11	285.67

主要设备数量（241m）

项目及规格	单位	数量
一、电气工程		
干式变压器	台	1
10kV 负荷开关柜	面	2
低压配电柜	面	2
复合型空气监测器	套	3
手动火灾报警按钮	套	6
摄像机	套	7
紧急电话	个	6
井盖监控设备	套	51
二、通风工程		
消防高温排烟风机	台	2
诱导风机	台	27

表 6-66			标准段 2 舱 1F-06 分项指标			单位：m

指标编号		1F-06		构筑物名称		标准段 2 舱	
结构特征：结构内径（2.5＋2）m×2.4m，底板厚 300mm，外壁厚 300mm，内壁厚 300mm，顶板厚 350mm							
建筑体积		10.80m³		混凝土体积		6.48m³	

项目	单位	构筑物	占指标基价的%	折合指标	
				建筑体积（元/m³）	混凝土体积（元/m³）
1. 指标基价	元	48902	100.00%	4528	7549
2. 建筑安装工程费	元	45882	93.82%	4248	7083
2.1 建筑工程费	元	30145	61.64%	2791	4654
2.2 安装工程费	元	15737	32.18%	1457	2429
3. 设备购置费	元	3020	6.18%	280	466
3.1 电气工程	元	2963			
3.2 通风工程	元	57			

土建主要工程数量和主要工料数量

主要工程数量				主要工料数量			
项目	单位	数量	建筑体积指标（每 m³）	项目	单位	数量	建筑体积指标（每 m³）
土方开挖	m³	90.709	8.399	土建人工	工日	75.940	7.032
混凝土垫层	m³	0.625	0.058	商品混凝土	m³	6.316	0.585
钢筋混凝土底板	m³	2.000	0.185	钢材	t	1.303	0.121
钢筋混凝土侧墙	m³	2.538	0.235	木材	m³	0.003	0.000
钢筋混凝土顶板	m³	1.940	0.180	砂	t	2.205	0.204
				豆石	t	1.946	0.180
				其他材料费	元	725.67	67.19
				机械使用费	元	2472.62	228.95

主要设备数量（936.2m）

项目及规格	单位	数量
一、电气工程		
干式变压器	台	3
10kV 负荷开关柜	面	7
低压配电柜	面	7
风机配电控制柜	面	1
火灾报警控制器	面	1
复合型空气监测器	套	13
手动火灾报警按钮	套	22
PLC柜	面	1
UPS柜	面	1
摄像机	套	27
紧急电话	个	22
井盖监控设备	套	199
二、通风工程		
消防高温排烟风机	台	7
诱导风机	台	104

表 6-67　　　　　　　　　　标准段 2 舱 1F-07 分项指标　　　　　　　　　单位：m

指标编号		1F-07	构筑物名称	标准段 2 舱	
结构特征：结构内径（2.3＋4.3）m×4m，底板厚 500mm，外壁厚 400mm，内壁厚 300mm，顶板厚 500mm					
建筑体积		26.40m³	混凝土体积	12.62m³	
项目	单位	构筑物	占指标基价的 %	折合指标	
				建筑体积（元/m³）	混凝土体积（元/m³）
1. 指标基价	元	54965	100%	2081.98	4355.34
2. 建筑安装工程费	元	51145	93.05%	1937.30	4052.68
2.1　建筑工程费	元	41480	75.47%	1571.19	3286.50
2.2　安装工程费	元	9665	23.30%	366.11	765.88
3. 设备购置费	元	3820	6.95%	144.68	302.65
3.1　给排水消防	元	1589			
3.2　电气工程	元	826			
3.3　管廊监测	元	199			
3.4　通风工程	元	91			
3.5　通信系统	元	1115			

土建主要工程数量和主要工料数量

主要工程数量				主要工料数量			
项目	单位	数量	建筑体积指标（每 m³）	项目	单位	数量	建筑体积指标（每 m³）
土方开挖	m³	123.056	4.661	土建人工	工日	75.376	2.855
混凝土垫层	m³	0.961	0.036	商品混凝土	m³	14.914	0.565
钢筋混凝土底板	m³	4.344	0.165	钢材	t	2.003	0.076
钢筋混凝土侧墙	m³	3.970	0.150	木材	m³	0.049	0.002
钢筋混凝土顶板	m³	4.308	0.163	砂	t	1.379	0.052
土钉墙	m²	20.924	0.793				
				其他材料费	元	574.21	21.75
				机械使用费	元	4304.66	163.06

主要设备数量（3520m）

项目及规格	单位	数　量
一、给排水消防		
潜水泵 4kW	台	4

项目及规格	单位	数　　量
潜水泵 2.2kW	台	17
控制设备	套	1
高压柱塞泵	台	2
消防广播组合盘台	台	1
二、电气工程		
低压开关柜	台	2
照明配电箱	台	1
动力照明配电箱	台	20
送风风机控制箱	台	11
排风风机控制箱	台	20
变电站风机按钮盒	台	2
照明风机按钮盒	台	42
检修插座箱	台	40
照明监控系统设备	套	1
三、管廊监测		
温湿度变送器	台	40
氧气含量检测仪	台	40
浮标液位开关	台	20
便携式四合一气体含量检测仪	台	2
四、通风工程		
空调器	台	1
轴流风机 4.4kW	台	40
轴流风机 2.5kW	台	1
五、通信系统		
火灾报警区域控制器	套	3
红外光束探测器	套	21
数据采集站（含网络电缆）	套	10
UPS 不间断电源	台	2
远端光接入模块	台	42
固定电话终端	台	42
中继台及天线	套	42
门禁设备	套	3
保安监控摄像设备	套	3

表 6-68　　　　　　　　　　　　**标准段 2 舱 1F-08 分项指标**　　　　　　　　　单位：m

指标编号		1F-08		构筑物名称		标准段 2 舱	
结构特征：结构内径（3.4＋2.6）m×2.9m，底板厚 300mm，外壁厚 300mm，内壁厚 300mm，顶板厚 300mm							
建筑体积		17.4m³		混凝土体积		7.08m³	
项目	单位	构筑物	占指标基价的%		折合指标		
					建筑体积（元/m³）		混凝土体积（元/m³）
1. 指标基价	元	54113	100.00%		3109.94		7643.08
2. 建筑安装工程费	元	50805	93.89%		2919.83		7175.85
2.1 建筑工程费	元	42645	78.81%		2450.86		6023.31
2.2 安装工程费	元	8160	15.08%		468.97		1152.54
3. 设备购置费	元	3308	6.11%		190.11		467.23
3.1 电气工程	元	3116					
3.2 通风工程	元	192					

土建主要工程数量和主要工料数量							
主要工程数量				主要工料数量			
项目	单位	数量	建筑体积指标（每 m³）	项目	单位	数量	建筑体积指标（每 m³）
土方开挖	m³	56.615	3.254	土建人工	工日	76.003	4.368
混凝土垫层	m³	0.705	0.041	商品混凝土	m³	7.275	0.418
钢筋混凝土底板	m³	2.117	0.122	钢材	t	1.000	0.057
钢筋混凝土侧墙	m³	2.851	0.164	级配砂石	t	10.140	0.583
钢筋混凝土顶板	m³	2.117	0.122	中砂	t	3.912	0.225
井点降水	根	0.800	0.046	碎石	t	1.800	0.103
				其他材料费	元	26.48	1.522
				机械使用费	元	4794.73	275.56

主要设备数量（1552.5m）		
项目及规格	单位	数　量
一、电气工程		
箱式变电站 DXB10kV/50kV·A～10kV/125kV·A	座	8
动力照明配电柜	面	23
PLC 柜	面	23
UPS 柜	面	23
火灾报警控制器	面	23
风机配电柜	面	23
复合型空气监测器	套	48
摄像机	套	48
红外线入侵探测器	套	48
手动火灾报警按钮	套	97
紧急电话	个	48
DLP 视频监视器屏墙	套	2
二、通风工程		
立式消防排烟风机	台	69
诱导风机	台	521
轴流式通风机	台	4

表 6-69			标准段 2 舱 1F-08 分项指标			单位：m
指标编号		1F-08		构筑物名称		标准段 2 舱

结构特征：结构内径（3.4＋2.6）m×2.9m，底板厚 300mm，外壁厚 300mm，内壁厚 300mm，顶板厚 300mm

建筑体积			17.4m³	混凝土体积		7.08m³
项目	单位	构筑物	占指标基价的%	折合指标		
				建筑体积（元/m³）		混凝土体积（元/m³）
1. 指标基价	元	54113	100.00%	3109.94		7643.08
2. 建筑安装工程费	元	50805	93.89%	2919.83		7175.85
2.1 建筑工程费	元	42645	78.81%	2450.86		6023.31
2.2 安装工程费	元	8160	15.08%	468.97		1152.54
3. 设备购置费	元	3308	6.11%	190.11		467.23
3.1 电气工程	元	3116				
3.2 通风工程	元	192				

土建主要工程数量和主要工料数量

主要工程数量				主要工料数量			
项目	单位	数量	建筑体积指标（每 m³）	项目	单位	数量	建筑体积指标（每 m³）
土方开挖	m³	56.615	3.254	土建人工	工日	76.003	4.368
混凝土垫层	m³	0.705	0.041	商品混凝土	m³	7.275	0.418
钢筋混凝土底板	m³	2.117	0.122	钢材	t	1.000	0.057
钢筋混凝土侧墙	m³	2.851	0.164	级配砂石	t	10.140	0.583
钢筋混凝土顶板	m³	2.117	0.122	中砂	t	3.912	0.225
井点降水	根	0.800	0.046	碎石	t	1.800	0.103
				其他材料费	元	26.48	1.522
				机械使用费	元	4794.73	275.56

主要设备数量（1552.5m）

项目及规格	单位	数量
一、电气工程		
箱式变电站 DXB10kV/50kV·A～10kV/125kV·A	座	8
动力照明配电柜	面	23
PLC 柜	面	23
UPS 柜	面	23
火灾报警控制器	面	23
风机配电柜	面	23
复合型空气监测器	套	48
摄像机	套	48
红外线入侵探测器	套	48
手动火灾报警按钮	套	97
紧急电话	个	48
DLP 视频监视器屏墙	套	2
二、通风工程		
立式消防排烟风机	台	69
诱导风机	台	521
轴流式通风机	台	4

表 6-70　　　　　　　　　**标准段 2 舱 1F-09 分项指标**　　　　　　单位：m

指标编号		1F-09	构筑物名称		标准段 2 舱
结构特征：结构内径（2.6＋2）m×2.6m，底板厚350mm，外壁厚350mm，内壁厚350mm，顶板厚350mm					
建筑体积		11.96m³	混凝土体积		6.86m³
项目	单位	构筑物	占指标基价的%	折合指标	
				建筑体积（元/m³）	混凝土体积（元/m³）
1. 指标基价	元	54253	100.00%	4536.20	7908.60
2. 建筑安装工程费	元	51236	94.44%	4283.95	7468.80
2.1　建筑工程费	元	34327	63.27%	2870.15	5003.94
2.2　安装工程费	元	16909	31.17%	1413.80	2464.87
3. 设备购置费	元	3017	5.56%	252.26	439.80
3.1　电气工程	元	2961	5.78%		
3.2　通风工程	元	56	0.11%		

土建主要工程数量和主要工料数量

主要工程数量				主要工料数量			
项目	单位	数量	建筑体积指标（每 m³）	项目	单位	数量	建筑体积指标（每 m³）
土方开挖	m³	70.641	5.906	土建人工	工日	85.610	7.158
混凝土垫层	m³	0.580	0.048	商品混凝土	m³	6.675	0.558
钢筋混凝土底板	m³	2.055	0.172	钢材	t	1.546	0.129
钢筋混凝土侧墙	m³	2.848	0.238	木材	m³	0.003	0.000
钢筋混凝土顶板	m³	1.959	0.164	砂	t	0.247	0.021
				豆石	t	0.266	0.022
				其他材料费	元	856.72	71.632
				机械使用费	元	2783.71	232.751

主要设备数量（487m）

项目及规格	单位	数　量
一、电气工程		
干式变压器	台	1
10kV 负荷开关柜	面	3
低压配电柜	面	3
风机配电控制柜	面	1
火灾报警控制器	面	1
复合型空气监测器	套	7
手动火灾报警按钮	套	12
PLC 柜	面	1
UPS 柜	面	1
摄像机	套	14
紧急电话	个	12
井盖监控设备	套	103
二、通风工程		
消防高温排烟风机	台	4
诱导风机	台	54

表 6-71 　　　　　　　　　标准段 2 舱 1F-10 分项指标 　　　　　　单位：m

指标编号		1F-10		构筑物名称		标准段 2 舱	
结构特征：结构内径（2.8＋3.5）m×2.6m，底板厚 400mm，外壁厚 400mm，内壁厚 400mm，顶板厚 400mm							
建筑体积		16.38m³		混凝土体积		9.15m³	
项目	单位	构筑物		占指标基价的%		折合指标	
						建筑体积（元/m³）	混凝土体积（元/m³）
1. 指标基价	元	57827		100.00%		3530.34	6319.89
2. 建筑安装工程费	元	54812		94.79%		3346.28	5990.38
2.1　建筑工程费	元	37299		64.50%		2277.11	4076.39
2.2　安装工程费	元	17513		30.29%		1069.17	1914.00
3. 设备购置费	元	3015		5.21%		184.07	329.51
3.1　电气工程	元	2965					
3.2　通风工程	元	50					
土建主要工程数量和主要工料数量							
主要工程数量				主要工料数量			
项目	单位	数量	建筑体积指标（每 m³）	项目	单位	数量	建筑体积指标（每 m³）
土方开挖	m³	75.866	4.632	土建人工	工日	94.492	5.769
混凝土垫层	m³	0.762	0.047	商品混凝土	m³	8.994	0.549
钢筋混凝土底板	m³	3.069	0.187	钢材	t	1.587	0.097
钢筋混凝土侧墙	m³	3.112	0.190	木材	m³	0.003	0.000
钢筋混凝土顶板	m³	2.967	0.181	砂	t	2.441	0.149
				豆石	t	1.774	0.108
				其他材料费	元	884.57	54.003
				机械使用费	元	2700.59	164.871
主要设备数量（734m）							
项目及规格			单位		数 量		
一、电气工程							
干式变压器			台		2		
10kV 负荷开关柜			面		5		
低压配电柜			面		5		
风机配电控制柜			面		1		
火灾报警控制器			面		1		
复合型空气监测器			套		10		
手动火灾报警按钮			套		17		
PLC 柜			面		1		
UPS 柜			面		1		
摄像机			套		21		
紧急电话			个		67		
井盖监控设备			套		156		
二、通风工程							
消防高温排烟风机			台		5		
诱导风机			台		82		

表 6-72　　　　　　　　　**标准段 2 舱 1F-11 分项指标**　　　　　　　　单位：m

指标编号	1F-11		构筑物名称	标准段 2 舱	
结构特征：结构内径（3.4＋2.6）m×2.9m，底板厚 400mm，外壁厚 400mm，内壁厚 400mm，顶板厚 400mm					
建筑体积	17.40m³		混凝土体积	9.27m³	
项目	单位	构筑物	占指标基价的%	折合指标	
				建筑体积（元/m³）	混凝土体积（元/m³）
1. 指标基价	元	59080	100.00%	3395.40	6451.78
2. 建筑安装工程费	元	55772	94.40%	3205.34	6016.50
2.1　建筑工程费	元	47612	80.59%	2736.32	5136.14
2.2　安装工程费	元	8160	13.81%	468.97	880.26
3. 设备购置费	元	3308	5.60%	190.11	356.85
3.1　电气工程	元	3116			
3.2　通风工程	元	192			

土建主要工程数量和主要工料数量

主要工程数量				主要工料数量			
项目	单位	数量	建筑体积指标（每 m³）	项目	单位	数量	建筑体积指标（每 m³）
土方开挖	m³	76.985	4.424	土建人工	工日	84.894	4.879
混凝土垫层	m³	0.725	0.042	商品混凝土	m³	9.503	0.546
钢筋混凝土底板	m³	2.905	0.167	钢材	t	1.300	0.075
钢筋混凝土侧墙	m³	3.460	0.199	级配砂石	t	10.378	0.596
钢筋混凝土顶板	m³	2.905	0.167	中砂	t	3.932	0.226
井点降水	根	0.800	0.046	碎石	t	1.83	0.105
				其他材料费	元	26.55	1.526
				机械使用费	元	5193.11	298.45

主要设备数量（310.08m）

项目及规格	单位	数量
一、电气工程		
箱式变电站 DXB10kV/50kV·A～10kV/125kV·A	座	1
动力照明配电柜	面	4
PLC 柜	面	4
UPS 柜	面	4
火灾报警控制器	面	4
风机配电柜	面	4
复合型空气监测器	套	10
摄像机	套	10
红外线入侵探测器	套	10
手动火灾报警按钮	套	19
紧急电话	个	10
二、通风工程		
立式消防排烟风机	台	14
诱导风机	台	104

表 6-73		标准段 2 舱 1F-12 分项指标			单位：m

指标编号		1F-12	构筑物名称		标准段 2 舱
结构特征：结构内径（6.85＋2）m×4.2m，底板厚 550mm，外壁厚 500mm，内壁厚 350mm，顶板厚 500mm					
建筑体积		53.55m³	混凝土体积		16.47m³

项目	单位	构筑物	占指标基价的%	折合指标	
				建筑体积（元/m³）	混凝土体积（元/m³）
1. 指标基价	元	61582	100%	1149.99	3739.04
2. 建筑安装工程费	元	56212	91.28%	1049.71	3412.99
2.1 建筑工程费	元	51817	84.14%	967.64	3146.14
2.2 安装工程费	元	4395	7.14%	82.07	266.85
3. 设备购置费	元	5370	8.72%	100.28	326.05
3.1 给排水消防	元	370			
3.2 电气工程	元	2779			
3.3 自控仪表	元	1390			
3.4 火灾报警	元	632			
3.5 光纤电话	元	25			
3.6 通风工程	元	174			

土建主要工程数量和主要工料数量							
主要工程数量				主要工料数量			
项目	单位	数量	建筑体积指标（每 m³）	项目	单位	数量	建筑体积指标（每 m³）
土方开挖	m³	141.967	2.651	土建人工	工日	91.490	1.708
混凝土垫层	m³	2.119	0.040	商品混凝土	m³	16.727	0.312
钢筋混凝土底板	m³	5.654	0.106	钢材	t	2.732	0.051
钢筋混凝土侧墙	m³	6.343	0.118	木材	m³	0.070	0.001
钢筋混凝土顶板	m³	4.469	0.083	砂	t	2.723	0.051
井点降水	根	1.67	0.031	其他材料费	元	4270.21	79.742
				机械使用费	元	6513.88	121.641

设备主要数量（1430m）		
项目及规格	单位	数 量
一、给排水消防		
排水泵 30m³/h，15m	套	84
排水泵 30m³/h，30m	套	15
磷酸铵盐干粉灭火器 4kg	套	123
二、电气工程		
10kV 高压柜	台	6
埋地式变压器 160kV·A	台	1

续表

项目及规格	单位	数　　量
低压配电柜	台	2
低压配电控制箱	台	3
EPS	套	3
照明配电控制箱	台	3
排水泵控制箱	套	49
工业专用插座箱	套	99
三、自控仪表		
分变电站现场通信箱	套	1
现场自控箱 ACU	套	3
温湿度监测仪	套	15
有毒气体检测仪	套	15
氧气监测仪	套	15
IP 摄像机	套	37
红外对射装置	个	37
四、火灾报警		
火灾报警上位机	台	1
火灾报警主机柜	套	1
光电式感烟探测器	个	15
点型差定温探测器	个	7
分变电站区域火灾报警箱	套	1
现场消防箱	套	3
警铃	个	67
五、光纤电话		
智能编程紧急电话话务台	套	1
电话系统通信机柜	套	1
光纤紧急电话机	台	7
光纤紧急电话机接入卡	块	7
光纤紧急电话副机	台	20
六、通风系统		
屋顶式排烟风机 DWT-Ⅰ型　76700m³/h	台	2
屋顶式排烟风机 DWT-Ⅰ型　60000m³/h	台	6
屋顶式排烟风机 DWT-Ⅰ型　40000m³/h	台	7
电动排烟防火阀 1200×1200	个	7
电动排烟防火阀 1500×1500	个	8

表 6-74　　　　　　　　标准段 2 舱 1F-13 分项指标　　　　　　单位：m

指标编号	1F-13		构筑物名称		标准段 2 舱	
结构特征：结构内径 (2.7＋3.45) m×3.45m，底板厚 500mm，外壁厚 400mm，内壁厚 300mm，顶板厚 400mm						
建筑体积	21.22m³			混凝土体积 12.62m³		
项目	单位	构筑物	占指标基价的%	折合指标		
					建筑体积（元/m³）	混凝土体积（元/m³）
1. 指标基价	元	96613	100%	4554.05		7655.56
2. 建筑安装工程费	元	88928	92.05%	4191.81		7046.63
2.1 建筑工程费	元	72194	74.72%	3403.00		5720.60
2.2 安装工程费	元	16734	23.18%	788.81		1326.26
3. 设备购置费	元	7685	7.95%	362.24		608.94
3.1 消防工程	元	1458				
3.2 电气工程	元	1996				
3.3 通信工程	元	768				
3.4 通风工程	元	519				
3.5 排水工程	元	184				
3.6 火灾报警	元	562				
3.7 自控仪表工程	元	2198				

土建主要工程数量和主要工料数量

主要工程数量				主要工料数量			
项目	单位	数量	建筑体积指标（每 m³）	项目	单位	数量	建筑体积指标（每 m³）
土方开挖	m³	75.8	3.573	土建人工	工日	160.687	7.574
混凝土垫层	m³	0.745	0.035	商品混凝土	m³	14.861	0.700
钢筋混凝土底板	m³	3.625	0.171	钢材	t	3.790	0.179
钢筋混凝土侧墙	m³	4.875	0.230	木材	m³	0.049	0.002
钢筋混凝土顶板	m³	4.290	0.202	砂	t	0.260	0.012
井点降水-深井	根	0.067	0.003				
钢板桩	t	15.167	0.715				
预制方桩 0.4×0.4	m	21.627	1.019	其他材料费	元	572.16	26.97
				机械使用费	元	11751.12	553.91

主要设备数量（3800m）

项目及规格	单位	数量
一、消防工程		
细水雾灭火装置	套	1
箱式中压分区控制阀组	套	8
二、电气工程		
箱式变电站（SC10-315kV·A）	座	4

续表

项目及规格	单位	数　量
动力照明配电箱	台	23
检修插座箱	台	140
检修照明箱	台	12
风机按钮盒	台	50
风机控制箱	台	27
应急照明配电箱	台	23
三、通信工程		
中心服务器系统	套	1
数字光端机	台	25
网络交换机	台	25
红外智能球型摄像机	台	8
主动红外探测器	台	48
有线对讲话站	台	25
净化电源 UPS	台	25
内通系统主机（含 IP 电话终端许可、中控室终端、系统维护软件）	套	1
核心交换机 3 层、96 口	台	1
四、通风工程		
轴流风机 15kW	台	23
轴流风机 2.2kW	台	23
五、排水工程		
潜污泵 50WQ20-15-2.2	台	17
潜污泵 50WQ20-20-4	台	56
六、火灾报警工程		
火灾报警控制器	套	1
测温光纤主机	套	1
测温光纤	m	11880
七、自控工程		
数据监控主站	套	1
数据现场采集站	套	13
UPS 电源	套	5
中心交换机	台	1
温湿度变速器	台	198
氧气含量检测仪	台	198
便携式四合一气体含量检测仪	台	2

表 6-75　　　　　　　　　　标准段 4 舱 1F-14 分项指标　　　　　　　　单位：m

指标编号		1F-14		构筑物名称		标准段 4 舱	

结构特征：结构内径（2.6＋2＋4.8＋4）m×2.9m，底板厚 500mm，外壁厚 400mm，内壁厚 250mm，顶板厚 500mm

建筑体积			38.86m³		混凝土体积		21.11m³
项目	单位	构筑物		占指标基价的%	折合指标		
					建筑体积（元/m³）		混凝土体积（元/m³）
1. 指标基价	元	144123		100.00%	3708.78		6827.24
2. 建筑安装工程费	元	131012		95.40%	3371.38		6206.16
2.1 建筑工程费	元	94598		66.75%	2434.33		4481.19
2.2 安装工程费	元	36414		28.65%	937.06		1724.96
3. 设备购置费	元	13111		4.60%	337.39		621.08
3.1 给排水消防	元	1571					
3.2 电气工程	元	2023					
3.3 管廊监测	元	2842					
3.4 通风工程	元	1357					
3.5 管廊支架	元	4488					
3.6 吊装设备、预埋套管及标识	元	830					

土建主要工程数量和主要工料数量

主要工程数量				主要工料数量			
项目	单位	数量	建筑体积指标（每 m³）	项目	单位	数量	建筑体积指标（每 m³）
土方开挖	m³	193.408	4.764	土建人工	工日	158.260	3.898
混凝土垫层	m³	1.515	0.037	商品混凝土	m³	36.737	0.905
钢筋混凝土底板	m³	7.935	0.195	钢材	t	6.722	0.166
钢筋混凝土侧墙	m³	5.094	0.125	木材	m³	0.290	0.007
钢筋混凝土顶板	m³	8.083	0.199	砂	t	3.565	0.088
井点降水无缝钢管 45×3	m²	3.069	0.076	其他材料费	元	1566.95	38.60
桩锚支护（围护长度）（16491 元/m）	m	0.939	0.023	机械使用费	元	5757.97	141.83

设备主要数量（827.8m）

项目及规格	单位	数 量
一、给排水消防		
NP3102SH255 潜水泵	台	43
二、电气工程		
2×250kV·A 照明箱式变电站	座	2
动力配电柜	台	17
水泵控制箱	台	25
照明配电箱	台	25
三、管廊监测		
CO 有害气体检测仪	台	10
可燃气体传感器	台	10
氧气传感器	台	10
四、通风工程		
排风机	台	30
诱导风机	台	279
五、管廊支架		
电缆支架（不导磁）	t	43

表 6-76　　　　　　　　　　　标准段 4 舱 1F-15 分项指标　　　　　　　　　　单位：m

指标编号	1F-15		构筑物名称		标准段 4 舱
结构特征：结构内径（2.6+2+4+4）m×2.9m，底板厚 500mm，外壁厚 400mm，内壁厚 250mm，顶板厚 500mm					
建筑体积	36.54m³		混凝土体积		24.52m³

项目	单位	构筑物	占指标基价的%	折合指标	
				建筑体积（元/m³）	混凝土体积（元/m³）
1. 指标基价	元	158736	100.00%	4344.17	6473.74
2. 建筑安装工程费	元	140225	95.40%	3837.58	5718.80
2.1 建筑工程费	元	108161	66.75%	2960.07	4411.13
2.2 安装工程费	元	32064	28.65%	877.50	1307.67
3. 设备购置费	元	18511	4.60%	506.60	754.93
3.1 电气工程	元	3994			
3.2 管廊监测	元	9831			
3.3 通风工程	元	1176			
3.4 管廊支架	元	3510			

土建主要工程数量和主要工料数量

主要工程数量				主要工料数量			
项目	单位	数量	建筑体积指标（每 m³）	项目	单位	数量	建筑体积指标（每 m³）
土方开挖	m³	199.070	5.448	土建人工	工日	192.379	5.265
混凝土垫层	m³	1.635	0.045	商品混凝土	m³	36.448	0.997
钢筋混凝土底板	m³	9.450	0.259	钢材	t	6.389	0.175
钢筋混凝土侧墙	m³	5.589	0.153	木材	m³	0.286	0.008
钢筋混凝土顶板	m³	9.482	0.259	砂	t	1.251	0.034
井点降水	根	1.330	0.036	碎（砾）石	t	12.045	0.330
桩锚支护（围护长度）（38138 元/m）	m	1.000	0.027	钢制防火门	m²	0.083	0.002
地基加固（换填）	m	0.660	0.018	防盗井盖	座	0.009	0.000
				其他材料费	元	1423.76	38.96
				机械使用费	元	15047.56	411.81

设备主要数量（1217.5m）

项目及规格	单位	数量
一、给排水消防		
NP3102SH255 潜水泵	台	51
二、电气工程		
2×250kV·A 照明箱式变电站	座	4
动力配电柜	台	13
风机控制箱	台	96
照明配电箱	台	48
三、管廊监测		
光纤分布式测温主机 6km6 通道	台	2
隧道环境监测通用采集器	台	193
CO 有害气体检测仪	台	39
H_2S 有害气体检测仪	台	39
CH_4 可燃气体传感器	台	39
氧气传感器	台	39
四、通风工程		
轴流风机	台	384
五、管廊支架	t	132.23

表 6-77　　　　　　　　　**标准段 4 舱过河段 1F-16 分项指标**　　　　　　单位：m

指标编号		1F-16	构筑物名称		标准段 4 舱过河段	
结构特征：结构内径（2.6＋2＋3.9＋3.9）m×2.9m，底板厚 500mm，外壁厚 400mm，内壁厚 250mm，顶板厚 500mm						
建筑体积		35.96m³	混凝土体积		23.39m³	
项目	单位	构筑物	占指标基价的%	折合指标		
					建筑体积（元/m³）	混凝土体积（元/m³）
1. 指标基价	元	228086	100.00%	6342.77	9751.43	
2. 建筑安装工程费	元	209575	95.40%	5828.00	8960.03	
2.1　建筑工程费	元	177511	66.75%	4936.35	7589.18	
2.2　安装工程费	元	32064	28.65%	891.66	1370.84	
3. 设备购置费	元	18511	4.60%	514.77	791.40	
3.1　电气工程	元	3994				
3.2　管廊监测	元	9831				
3.3　通风工程	元	1176				
3.4　管廊支架	元	3510				

土建主要工程数量和主要工料数量

主要工程数量				主要工料数量			
项目	单位	数量	建筑体积指标（每 m³）	项目	单位	数量	建筑体积指标（每 m³）
土方开挖	m³	148.600	4.132	土建人工	工日	303.180	8.431
混凝土垫层	m³	1.630	0.045	商品混凝土	m³	35.596	0.990
钢筋混凝土底板	m³	8.490	0.236	钢材	t	7.787	0.217
钢筋混凝土侧墙	m³	6.410	0.178	木材	m³	0.261	0.007
钢筋混凝土顶板	m³	8.490	0.236	砂	t	27.364	0.761
井点降水	根	1.330	0.037	碎（砾）石	t	3.857	0.107
桩锚支护（围护长度）（38138 元/m）	m	2.000	0.056	其他材料费	元	2010.32	55.90
				机械使用费	元	36406.17	1012.41

设备主要数量（165m）

项目及规格	单位	数　量
一、给排水消防		
NP3102SH255 潜水泵	台	7
二、电气工程		
动力配电柜	台	2
风机控制箱	台	96
照明配电箱	台	7
三、管廊监测		
隧道环境监测通用采集器	台	26
CO 有害气体检测仪	台	5
H₂S 有害气体检测仪	台	5
CH₄ 可燃气体传感器	台	5
氧气传感器	台	5
四、通风工程		
轴流风机	台	52
五、管廊支架	t	17.92

| 表 6-78 | | | 标准段 7 舱 1F-17 分项指标 | | 单位：m |

表 6-78　标准段 7 舱 1F-17 分项指标　单位：m

指标编号	1F-17	构筑物名称	标准段 7 舱

结构特征：结构内径（2.6＋2＋4.7）m×（0.38～4.48）m＋（2.6＋2＋4.7）m×2.9m＋3.9×2.9m，底板厚 600mm，外壁厚 400mm，内壁厚 250mm，顶板厚 600mm

建筑体积		49.78m³	混凝土体积		33.18m³

项目	单位	构筑物	占指标基价的 %	折合指标 建筑体积（元/m³）	混凝土体积（元/m³）
1. 指标基价	元	268122	100.00%	5386.14	8080.83
2. 建筑安装工程费	元	255011	95.40%	5122.76	7685.68
2.1 建筑工程费	元	218597	66.75%	4391.26	6588.22
2.2 安装工程费	元	36414	28.65%	731.50	1097.47
3. 设备购置费	元	13111	4.60%	263.38	395.15
3.1 给排水消防	元	1571			
3.2 电气工程	元	2023			
3.3 管廊监测	元	2842			
3.4 通风工程	元	1357			
3.5 管廊支架	元	4488			
3.6 吊装设备、预埋套管及标识	元	830			

土建主要工程数量和主要工料数量

主要工程数量				主要工料数量			
项目	单位	数量	建筑体积指标（每 m³）	项目	单位	数量	建筑体积指标（每 m³）
土方开挖	m³	401.055	8.057	土建人工	工日	370.247	7.438
混凝土垫层	m³	1.665	0.033	商品混凝土	m³	69.949	1.405
钢筋混凝土底板	m³	10.217	0.205	钢材	t	12.973	0.261
钢筋混凝土侧墙	m³	9.991	0.201	木材	m³	0.438	0.009
钢筋混凝土顶板	m³	12.976	0.261	砂	t	6.521	0.131
井点降水无缝钢管 45×3	m	4.459	0.090	其他材料费	元	2615.23	52.54
桩锚支护（围护长度）（66223 元/m）	m	1.618	0.033	机械使用费	元	17823.81	358.07

设备主要数量（165m）

项目及规格	单位	数量
一、给排水消防		
NP3102SH255 潜水泵	台	9
二、电气工程		
动力配电柜	台	3
水泵控制箱	台	5
照明配电箱	台	5
三、管廊监测		
CO 有害气体检测仪	台	2
可燃气体传感器	台	2
氧气传感器	台	2
四、通风工程		
排风机	台	6
诱导风机	台	57
五、管廊支架		
电缆支架（不导磁）	t	9

第六节 吊装口、通风口、管线分支口、人员出入口、交叉口和端部井分项指标

一、吊装口分项指标

吊装口分项指标见表6-79～表6-92。

表6-79　　　　　　　　　　**吊装口2F-01分项指标**　　　　　　　　单位：m

指标编号	2F-01		构筑物名称		吊装口	
结构特征：底板厚400mm，壁板厚400mm，顶板厚400mm						
建筑体积	21.21m³			混凝土体积	10.18m³	
项目	单位	构筑物	占指标基价的%	折合指标		
				建筑体积（元/m³）		混凝土体积（元/m³）
指标基价	元	30316	100%	1429.30		2977.48
土建主要工程数量和主要工料数量						
主要工程数量				主要工料数量		
项目	单位	数量	建筑体积指标（每m³）	项目	单位	数量	建筑体积指标（每m³）

土建主要工程数量：

项目	单位	数量	建筑体积指标（每m³）	项目	单位	数量	建筑体积指标（每m³）
土方开挖	m³	60.000	2.829	土建人工	工日	72.852	3.435
混凝土垫层	m³	0.680	0.032	商品混凝土	m³	10.860	0.512
钢筋混凝土底板	m³	2.600	0.123	钢材	t	1.130	0.053
钢筋混凝土侧墙	m³	3.429	0.162	木材	m³	0.001	0.000
钢筋混凝土顶板	m³	4.150	0.196	砂	t	1.434	0.068
				豆石	t	0.003	0.000
				其他材料费	元	543.75	25.64
				机械使用费	元	3545.44	167.16

表6-80　　　　　　　　　　**吊装口2F-02分项指标**　　　　　　　　单位：m

指标编号	2F-02		构筑物名称		吊装口	
结构特征：底板厚300mm，壁板厚400mm，顶板厚300mm						
建筑体积	11.60m³			混凝土体积	6.20m³	
项目	单位	构筑物	占指标基价的%	折合指标		
				建筑体积（元/m³）		混凝土体积（元/m³）
指标基价	元	32880	100%	2834.50		5302.47
土建主要工程数量和主要工料数量						

项目	单位	数量	建筑体积指标（每m³）	项目	单位	数量	建筑体积指标（每m³）
土方开挖	m³	45.560	3.928	土建人工	工日	69.475	5.989
混凝土垫层	m³	0.495	0.043	商品混凝土	m³	6.475	0.558
钢筋混凝土底板	m³	1.229	0.106	钢材	t	0.883	0.076
钢筋混凝土侧墙	m³	4.140	0.357	级配砂石	t	8.165	0.704
钢筋混凝土顶板	m³	0.831	0.072	中砂	t	21.863	1.885
井点降水	根	0.823	0.071	碎石	t	1.230	0.106
				其他材料费	元	248.28	21.40
				机械使用费	元	4568.36	393.82

表 6-81　　　　　　　　　　　　　　吊装口 2F-03 分项指标　　　　　　　　　　　　　单位：m

指标编号		2F-03	构筑物名称		吊装口	
结构特征：底板厚 300mm，壁板厚 300mm，顶板厚 300mm						
建筑体积		19.14m³	混凝土体积		8.49m³	
项目	单位	构筑物	占指标基价的%	折合指标		
				建筑体积（元/m³）		混凝土体积（元/m³）
指标基价	元	41463	100%	2166.28		4882.07
土建主要工程数量和主要工料数量						

土建主要工程数量和主要工料数量

主要工程数量				主要工料数量			
项目	单位	数量	建筑体积指标（每 m³）	项目	单位	数量	建筑体积指标（每 m³）
土方开挖	m³	72.025	3.763	土建人工	工日	85.376	4.461
混凝土垫层	m³	0.906	0.047	商品混凝土	m³	8.830	0.461
钢筋混凝土底板	m³	2.296	0.120	钢材	t	1.208	0.063
钢筋混凝土侧墙	m³	4.366	0.228	级配砂石	t	12.902	0.674
钢筋混凝土顶板	m³	1.831	0.096	中砂	t	27.600	1.442
井点降水	根	0.793	0.041	碎石	t	2.327	0.122
				其他材料费	元	459.67	24.02
				机械使用费	元	5114.65	267.22

表 6-82　　　　　　　　　　　　　　吊装口 2F-04 分项指标　　　　　　　　　　　　　单位：m

指标编号		2F-04	构筑物名称		吊装口	
结构特征：底板厚 400mm，壁板厚 400mm，顶板厚 300mm						
建筑体积		31.86m³	混凝土体积		11.53m³	
项目	单位	构筑物	占指标基价的%	折合指标		
				建筑体积（元/m³）		混凝土体积（元/m³）
指标基价	元	42712	100%	1340.61		3704.42
土建主要工程数量和主要工料数量						

土建主要工程数量和主要工料数量

主要工程数量				主要工料数量			
项目	单位	数量	建筑体积指标（每 m³）	项目	单位	数量	建筑体积指标（每 m³）
土方开挖	m³	72.678	2.281	土建人工	工日	74.237	2.330
混凝土垫层	m³	2.508	0.079	商品混凝土	m³	11.864	0.372
钢筋混凝土底板	m³	2.983	0.094	钢材	t	2.034	0.064
钢筋混凝土侧墙	m³	6.712	0.211	木材	m³	0.081	0.003
钢筋混凝土顶板	m³	1.831	0.057	砂	t	1.831	0.057
井点降水	根	1.695	0.053	钢制防火门	m²	0.461	0.014
				防盗井盖	座	0.068	0.002
				其他材料费	元	5016.95	157.47
				机械使用费	元	4271.19	134.06

表 6-83 　　　　　　　　　　　　**吊装口 2F-05 分项指标** 　　　　　　　　　单位：m

指标编号	2F-05		构筑物名称		吊装口	
结构特征：底板厚 400mm，壁板厚 400mm，顶板厚 400mm						
建筑体积	34.56m³		混凝土体积		14.58m³	
项目	单位	构筑物	占指标基价的%	折合指标		
				建筑体积（元/m³）		混凝土体积（元/m³）
指标基价	元	47608	100%	1377.53		3265.26
土建主要工程数量和主要工料数量						

主要工程数量				主要工料数量		
项目	单位	数量	建筑体积指标（每 m³）	项目	单位	数量	建筑体积指标（每 m³）

项目	单位	数量	建筑体积指标（每 m³）	项目	单位	数量	建筑体积指标（每 m³）
土方开挖	m³	82.960	2.401	土建人工	工日	91.698	2.653
混凝土垫层	m³	0.720	0.021	商品混凝土	m³	16.776	0.485
钢筋混凝土底板	m³	5.760	0.167	钢材	t	2.364	0.068
钢筋混凝土侧墙	m³	5.940	0.172	木材	m³	0.117	0.003
钢筋混凝土顶板	m³	2.880	0.083	砂	t	1.326	0.038
土钉墙	m²	16.612	0.481				
预制盖板	m³	1.666	0.048				
				其他材料费	元	620.10	17.94
				机械使用费	元	4163.50	120.47

表 6-84 　　　　　　　　　　　　**吊装口 2F-06 分项指标** 　　　　　　　　　单位：m

指标编号	2F-06		构筑物名称		吊装口	
结构特征：底板厚 500mm，壁板厚 400mm，顶板厚 300mm						
建筑体积	30.54m³		混凝土体积		15.56m³	
项目	单位	构筑物	占指标基价的%	折合指标		
				建筑体积（元/m³）		混凝土体积（元/m³）
指标基价	元	52028	100%	1703.60		3343.70
土建主要工程数量和主要工料数量						

主要工程数量				主要工料数量			
项目	单位	数量	建筑体积指标（每 m³）	项目	单位	数量	建筑体积指标（每 m³）
土方开挖	m³	122.987	4.027	土建人工	工日	99.059	3.244
混凝土垫层	m³	1.182	0.039	商品混凝土	m³	18.123	0.593
钢筋混凝土底板	m³	4.521	0.148	钢材	t	2.600	0.085
钢筋混凝土侧墙	m³	6.207	0.203	木材	m³	0.126	0.004
钢筋混凝土顶板	m³	4.831	0.158	砂	t	1.433	0.047
土钉墙	m³	20.910	0.685	水泥	kg	1258.552	41.213
预制盖板	m³	0.390	0.013	豆石	t	2.229	0.073
				其他材料费	元	669.88	21.94
				机械使用费	元	4497.73	147.28

表 6-85　　　　　　　　　　　　　吊装口 2F-07 分项指标　　　　　　　　　　　单位：m

指标编号		2F-07		构筑物名称		吊装口	
结构特征：底板厚 500mm，壁板厚 400mm，顶板厚 300mm							
建筑体积		30.91m³		混凝土体积		14.13m³	
项目	单位	构筑物		占指标基价的 %		折合指标	
						建筑体积（元/m³）	混凝土体积（元/m³）
指标基价	元	82921		100%		2682.44	5867.61
土建主要工程数量和主要工料数量							
主要工程数量				主要工料数量			
项目	单位	数量	建筑体积指标（每 m³）	项目	单位	数量	建筑体积指标（每 m³）
土方开挖	m³	84.1	2.721	土建人工	工日	172.964	5.595
混凝土垫层	m³	0.893	0.029	商品混凝土	m³	16.475	0.533
钢筋混凝土底板	m³	4.275	0.138	钢材	t	4.119	0.133
钢筋混凝土侧墙	m³	6.476	0.209	木材	m³	0.115	0.004
钢筋混凝土顶板	m³	3.382	0.109	砂	t	1.303	0.042
井点降水-深井	根	0.097	0.003				
钢板桩	m²	15.955	0.516				
预制方桩 0.4×0.4	m	25.591	0.828				
预制盖板	m³	0.701	0.023				
				其他材料费	元	608.96	19.70
				机械使用费	元	11333.24	366.62

表 6-86　　　　　　　　　　　　　吊装口 2F-08 分项指标　　　　　　　　　　　单位：m

指标编号		2F-08		构筑物名称		吊装口	
结构特征：底板厚 550mm，壁板厚 500mm，顶板厚 500mm							
建筑体积		89.71m³		混凝土体积		29.71m³	
项目	单位	构筑物		占指标基价的 %		折合指标	
						建筑体积（元/m³）	混凝土体积（元/m³）
指标基价	元	96112		100%		1071.36	3235.01
土建主要工程数量和主要工料数量							
主要工程数量				主要工料数量			
项目	单位	数量	建筑体积指标（每 m³）	项目	单位	数量	建筑体积指标（每 m³）
土方开挖	m³	185.20	2.064	土建人工	工日	166.275	1.853
混凝土垫层	m³	9.02	0.101	商品混凝土	m³	29.706	0.331
钢筋混凝土底板	m³	7.94	0.089	钢材	t	4.902	0.055
钢筋混凝土侧墙	m³	13.73	0.153	木材	m³	0.176	0.002
钢筋混凝土顶板	m³	7.16	0.080	砂	t	4.314	0.048
井点降水	根	2.11	0.024	钢制防火门	m²	0.559	0.006
				防盗井盖	座	0.196	0.002
				其他材料费	元	8137.26	90.71
				机械使用费	元	9117.65	101.64

表 6-87 　　　　　　　　　　**吊装口 2F-09 分项指标** 　　　　　　　单位：m

指标编号		2F-09	构筑物名称		吊装口	
结构特征：底板厚 500mm，壁板厚 700mm，顶板厚 700mm						
建筑体积		57.93m³	混凝土体积		34.22m³	
项目	单位	构筑物	占指标基价的%	折合指标		
				建筑体积（元/m³）		混凝土体积（元/m³）
指标基价	元	102192	100%	1764.16		2986.57
土建主要工程数量和主要工料数量						

主要工程数量				主要工料数量		
项目	单位	数量	建筑体积指标（每 m³）	项目	单位	数量	建筑体积指标（每 m³）

项目	单位	数量	建筑体积指标（每 m³）	项目	单位	数量	建筑体积指标（每 m³）
土方开挖	m³	124.800	2.154	土建人工	工日	198.558	3.428
混凝土垫层	m³	3.040	0.052	商品混凝土	m³	52.530	0.907
钢筋混凝土底板	m³	12.857	0.222	钢材	t	8.712	0.150
钢筋混凝土侧墙	m³	8.503	0.147	木材	m³	0.374	0.006
钢筋混凝土顶板	m³	12.857	0.222	砂	t	4.421	0.076
井点降水 无缝钢管 45×3	m	2.044	0.035	其他材料费	元	1254.56	21.66
桩锚支护（围护长度）（16491 元/m）	m	0.625	0.011	机械使用费	元	5255.08	90.72

表 6-88 　　　　　　　　　　**吊装口 2F-10 分项指标** 　　　　　　　单位：m

指标编号		2F-10	构筑物名称		吊装口	
结构特征：底板厚 300mm，壁板厚 300mm，顶板厚 300mm						
建筑体积		8.16m³	混凝土体积		3.84m³	
项目	单位	构筑物	占指标基价的%	折合指标		
				建筑体积（元/m³）		混凝土体积（元/m³）
指标基价	元	11919	100%	1460.63		3103.84
土建主要工程数量和主要工料数量						

主要工程数量				主要工料数量		

项目	单位	数量	建筑体积指标（每 m³）	项目	单位	数量	建筑体积指标（每 m³）
钢筋混凝土底板	m³	1.200	0.147	土建人工	工日	16.083	1.971
钢筋混凝土侧墙	m³	1.440	0.176	商品混凝土	m³	4.527	0.555
钢筋混凝土顶板	m³	1.200	0.147	钢材	t	0.672	0.082
				其他材料费	元	266.69	32.68
				机械使用费	元	540.38	66.22

表6-89 　　　　　　　　　　　　　吊装口 2F-11 分项指标　　　　　　　　　　　单位：m

指标编号		2F-11		构筑物名称		吊装口	
结构特征：底板厚500mm，壁板厚700mm，顶板厚700mm							
建筑体积		53.63m³		混凝土体积		27.84m³	
项目	单位	构筑物		占指标基价的%		折合指标	
						建筑体积（元/m³）	混凝土体积（元/m³）
指标基价	元	121174		100%		2259.54	4351.90
土建主要工程数量和主要工料数量							
主要工程数量				主要工料数量			
项目	单位	数量	建筑体积指标（每 m³）	项目	单位	数量	建筑体积指标（每 m³）
土方开挖	m³	199.070	3.712	土建人工	工日	175.146	3.266
混凝土垫层	m³	1.440	0.027	商品混凝土	m³	38.889	0.725
钢筋混凝土底板	m³	7.080	0.132	钢材	t	7.165	0.134
钢筋混凝土侧墙	m³	9.437	0.176	木材	m³	0.350	0.007
钢筋混凝土顶板	m³	11.327	0.211	砂	t	1.251	0.023
井点降水	根	1.333	0.025	其他材料费	元	1282.31	23.91
桩锚支护（围护长度）（38138 元/m）	m	1.000	0.019	机械使用费	元	11312.50	210.94

表6-90 　　　　　　　　　　　　　吊装口 2F-12 分项指标　　　　　　　　　　　单位：m

指标编号		2F-12		构筑物名称		吊装口	
结构特征：底板厚700mm，壁板厚600mm，顶板厚450mm							
建筑体积		106.54m³		混凝土体积		35.97m³	
项目	单位	构筑物		占指标基价的%		折合指标	
						建筑体积（元/m³）	混凝土体积（元/m³）
指标基价	元	123798		100%		1162.04	3441.55
土建主要工程数量和主要工料数量							
主要工程数量				主要工料数量			
项目	单位	数量	建筑体积指标（每 m³）	项目	单位	数量	建筑体积指标（每 m³）
土方开挖	m³	200.150	1.879	土建人工	工日	299.017	2.807
喷射混凝土	m³	2.320	0.022	商品混凝土	m³	39.643	0.372
混凝土垫层	m³	1.490	0.014	钢材	t	8.733	0.082
钢筋混凝土底板	m³	10.430	0.098	木材	m³	0.610	0.006
钢筋混凝土侧墙	m³	13.040	0.122	中砂	t	1.875	0.018
钢筋混凝土板	m³	10.594	0.099	碎石	t	1.890	0.018
钢筋混凝土柱	m³	0.066	0.001	其他材料费	元	2297.32	21.653
钢筋混凝土板	m³	0.625	0.006	机械使用费	元	10127.49	95.058

表 6-91　　　　　　　　　　　　　　**吊装口 2F-13 分项指标**　　　　　　　　　　单位：m

指标编号		2F-13	构筑物名称		吊装口	
结构特征：底板厚 500mm，壁板厚 400～900mm，顶板厚 900mm						
建筑体积		57.90m³	混凝土体积		33.80m³	
项目	单位	构筑物	占指标基价的%	折合指标		
				建筑体积（元/m³）		混凝土体积（元/m³）
指标基价	元	126737	100%	2188.90		3750.10
土建主要工程数量和主要工料数量						
主要工程数量				主要工料数量		
项目	单位	数量	建筑体积指标（每 m³）	项目	单位	数量	建筑体积指标（每 m³）
土方开挖	m³	199.070	3.438	土建人工	工日	189.676	3.276
混凝土垫层	m³	1.440	0.025	商品混凝土	m³	44.247	0.764
钢筋混凝土底板	m³	7.080	0.122	钢材	t	8.222	0.142
钢筋混凝土侧墙	m³	10.989	0.190	木材	m³	0.452	0.008
钢筋混凝土顶板	m³	15.727	0.272	砂	t	1.251	0.022
井点降水	根	1.333	0.023	其他材料费	元	1289.40	22.27
桩锚支护（围护长度）（38138 元/m）	m	1.000	0.017	机械使用费	元	11620.18	200.69

表 6-92　　　　　　　　　　　　　　**吊装口 2F-14 分项指标**　　　　　　　　　　单位：m

指标编号		2F-14	构筑物名称		吊装口	
结构特征：底板厚 500mm，壁板厚 900mm，顶板厚 900mm						
建筑体积		62.69m³	混凝土体积		39.92m³	
项目	单位	构筑物	占指标基价的%	折合指标		
				建筑体积（元/m³）		混凝土体积（元/m³）
指标基价	元	134392	100%	2143.64		3366.48
土建主要工程数量和主要工料数量						
主要工程数量				主要工料数量		
项目	单位	数量	建筑体积指标（每 m³）	项目	单位	数量	建筑体积指标（每 m³）
土方开挖	m³	138.667	2.212	土建人工	工日	238.878	3.810
混凝土垫层	m³	3.040	0.048	商品混凝土	m³	60.303	0.962
钢筋混凝土底板	m³	15.000	0.239	钢材	t	9.707	0.155
钢筋混凝土侧墙	m³	9.920	0.158	木材	m³	0.443	0.007
钢筋混凝土顶板	m³	15.000	0.239	砂	t	9.242	0.147
井点降水无缝钢管 45×3	m	2.044	0.033	其他材料费	元	2192.14	34.97
桩锚支护（围护长度）（16491 元/m）	m	0.625	0.010	机械使用费	元	5258.31	83.87

二、通风口分项指标

通风口分项指标见表 6-93～表 6-102。

表 6-93 　　　　　　　　　　　通风口 3F-01 分项指标　　　　　　　　　　单位：m

指标编号		3F-01		构筑物名称			通风口	
结构特征：底板厚 500mm，壁板厚 400mm，顶板厚 300mm								
建筑体积		32.62m³		混凝土体积			1.18m³	
项目	单位	构筑物		占指标基价的%		折合指标		
						建筑体积（元/m³）		混凝土体积（元/m³）
指标基价	元	33181		100%		1024.12		3250.66
土建主要工程数量和主要工料数量								
主要工程数量				主要工料数量				
项目	单位	数量	建筑体积指标（每 m³）	项目		单位	数量	建筑体积指标（每 m³）
土方开挖	m³	75.343	2.310	土建人工		工日	97.085	2.977
混凝土垫层	m³	0.063	0.002	商品混凝土		m³	1.360	0.042
钢筋混凝土底板	m³	0.294	0.009	钢材		t	2.019	0.062
钢筋混凝土侧墙	m³	0.649	0.020	木材		m³	0.012	0.000
钢筋混凝土顶板	m³	0.235	0.007	砂		t	0.071	0.002
井点降水-深井	根	0.075	0.002					
钢板桩	t	16.402	0.503					
预制方桩 0.4×0.4	m	26.312	0.807					
				其他材料费		元	43.93	
				机械使用费		元	8820.75	270.45

表 6-94 　　　　　　　　　　　通风口 3F-02 分项指标　　　　　　　　　　单位：m

指标编号		3F-02		构筑物名称			通风口	
结构特征：底板厚 400mm，壁板厚 400mm，顶板厚 300mm								
建筑体积		28.89m³		混凝土体积			12.91m³	
项目	单位	构筑物		占指标基价的%		折合指标		
						建筑体积（元/m³）		混凝土体积（元/m³）
指标基价	元	41126		100%		1423.78		3185.64
土建主要工程数量和主要工料数量								
主要工程数量				主要工料数量				
项目	单位	数量	建筑体积指标（每 m³）	项目		单位	数量	建筑体积指标（每 m³）
土方开挖	m³	76.059	2.633	土建人工		工日	87.914	3.044
混凝土垫层	m³	0.620	0.022	商品混凝土		m³	16.084	0.557
钢筋混凝土底板	m³	5.732	0.198	钢材		t	2.077	0.072
钢筋混凝土侧墙	m³	5.558	0.192	木材		m³	0.112	0.004
钢筋混凝土顶板	m³	1.620	0.056	砂		t	1.272	0.044
土钉墙	m²	16.612	0.575					
				其他材料费		元	519.42	17.98
				机械使用费		元	2572.7	89.07

表 6-95 通风口（含风亭）3F-03 分项指标 单位：m

指标编号		3F-03	构筑物名称		通风口（含风亭）	
结构特征：底板厚 300mm，壁板厚 300mm，顶板厚 300mm						
建筑体积		9.15m³	混凝土体积		3.84m³	
项目	单位	构筑物	占指标基价的%	折合指标		
				建筑体积（元/m³）		混凝土体积（元/m³）
指标基价	元	41896	100%	4577.76		10910.33
土建主要工程数量和主要工料数量						
主要工程数量			主要工料数量			
项目	单位	数量	建筑体积指标（每 m³）	项目	单位	数量	建筑体积指标（每 m³）

项目	单位	数量	建筑体积指标（每 m³）	项目	单位	数量	建筑体积指标（每 m³）
钢筋混凝土底板	m³	1.200	0.131	土建人工	工日	16.123	1.762
钢筋混凝土侧墙	m³	1.440	0.157	商品混凝土（含步道混凝土）	m³	4.527	0.495
钢筋混凝土顶板	m³	1.200	0.131	钢材	t	0.672	0.073
				木材	m³	0.032	0.003
				其他材料费	元	425.02	46.44
				机械使用费	元	540.39	59.05

表 6-96 通风口 3F-04 分项指标 单位：m

指标编号		3F-04	构筑物名称		通风口	
结构特征：底板厚 400mm，壁板厚 400mm，顶板厚 300mm						
建筑体积		32.96m³	混凝土体积		11.95m³	
项目	单位	构筑物	占指标基价的%	折合指标		
				建筑体积（元/m³）		混凝土体积（元/m³）
指标基价	元	47293	100%	1434.87		3957.57
土建主要工程数量和主要工料数量						
主要工程数量			主要工料数量			

项目	单位	数量	建筑体积指标（每 m³）	项目	单位	数量	建筑体积指标（每 m³）
土方开挖	m³	72.656	2.204	土建人工	工日	78.672	2.387
混凝土垫层	m³	2.969	0.090	商品混凝土	m³	12.500	0.379
钢筋混凝土底板	m³	3.047	0.092	钢材	t	2.109	0.064
钢筋混凝土侧墙	m³	7.031	0.213	木材	m³	0.086	0.003
钢筋混凝土顶板	m³	1.875	0.057	砂	t	1.953	0.059
井点降水	根	1.641	0.050	钢制防火门	m²	0.703	0.021
				防盗井盖	座	0.078	0.002
				其他材料费	元	7656.250	232.289
				机械使用费	元	4218.750	127.996

表 6-97　　　　　　　　　　　　　通风口 3F-05 分项指标　　　　　　　　　　　　单位：m

指标编号		3F-05	构筑物名称		通风口	
结构特征：底板厚 500mm，壁板厚 400mm，顶板厚 300mm						
建筑体积		39.95m³	混凝土体积		20.65m³	
项目	单位	构筑物	占指标基价的 %	折合指标		
				建筑体积（元/m³）		混凝土体积（元/m³）
指标基价	元	66875	100%	1673.97		3238.50
土建主要工程数量和主要工料数量						
主要工程数量				主要工料数量		
项目	单位	数量	建筑体积指标（每 m³）	项目	单位	数量	建筑体积指标（每 m³）
土方开挖	m³	123.068	3.080	土建人工	工日	126.971	3.178
混凝土垫层	m³	4.943	0.124	商品混凝土	m³	28.059	0.702
钢筋混凝土底板	m³	4.923	0.123	钢材	t	3.424	0.086
钢筋混凝土侧墙	m³	7.933	0.199	木材	m³	0.246	0.006
钢筋混凝土顶板	m³	7.794	0.195	砂	t	1.462	0.037
土钉墙	m²	20.926	0.524	水泥	kg	1264.654	31.654
预制盖板	m³	0.044	0.001	豆石	t	2.231	0.056
				其他材料费	元	906.13	22.68
				机械使用费	元	4488.13	112.34

表 6-98　　　　　　　　　　　　　通风口 3F-06 分项指标　　　　　　　　　　　　单位：m

指标编号		3F-06	构筑物名称		通风口	
结构特征：底板厚 550mm，壁板厚 500mm，顶板厚 500mm						
建筑体积		72.83m³	混凝土体积		24.20m³	
项目	单位	构筑物	占指标基价的 %	折合指标		
				建筑体积（元/m³）		混凝土体积（元/m³）
指标基价	元	77833	100%	1068.70		3216.24
土建主要工程数量和主要工料数量						
主要工程数量				主要工料数量		
项目	单位	数量	建筑体积指标（每 m³）	项目	单位	数量	建筑体积指标（每 m³）
土方开挖	m³	149.861	2.058	土建人工	工日	133.584	1.834
混凝土垫层	m³	4.871	0.067	商品混凝土	m³	24.832	0.341
钢筋混凝土底板	m³	6.535	0.090	钢材	t	4.079	0.056
钢筋混凝土侧墙	m³	10.614	0.146	木材	m³	0.131	0.002
钢筋混凝土顶板	m³	7.050	0.097	砂	t	3.842	0.053
井点降水	根	1.663	0.023	钢制防火门	m²	0.634	0.009
				防盗井盖	座	0.040	0.001
				其他材料费	元	11247.53	154.44
				机械使用费	元	7326.73	100.60

表 6-99   通风口 3F-07 分项指标   单位：m

指标编号		3F-07	构筑物名称		通风口	
结构特征：底板厚 350mm，壁板厚 300mm，顶板厚 400mm						
建筑体积		24.41m³	混凝土体积		13.09m³	
项目	单位	构筑物	占指标基价的%	折合指标		
				建筑体积（元/m³）		混凝土体积（元/m³）
指标基价	元	48020	100%	1966.84		3667.14
土建主要工程数量和主要工料数量						
主要工程数量				主要工料数量		
项目	单位	数量	建筑体积指标（每 m³）	项目	单位	数量	建筑体积指标（每 m³）

项目	单位	数量	建筑体积指标（每 m³）	项目	单位	数量	建筑体积指标（每 m³）
土方开挖	m³	147.492	6.041	土建人工	工日	123.512	5.059
混凝土垫层	m³	1.075	0.044	商品混凝土	m³	12.742	0.522
钢筋混凝土底板	m³	3.640	0.149	钢材	t	1.563	0.064
钢筋混凝土侧墙	m³	5.295	0.217	木材	m³	0.004	0.000
钢筋混凝土顶板	m³	4.160	0.170	砂	t	2.735	0.112
				豆石	t	0.040	0.002
				其他材料费	元	995.22	40.76
				机械使用费	元	5997.18	245.64

表 6-100   通风口 3F-08 分项指标   单位：m

指标编号		3F-08	构筑物名称		通风口	
结构特征：底板厚 500mm，壁板厚 400mm，顶板厚 350mm						
建筑体积		50.81m³	混凝土体积		25.84m³	
项目	单位	构筑物	占指标基价的%	折合指标		
				建筑体积（元/m³）		混凝土体积（元/m³）
指标基价	元	111010	100%	2184.67		4296.73
土建主要工程数量和主要工料数量						

主要工程数量				主要工料数量			
项目	单位	数量	建筑体积指标（每 m³）	项目	单位	数量	建筑体积指标（每 m³）
土方开挖	m³	199.070	3.918	土建人工	工日	165.745	3.262
混凝土垫层	m³	1.440	0.028	商品混凝土	m³	35.587	0.700
钢筋混凝土底板	m³	7.080	0.139	钢材	t	6.635	0.131
钢筋混凝土侧墙	m³	8.374	0.165	木材	m³	0.311	0.006
钢筋混凝土顶板	m³	10.382	0.204	砂	t	1.251	0.025
井点降水	根	1.333	0.026	钢制防火门	m²	0.068	0.001
桩锚支护（围护长度）（38138 元/m）	m	1	0.020	其他材料费	元	1228.15	24.17
				机械使用费	元	11269.13	221.78

表 6-101　　　　　　　　　　　　　　通风口 3F-09 分项指标　　　　　　　　　　　　单位：m

指标编号	3F-09		构筑物名称	通风口	
结构特征：底板厚 500mm，壁板厚 400mm，顶板厚 350mm					
建筑体积	64.22m³		混凝土体积	32.66m³	
项目	单位	构筑物	占指标基价的%	折合指标	
				建筑体积（元/m³）	混凝土体积（元/m³）
指标基价	元	139327	100%	2169.64	4265.51
土建主要工程数量和主要工料数量					
主要工程数量			主要工料数量		
项目	单位	数量	建筑体积指标（每 m³）	项目	单位	数量	建筑体积指标（每 m³）

项目	单位	数量	建筑体积指标（每 m³）	项目	单位	数量	建筑体积指标（每 m³）
土方开挖	m³	151.273	2.356	土建人工	工日	81.009	1.261
混凝土垫层	m³	1.935	0.030	商品混凝土	m³	24.664	0.384
钢筋混凝土底板	m³	12.273	0.191	钢材	t	3.291	0.051
钢筋混凝土侧墙	m³	8.116	0.126	木材	m³	0.200	0.003
钢筋混凝土顶板	m³	12.273	0.191	砂	t	4.027	0.063
井点降水 无缝钢管 45×3	m	2.378	0.037	碎（砾）石	t	1.209	0.019
桩锚支护（围护长度） （16491 元/m）	m	0.727	0.011	钢制防火门	m²	1.151	0.018
				其他材料费	元	860.94	13.41
				机械使用费	元	259.96	4.05

表 6-102　　　　　　　　　　　　　　通风口 3F-10 分项指标　　　　　　　　　　　　单位：m

指标编号	3F-10		构筑物名称	通风口	
结构特征：底板厚 700mm，壁板厚 250mm，顶板厚 450mm					
建筑体积	56.16m³		混凝土体积	51.80m³	
项目	单位	构筑物	占指标基价的%	折合指标	
				建筑体积（元/m³）	混凝土体积（元/m³）
指标基价	元	196088	100%	3491.34	3785.26
土建主要工程数量和主要工料数量					
主要工程数量			主要工料数量		

项目	单位	数量	建筑体积指标（每 m³）	项目	单位	数量	建筑体积指标（每 m³）
土方开挖	m³	360.270	6.415	土建人工	工日	482.212	8.586
喷射混凝土	m³	2.436	0.043	商品混凝土	m³	55.236	0.983
混凝土垫层	m³	1.490	0.027	钢材	t	12.127	0.216
钢筋混凝土底板	m³	12.470	0.222	木材	m³	0.772	0.014
钢筋混凝土侧墙	m³	24.064	0.426	中砂	t	2.904	0.052
钢筋混凝土板	m³	13.092	0.232	碎石	t	0.519	0.009
钢筋混凝土柱	m³	0.068	0.001	其他材料费	元	3657.63	64.75
钢筋混凝土板	m³	0.624	0.011	机械使用费	元	16699.43	295.62

三、管线分支口分项指标

管线分支口分项指标见表 6-103～表 6-113。

表 6-103　　　　　　　　　　　**管线分支口 4F-01 分项指标**　　　　　　　　　单位：m

指标编号		4F-01	构筑物名称	管线分支口	
结构特征：底板厚 300mm，壁板厚 300mm，顶板厚 300mm					
建筑体积		5.76m³	混凝土体积	3.36m³	
项目	单位	构筑物	占指标基价的%	折合指标	
				建筑体积（元/m³）	混凝土体积（元/m³）
指标基价	元	13628	100%	2365.94	4055.89
土建主要工程数量和主要工料数量					
主要工程数量			主要工料数量		
项目	单位	数量	建筑体积指标（每 m³）	项目	单位	数量	建筑体积指标（每 m³）

项目	单位	数量	建筑体积指标（每 m³）	项目	单位	数量	建筑体积指标（每 m³）
土方开挖	m³	36.657	6.364	土建人工	工日	27.921	4.847
混凝土垫层	m³	0.393	0.068	商品混凝土	m³	3.940	0.684
钢筋混凝土底板	m³	1.120	0.195	钢材	t	0.624	0.108
钢筋混凝土侧墙	m³	1.061	0.184	木材	m³	0.031	0.005
钢筋混凝土顶板	m³	1.120	0.195	砂	t	1.855	0.322
井点降水	根	2.631	0.457	其他材料费	元	320.03	55.56
				机械使用费	元	1379.47	239.49

表 6-104　　　　　　　　　　　**管线分支口 4F-02 分项指标**　　　　　　　　　单位：m

指标编号		4F-02	构筑物名称	管线分支口	
结构特征：底板厚 300mm，壁板厚 300mm，顶板厚 300mm					
建筑体积		7.56m³	混凝土体积	3.78m³	
项目	单位	构筑物	占指标基价的%	折合指标	
				建筑体积（元/m³）	混凝土体积（元/m³）
指标基价	元	15252	100%	2017.50	4035.01
土建主要工程数量和主要工料数量					
主要工程数量			主要工料数量		

项目	单位	数量	建筑体积指标（每 m³）	项目	单位	数量	建筑体积指标（每 m³）
土方开挖	m³	43.376	5.738	土建人工	工日	121.756	16.105
混凝土垫层	m³	0.437	0.058	商品混凝土	m³	4.473	0.592
钢筋混凝土底板	m³	1.251	0.165	钢材	t	0.644	0.085
钢筋混凝土侧墙	m³	1.251	0.165	木材	m³	0.113	0.015
钢筋混凝土顶板	m³	1.251	0.165	砂	t	1.870	0.247
井点降水	根	2.652	0.351	其他材料费	元	465.68	61.60
				机械使用费	元	1525.75	201.82

表 6-105   管线分支口 4F-03 分项指标   单位：m

指标编号		4F-03	构筑物名称		管线分支口
结构特征：底板厚 350mm，壁板厚 300mm，顶板厚 350mm					
建筑体积		4.20m³	混凝土体积		2.30m³
项目	单位	构筑物	占指标基价的%	折合指标	
				建筑体积（元/m³）	混凝土体积（元/m³）
指标基价	元	33119	100%	7886.93	14393.75
土建主要工程数量和主要工料数量					

主要工程数量				主要工料数量			
项目	单位	数量	建筑体积指标（每 m³）	项目	单位	数量	建筑体积指标（每 m³）
土方开挖	m³	28.648	6.822	土建人工	工日	66.124	15.747
混凝土垫层	m³	0.270	0.064	商品混凝土	m³	10.044	2.392
钢筋混凝土底板	m³	0.625	0.149	钢材	t	3.429	0.817
钢筋混凝土侧墙	m³	1.050	0.250	木材	m³	0.033	0.008
钢筋混凝土顶板	m³	0.625	0.149	砂	t	1.540	0.367
井点降水无缝钢管 45×3	m	0.486	0.116	其他材料费	元	647.28	154.14
桩锚支护（围护长度）（21672 元/m）	m	1.000	0.238	机械使用费	元	5540.30	1319.36

表 6-106   管线分支口 4F-04 分项指标   单位：m

指标编号		4F-04	构筑物名称		管线分支口
结构特征：底板厚 400mm，壁板厚 400mm，顶板厚 300mm					
建筑体积		33.08m³	混凝土体积		10.69m³
项目	单位	构筑物	占指标基价的%	折合指标	
				建筑体积（元/m³）	混凝土体积（元/m³）
指标基价	元	40075	100%	1211.44	3748.78
土建主要工程数量和主要工料数量					

主要工程数量				主要工料数量			
项目	单位	数量	建筑体积指标（每 m³）	项目	单位	数量	建筑体积指标（每 m³）
土方开挖	m³	75.077	2.270	土建人工	工日	63.769	1.928
混凝土垫层	m³	3.000	0.091	商品混凝土	m³	10.846	0.328
钢筋混凝土底板	m³	3.846	0.116	钢材	t	1.769	0.053
钢筋混凝土侧墙	m³	5.077	0.153	木材	m³	0.062	0.002
钢筋混凝土顶板	m³	1.769	0.053	砂	t	1.462	0.044
井点降水	根	1.692	0.051	电缆密封件	个	1.846	0.056
				通信密封件	个	1.846	0.056
				其他材料费	元	4384.62	132.55
				机械使用费	元	4230.77	127.90

表 6-107 　　　　　　　　**管线分支口 4F-05 分项指标**　　　　　　　　单位：m

指标编号	4F-05			构筑物名称		管线分支口	
结构特征：底板厚 350～800mm，壁板厚 300～600mm，顶板厚 350～800mm							
建筑体积	11.37m³			混凝土体积		8.65m³	
项目	单位	构筑物		占指标基价的%	折合指标		
					建筑体积（元/m³）		混凝土体积（元/m³）
指标基价	元	48185		100%	4236.71		5569.35
土建主要工程数量和主要工料数量							
主要工程数量				主要工料数量			
项目	单位	数量	建筑体积指标（每 m³）	项目	单位	数量	建筑体积指标（每 m³）
土方开挖	m³	28.582	2.513	土建人工	工日	89.289	7.851
混凝土垫层	m³	0.577	0.051	商品混凝土	m³	17.561	1.544
钢筋混凝土底板	m³	3.073	0.270	钢材	t	4.546	0.400
钢筋混凝土侧墙	m³	2.641	0.232	木材	m³	0.108	0.010
钢筋混凝土顶板	m³	2.939	0.258	砂	t	2.088	0.184
井点降水无缝钢管 45×3	m	0.486	0.043	其他材料费	元	891.04	78.35
桩锚支护（围护长度）（21672 元/m）	m	1.000	0.088	机械使用费	元	5822.67	511.96

表 6-108 　　　　　　　　**管线分支口 4F-06 分项指标**　　　　　　　　单位：m

指标编号	4F-06			构筑物名称		管线分支口	
结构特征：底板厚 500mm，壁板厚 400mm，顶板厚 500mm							
建筑体积	13.08m³			混凝土体积		7.67m³	
项目	单位	构筑物		占指标基价的%	折合指标		
					建筑体积（元/m³）		混凝土体积（元/m³）
指标基价	元	54495		100%	4166.16		7103.04
土建主要工程数量和主要工料数量							
主要工程数量				主要工料数量			
项目	单位	数量	建筑体积指标（每 m³）	项目	单位	数量	建筑体积指标（每 m³）
土方开挖	m³	38.091	2.912	土建人工	工日	104.492	7.988
混凝土垫层	m³	0.600	0.046	商品混凝土	m³	18.881	1.443
钢筋混凝土底板	m³	2.294	0.175	钢材	t	5.171	0.395
钢筋混凝土侧墙	m³	3.084	0.236	木材	m³	0.100	0.008
钢筋混凝土顶板	m³	2.294	0.175	砂	t	2.632	0.201
井点降水无缝钢管 45×3	m	0.645	0.049	其他材料费	元	1091.88	83.47
桩锚支护（支线长度）	m	1.328	0.102	机械使用费	元	7560.79	578.03

表 6-109　　　　　　　　　　　　　**管线分支口 4F-07 分项指标**　　　　　　　　　单位：m

指标编号	4F-07		构筑物名称	管线分支口	
结构特征：管线分支口 80 处，平均处长 2.4m，底板厚 500mm，壁板厚 400mm，顶板厚 300mm					
建筑体积	35.67m³		混凝土体积	16.58m³	
项目	单位	构筑物	占指标基价的%	折合指标	
				建筑体积（元/m³）	混凝土体积（元/m³）
指标基价	元	55393	100%	1608.97	3364.01
土建主要工程数量和主要工料数量					

主要工程数量				主要工料数量			
项目	单位	数量	建筑体积指标（每 m³）	项目	单位	数量	建筑体积指标（每 m³）
土方开挖	m³	122.853	3.544	土建人工	工日	109.335	3.154
混凝土垫层	m³	0.960	0.028	商品混凝土	m³	19.719	0.569
钢筋混凝土底板	m³	4.459	0.129	钢材	t	2.825	0.081
钢筋混凝土侧墙	m³	6.621	0.191	木材	m³	0.191	0.006
钢筋混凝土顶板	m³	5.502	0.159	砂	t	1.458	0.042
土钉墙	m²	20.889	0.603	水泥	kg	1260.583	36.360
				豆石	t	2.227	0.064
				其他材料费	元	698.40	20.14
				机械使用费	元	4595.13	132.54

表 6-110　　　　　　　　　　　　　**管线分支口 4F-08 分项指标**　　　　　　　　　单位：m

指标编号	4F-08		构筑物名称	管线分支口	
结构特征：底板厚 400mm，壁板厚 400mm，顶板厚 400mm					
建筑体积	27m³		混凝土体积	18.81m³	
项目	单位	构筑物	占指标基价的%	折合指标	
				建筑体积（元/m³）	混凝土体积（元/m³）
指标基价	元	60755	100%	2250.19	3229.44
土建主要工程数量和主要工料数量					

主要工程数量				主要工料数量			
项目	单位	数量	建筑体积指标（每 m³）	项目	单位	数量	建筑体积指标（每 m³）
土方开挖	m³	76.059	2.817	土建人工	工日	115.582	4.281
混凝土垫层	m³	0.720	0.027	商品混凝土	m³	21.146	0.783
钢筋混凝土底板	m³	7.432	0.275	钢材	t	2.618	0.097
钢筋混凝土侧墙	m³	7.665	0.284	木材	m³	0.148	0.006
钢筋混凝土顶板	m³	3.716	0.138	砂	t	1.672	0.062
土钉墙	m²	16.612	0.615				
				其他材料费	元	682.89	25.29
				机械使用费	元	3382.37	125.27

表 6-111 管线分支口 4F-09 分项指标 单位：m

指标编号		4F-09	构筑物名称		管线分支口	
结构特征：底板厚 400～600mm，壁板厚 350～500mm，顶板厚 400～600mm						
建筑体积		15.00m³	混凝土体积		10.80m³	
项目	单位	构筑物	占指标基价的%	折合指标		
				建筑体积（元/m³）		混凝土体积（元/m³）
指标基价	元	65534	100%	4368.92		6067.95
土建主要工程数量和主要工料数量						
主要工程数量				主要工料数量		
项目	单位	数量	建筑体积指标（每 m³）	项目	单位	数量	建筑体积指标（每 m³）
土方开挖	m³	131.100	8.740	土建人工	工日	104.312	6.954
混凝土垫层	m³	0.780	0.052	商品混凝土	m³	16.797	1.120
钢筋混凝土底板	m³	3.700	0.247	钢材	t	2.866	0.191
钢筋混凝土侧墙	m³	3.760	0.251	木材	m³	0.092	0.006
钢筋混凝土顶板	m³	3.340	0.223	砂	t	0.554	0.037
井点降水	根	2.660	0.177	其他材料费	元	699.78	46.65
桩锚支护（围护长度）（18142 元/m）	m	1.000	0.067	机械使用费	元	16245.77	1083.05

表 6-112 管线分支口 4F-10 分项指标 单位：m

指标编号		4F-10	构筑物名称		管线分支口	
结构特征：底板厚 500mm，壁板厚 400mm，顶板厚 300mm						
建筑体积		20.78m³	混凝土体积		12.79m³	
项目	单位	构筑物	占指标基价的%	折合指标		
				建筑体积（元/m³）		混凝土体积（元/m³）
指标基价	元	80025	100%	3851.78		6255.32
土建主要工程数量和主要工料数量						
主要工程数量				主要工料数量		
项目	单位	数量	建筑体积指标（每 m³）	项目	单位	数量	建筑体积指标（每 m³）
土方开挖	m³	77.977	3.753	土建人工	工日	250.160	12.041
混凝土垫层	m³	13.519	0.651	商品混凝土	m³	28.851	1.389
钢筋混凝土底板	m³	3.492	0.168	钢材	t	3.654	0.176
钢筋混凝土侧墙	m³	6.690	0.322	木材	m³	0.280	0.013
钢筋混凝土顶板	m³	2.612	0.126	砂	t	2.133	0.103
井点降水-深井	根	0.262					
钢板桩	t	16.420					
预制方桩 0.4×0.4	m	26.339					
				其他材料费	元	1021.80	49.18
				机械使用费	元	15332.37	737.97

表 6-113　　　　　　　　　　管线分支口 4F-11 分项指标　　　　　　　　　　单位：m

指标编号	4F-11		构筑物名称		管线分支口	
结构特征：底板厚 800mm，壁板厚 700mm，顶板厚 800mm						
建筑体积	79.19m³		混凝土体积		29.62m³	
项目	单位	构筑物	占指标基价的%	折合指标		
				建筑体积（元/m³）	混凝土体积（元/m³）	
指标基价	元	84378	100%	1065.52	2848.68	
土建主要工程数量和主要工料数量						
主要工程数量				主要工料数量		
项目	单位	数量	建筑体积指标（每 m³）	项目	单位	数量	建筑体积指标（每 m³）
土方开挖	m³	168.548	2.128	土建人工	工日	140.161	1.770
混凝土垫层	m³	4.301	0.054	商品混凝土	m³	30.054	0.380
钢筋混凝土底板	m³	11.183	0.141	钢材	t	4.892	0.062
钢筋混凝土侧墙	m³	13.387	0.169	木材	m³	0.091	0.001
钢筋混凝土顶板	m³	5.054	0.064	砂	t	1.882	0.024
井点降水	根	1.667	0.021	电缆密封件	个	1.290	0.016
				通信密封件	个	1.290	0.016
				其他材料费	元	7903.23	99.80
				机械使用费	元	8373.22	105.74

四、人员出入口分项指标

人员出入口分项指标见表 6-114～表 6-122。

表 6-114　　　　　　　　　　人员出入口 5F-01 分项指标　　　　　　　　　　单位：m

指标编号	5F-01		构筑物名称		人员出入口	
结构特征：底板厚 300mm，壁板厚 300mm，顶板厚 300mm						
建筑体积	8.12m³		混凝土体积		5.47m³	
项目	单位	构筑物	占指标基价的%	折合指标		
				建筑体积（元/m³）	混凝土体积（元/m³）	
指标基价	元	34272	100%	4220.73	6269.71	
土建主要工程数量和主要工料数量						
主要工程数量				主要工料数量		
项目	单位	数量	建筑体积指标（每 m³）	项目	单位	数量	建筑体积指标（每 m³）
土方开挖	m³	41.540	5.116	土建人工	工日	74.637	9.192
混凝土垫层	m³	0.457	0.056	商品混凝土	m³	5.599	0.690
钢筋混凝土底板	m³	1.310	0.161	钢材	t	0.803	0.099
钢筋混凝土侧墙	m³	3.216	0.396	级配砂石	t	7.437	0.916
钢筋混凝土顶板	m³	0.940	0.116	中砂	t	24.656	3.036
井点降水	根	0.777	0.096	碎石	t	1.611	0.198
				其他材料费	元	43.48	5.36
				机械使用费	元	5011.19	617.14

表6-115   人员出入口5F-02分项指标   单位：m

指标编号		5F-02		构筑物名称		人员出入口	
结构特征：底板厚400mm，壁板厚400mm，顶板厚400mm							
建筑体积		29.23m³		混凝土体积		11.16m³	
项目	单位	构筑物		占指标基价的%		折合指标	
						建筑体积（元/m³）	混凝土体积（元/m³）
指标基价	元	36026		100%		1232.39	3229.44
土建主要工程数量和主要工料数量							
主要工程数量				主要工料数量			
项目	单位	数量	建筑体积指标（每m³）	项目	单位	数量	建筑体积指标（每m³）
土方开挖	m³	41.653	1.425	土建人工	工日	70.625	2.416
混凝土垫层	m³	0.780	0.027	商品混凝土	m³	12.921	0.442
钢筋混凝土底板	m³	2.607	0.089	钢材	t	1.441	0.049
钢筋混凝土侧墙	m³	4.756	0.163	木材	m³	0.090	0.003
钢筋混凝土顶板	m³	3.793	0.130	砂	t	1.022	0.035
土钉墙	m²	16.579	0.567				
				其他材料费	元	417.27	14.27
				机械使用费	元	2066.77	70.70

表6-116   人员出入口5F-03分项指标   单位：m

指标编号		5F-03		构筑物名称		人员出入口	
结构特征：底板厚400mm，壁板厚400mm，顶板厚400mm							
建筑体积		30.63m³		混凝土体积		18.38m³	
项目	单位	构筑物		占指标基价的%		折合指标	
						建筑体积（元/m³）	混凝土体积（元/m³）
指标基价	元	74792		100%		2441.72	4068.73
土建主要工程数量和主要工料数量							
主要工程数量				主要工料数量			
项目	单位	数量	建筑体积指标（每m³）	项目	单位	数量	建筑体积指标（每m³）
土方开挖	m³	104.458	3.410	土建人工	工日	158.395	5.171
混凝土垫层	m³	1.643	0.054	商品混凝土	m³	18.794	0.614
钢筋混凝土底板	m³	4.113	0.134	钢材	t	2.771	0.090
钢筋混凝土侧墙	m³	9.716	0.317	级配砂石	t	8.414	0.275
钢筋混凝土顶板	m³	4.553	0.149	中砂	t	46.250	1.510
井点降水	根	0.811	0.026	碎石	t	2.393	0.078
				其他材料费	元	53.86	1.76
				机械使用费	元	7084.84	231.30

表 6-117　　　　　　　　　　　人员出入口 5F-04 分项指标　　　　　　　　　单位：m

指标编号		5F-04	构筑物名称	人员出入口	
结构特征：底板厚 400mm，壁板厚 300mm，顶板厚 400mm					
建筑体积		17.57m³	混凝土体积	16.31m³	
项目	单位	构筑物	占指标基价的 %	折合指标	
				建筑体积（元/m³）	混凝土体积（元/m³）
指标基价	元	91144	100%	5187.66	5587.39
土建主要工程数量和主要工料数量					

主要工程数量				主要工料数量			
项目	单位	数量	建筑体积指标（每 m³）	项目	单位	数量	建筑体积指标（每 m³）
土方开挖	m³	91.458	5.206	土建人工	工日	196.036	11.158
混凝土垫层	m³	1.194	0.068	商品混凝土	m³	19.196	1.093
钢筋混凝土底板	m³	5.965	0.340	钢材	t	4.527	0.258
钢筋混凝土侧墙	m³	5.576	0.317	木材	m³	0.134	0.008
钢筋混凝土顶板	m³	4.771	0.271	砂	t	1.518	0.086
井点降水—深井	根	0.833	0.047				
钢板桩	t	16.431	0.935				
预制方桩 0.4×0.4	m	26.389	1.502	防盗井盖	元	46718.19	2659.06
				其他材料费	元	709.55	40.39
				机械使用费	元	13380.18	761.56

表 6-118　　　　　　　　　　　人员出入口 5F-05 分项指标　　　　　　　　　单位：m

指标编号		5F-05	构筑物名称	人员出入口	
结构特征：底板厚 300mm，壁板厚 300mm，顶板厚 300mm					
建筑体积		11.33m³	混凝土体积	5.87m³	
项目	单位	构筑物	占指标基价的 %	折合指标	
				建筑体积（元/m³）	混凝土体积（元/m³）
指标基价	元	24115	100%	2128.42	4107.58
土建主要工程数量和主要工料数量					

主要工程数量				主要工料数量			
项目	单位	数量	建筑体积指标（每 m³）	项目	单位	数量	建筑体积指标（每 m³）
土方开挖	m³	25.749	2.273	土建人工	工日	33.153	2.926
混凝土垫层	m³	0.271	0.024	商品混凝土	m³	6.900	0.609
钢筋混凝土底板	m³	1.803	0.159	钢材	t	1.029	0.091
钢筋混凝土侧墙	m³	2.266	0.200	木材	m³	0.050	0.004
钢筋混凝土顶板	m³	1.803	0.159	砂	t	0.905	0.080
井点降水	根	1.284	0.113	钢制防火门	m²	0.300	0.026
				其他材料费	元	957.28	84.50
				机械使用费	元	1375.96	121.46

表 6-119　　　　　　　　　　**人员出入口 5F-06 分项指标**　　　　　　　单位：m

指标编号	5F-06		构筑物名称	人员出入口	
结构特征：底板厚250mm，壁板厚250mm，顶板厚250mm					
建筑体积	6.02m³		混凝土体积	6.36m³	
项目	单位	构筑物	占指标基价的%	折合指标	
				建筑体积（元/m³）	混凝土体积（元/m³）
指标基价	元	29134	100%	4839.53	4580.82
土建主要工程数量和主要工料数量					
主要工程数量			主要工料数量		
项目	单位	数量	建筑体积指标（每 m³）	项目	单位	数量	建筑体积指标（每 m³）

项目	单位	数量	建筑体积指标（每 m³）	项目	单位	数量	建筑体积指标（每 m³）
土方开挖	m³	17.647	2.933	土建人工	工日	33.559	5.575
混凝土垫层	m³	0.129	0.022	商品混凝土	m³	7.490	1.244
钢筋混凝土底板	m³	1.894	0.315	钢材	t	1.201	0.200
钢筋混凝土侧墙	m³	2.567	0.427	木材	m³	0.176	0.029
钢筋混凝土顶板	m³	1.894	0.315	砂	t	0.746	0.124
井点降水	根	1.059	0.176	其他材料费	元	869.10	144.37
				机械使用费	元	1302.40	216.35

表 6-120　　　　　　　　　　**人员出入口 5F-07 分项指标**　　　　　　　单位：m

指标编号	5F-07		构筑物名称	人员出入口	
结构特征：底板厚500mm，壁板厚340~400mm，顶板厚400mm					
建筑体积	58.11m³		混凝土体积	27.30m³	
项目	单位	构筑物	占建筑安装工程费的%	折合指标	
				建筑体积（元/m³）	混凝土体积（元/m³）
指标基价		115305	100%	1984.25	4223.63
土建主要工程数量和主要工料数量					

项目	单位	数量	建筑体积指标（每 m³）	项目	单位	数量	建筑体积指标（每 m³）
土方开挖	m³	199.070	3.426	土建人工	工日	171.664	2.954
混凝土垫层	m³	1.522	0.026	商品混凝土	m³	37.709	0.649
钢筋混凝土底板	m³	7.606	0.131	钢材	t	6.966	0.120
钢筋混凝土侧墙	m³	7.879	0.136	木材	m³	0.341	0.006
钢筋混凝土顶板	m³	11.815	0.203	砂	t	1.251	0.022
井点降水	根	1.300	0.022	钢制防火门	m²	0.756	0.013
桩锚支护（围护长度）（38138元/m）	m	1.000	0.017	其他材料费	元	1236.77	21.28
				机械使用费	元	11281.85	194.14

表6-121　　　　　　　　　　　　　**人员出入口 5F-08 分项指标**　　　　　　　单位：m

指标编号	5F-08		构筑物名称		人员出入口	
结构特征：底板厚350mm，壁板厚350mm，顶板厚350mm						
建筑体积	31.05m³			混凝土体积	18.37m³	
项目	单位	构筑物	占指标基价的%	折合指标		
				建筑体积（元/m³）		混凝土体积（元/m³）
指标基价	元	116443	100%	3750.12		6338.76
土建主要工程数量和主要工料数量						
主要工程数量				主要工料数量		
项目	单位	数量	建筑体积指标（每m³）	项目	单位	数量	建筑体积指标（每m³）
土方开挖	m³	85.509	2.754	土建人工	工日	167.937	5.409
混凝土垫层	m³	2.564	0.083	商品混凝土	m³	18.356	0.591
钢筋混凝土底板	m³	5.880	0.189	钢材	t	2.545	0.082
钢筋混凝土侧墙	m³	6.615	0.213	木材	m³	0.002	0.000
钢筋混凝土顶板	m³	5.880	0.189	砂	t	1.677	0.054
				豆石	t	0.029	0.001
				其他材料费	元	1216.80	39.19
				机械使用费	元	8638.32	278.20

表6-122　　　　　　　　　　　　　**人员出入口 5F-09 分项指标**　　　　　　　单位：m

指标编号	5F-09		构筑物名称		人员出入口	
结构特征：底板厚500mm，壁板厚400mm，顶板厚500mm						
建筑体积	83.49m³			混凝土体积	39.90m³	
项目	单位	构筑物	占指标基价的%	折合指标		
				建筑体积（元/m³）		混凝土体积（元/m³）
指标基价	元	136337	100%	1633.07		3416.96
土建主要工程数量和主要工料数量						
主要工程数量				主要工料数量		
项目	单位	数量	建筑体积指标（每m³）	项目	单位	数量	建筑体积指标（每m³）
土方开挖	m³	162.000	1.940	土建人工	工日	237.374	2.843
混凝土垫层	m³	3.040	0.036	商品混凝土	m³	57.420	0.688
钢筋混凝土底板	m³	15.000	0.180	钢材	t	9.217	0.110
钢筋混凝土侧墙	m³	9.920	0.119	木材	m³	0.433	0.005
钢筋混凝土顶板	m³	15.000	0.180	砂	t	8.780	0.105
井点降水 无缝钢管45×3	m	3.270	0.039	其他材料费	元	2044.85	24.49
桩锚支护（围护长度）（16491元/m）	m	1.000	0.012	机械使用费	元	5639.72	67.55

五、交叉口分项指标

交叉口分项指标见表 6-123～表 6-128。

表 6-123　　　　　　　　　　　**交叉口 6F-01 分项指标**　　　　　　　　　单位：处

指标编号		6F-01	构筑物名称		交叉口	
结构特征：每处长 8m，底板厚 300mm，壁板厚 300mm，顶板厚 300mm						
建筑体积		64.17m³	混凝土体积		30.20m³	
项目	单位	构筑物	占指标基价的%	折合指标		
				建筑体积（元/m³）		混凝土体积（元/m³）
指标基价	元	91628	100%	1427.95		3034.89
土建主要工程数量和主要工料数量						
主要工程数量				主要工料数量		
项目	单位	数量	建筑体积指标（每 m³）	项目	单位	数量	建筑体积指标（每 m³）

主要工程数量				主要工料数量			
项目	单位	数量	建筑体积指标（每 m³）	项目	单位	数量	建筑体积指标（每 m³）
混凝土垫层	m³	3.303	0.051	土建人工	工日	126.455	1.971
钢筋混凝土底板	m³	9.436	0.147	商品混凝土	m³	35.598	0.555
钢筋混凝土侧墙	m³	11.311	0.176	钢材	t	5.285	0.082
钢筋混凝土顶板	m³	9.436	0.147	木材	m³	0.782	0.012
				其他材料费	元	5717.76	89.11
				机械使用费	元	4249.46	66.23

表 6-124　　　　　　　　　　　**交叉口 6F-02 分项指标**　　　　　　　　　单位：处

指标编号		6F-02	构筑物名称		交叉口	
结构特征：每处长 15～63.25m，底板厚 500～800mm，壁板厚 400～600mm，顶板厚 500～800mm						
建筑体积		2123.47m³	混凝土体积		1327.17m³	
项目	单位	构筑物	占指标基价的%	折合指标		
				建筑体积（元/m³）		混凝土体积（元/m³）
指标基价	元	5110555	100%	2406.70		3850.72
土建主要工程数量和主要工料数量						

主要工程数量				主要工料数量			
项目	单位	数量	建筑体积指标（每 m³）	项目	单位	数量	建筑体积指标（每 m³）
土方开挖	m³	7761.000	3.655	土建人工	工日	7789.033	3.668
混凝土垫层	m³	63.820	0.030	商品混凝土	m³	1790.224	0.843
钢筋混凝土底板	m³	390.284	0.184	钢材	t	324.711	0.153
钢筋混凝土侧墙	m³	452.820	0.213	木材	m³	17.048	0.008
钢筋混凝土顶板	m³	484.064	0.228	砂	t	51.605	0.024
井点降水	根	103.740	0.049	其他材料费	元	56746.89	26.72
桩锚支护（围护长度）（38138 元/m）	m	41.250	0.019	机械使用费	元	475857.72	224.09

表 6-125　　　　　　　　　　　　　交叉口 6F-03 分项指标　　　　　　　　　　　　单位：处

指标编号		6F-03		构筑物名称		交叉口	
结构特征：每处平均长 24m，底板厚 1200mm，壁板厚 1200mm，顶板厚 850mm							
建筑体积		2259.18m³		混凝土体积		1189.04m³	
项目	单位	构筑物		占指标基价的%	折合指标		
					建筑体积（元/m³）		混凝土体积（元/m³）
指标基价	元	5563436		100%	2600.21		4940.40
土建主要工程数量和主要工料数量							

主要工程数量				主要工料数量			
项目	单位	数量	建筑体积指标（每 m³）	项目	单位	数量	建筑体积指标（每 m³）
土方开挖	m³	7795.5	3.451	土建人工	工日	9201.340	4.073
混凝土垫层	m³	270.475	0.120	商品混凝土	m³	1600.340	0.708
钢筋混凝土底板	m³	340.675	0.151	钢材	t	56.035	0.025
钢筋混凝土侧墙	m³	554.72	0.246	木材	m³	3.072	0.001
钢筋混凝土顶板	m³	293.645	0.130	砂	t	38.766	0.017
井点降水	根	4	0.002				
SMW 工法桩	m³	5907.5	2.615				
预制方桩 0.4×0.4	m	2031.5	0.899				
				其他材料费	元	33867.75	14.99
				机械使用费	元	441297.39	195.34

表 6-126　　　　　　　　　　　　　交叉口 6F-04 分项指标　　　　　　　　　　　　单位：处

指标编号		6F-04		构筑物名称		交叉口	
结构特征：每处平均长 24m，底板厚 1200mm，壁板厚 1200mm，顶板厚 850mm							
建筑体积		2219.77m³		混凝土体积		1393.67m³	
项目	单位	构筑物		占指标基价的%	折合指标		
					建筑体积（元/m³）		混凝土体积（元/m³）
指标基价	元	5831958		100%	2627.28		4184.60
土建主要工程数量和主要工料数量							

主要工程数量				主要工料数量			
项目	单位	数量	建筑体积指标（每 m³）	项目	单位	数量	建筑体积指标（每 m³）
土方开挖	m³	10457.5	4.711	土建人工	工日	11159.5	5.027
混凝土垫层	m³	210.45	0.095	商品混凝土	m³	2800.19	1.261
钢筋混凝土底板	m³	448.2	0.202	钢材	t	286.300	0.129
钢筋混凝土侧墙	m³	727.55	0.328	木材	m³	5.375	0.002
钢筋混凝土顶板	m³	99.8	0.045	砂	t	67.83	0.031
土钉墙	m²	799.9	0.360	水泥	kg	165222.5	74.343
钻孔灌注桩	m³	832.1	0.375	豆石	t	85.314	0.038
锚杆	m	1748	0.787				
				其他材料费	元	59260.00	26.70
				机械使用费	元	614309.00	276.75

表 6-127   **交叉口 6F-05 分项指标**   单位：处

指标编号		6F-05		构筑物名称			交叉口	
结构特征：每处长 9m，底板厚 400mm，壁板厚 400mm，顶板厚 400mm								
建筑体积		396.05m³		混凝土体积			219.18m³	
项目	单位	构筑物		占指标基价的%		折合指标		
						建筑体积（元/m³）		混凝土体积（元/m³）
指标基价	元	813223		100%		2053.32		3710.27
土建主要工程数量和主要工料数量								
主要工程数量				主要工料数量				
项目	单位	数量	建筑体积指标（每 m³）	项目	单位	数量	建筑体积指标（每 m³）	
土方开挖	m³	866.52	2.205	土建人工	工日	2003.25	5.058	
混凝土垫层	m³	29.15	0.074	商品混凝土	m³	213.27	0.538	
钢筋混凝土底板	m³	70.14	0.177	钢材	t	29.62	0.075	
钢筋混凝土侧墙	m³	78.91	0.200	木材	m³	0.04	0.00	
钢筋混凝土顶板	m³	70.14	0.177	砂	t	48.05	0.121	
				豆石	t	0.63	0.00	
				其他材料费	元	15960.26	40.30	
				机械使用费	元	93629.99	236.41	

表 6-128   **交叉口 6F-06 分项指标**   单位：处

指标编号		6F-06		构筑物名称			交叉口	
结构特征：每处长 48m，底板厚 600mm，壁板厚 500～800mm，顶板厚 600～800mm								
建筑体积		3089.33m³		混凝土体积			1930.83m³	
项目	单位	构筑物		占指标基价的%		折合指标		
						建筑体积（元/m³）		混凝土体积（元/m³）
指标基价	元	7026400		100%		2274.41		3639.05
土建主要工程数量和主要工料数量								
主要工程数量				主要工料数量				
项目	单位	数量	建筑体积指标（每 m³）	项目	单位	数量	建筑体积指标（每 m³）	
土方开挖	m³	21385.833	6.922	土建人工	工日	11491.307	3.720	
混凝土垫层	m³	147.035	0.048	商品混凝土	m³	2853.926	0.924	
钢筋混凝土底板	m³	725.500	0.235	钢材	t	204.373	0.066	
钢筋混凝土侧墙	m³	479.797	0.155	木材	m³	21.340	0.007	
钢筋混凝土顶板	m³	725.500	0.235	砂	t	446.626	0.145	
井点降水 无缝钢管 45×3	m	130.800	0.042	碎（砾）石	t	1770.150	0.573	
桩锚支护（围护长度） （16491 元/m）	m	40.000	0.013	其他材料费	元	104180.61	33.72	
				机械使用费	元	155794.16	50.43	

六、端部井分项指标

端部井分项指标，见表 6-129～表 6-133。

表 6-129　　　　　　　　　　　　　　**端部井 7F-01 分项指标**　　　　　　　　　单位：m

指标编号		7F-01	构筑物名称		端部井	
结构特征：底板厚 300mm，壁板厚 300mm，顶板厚 300mm						
建筑体积		8.41m³	混凝土体积		4.78m³	
项目	单位	构筑物	占指标基价的%	折合指标		
				建筑体积（元/m³）	混凝土体积（元/m³）	
指标基价	元	19114	100%	2273.01	4001.01	
土建主要工程数量和主要工料数量						
主要工程数量				主要工料数量		
项目	单位	数量	建筑体积指标（每 m³）	项目	单位	数量	建筑体积指标（每 m³）
土方开挖	m³	52.977	6.300	土建人工	工日	48.105	5.721
混凝土垫层	m³	0.463	0.055	商品混凝土	m³	4.629	0.550
钢筋混凝土底板	m³	1.360	0.162	钢材	t	0.586	0.070
钢筋混凝土侧墙	m³	2.114	0.251	木材	m³	0.001	0.000
钢筋混凝土顶板	m³	1.303	0.155	砂	t	1.213	0.144
				豆石	t	0.015	0.002
				其他材料费	元	401.22	47.71
				机械使用费	元	2490.90	296.22

表 6-130　　　　　　　　　　　　　　**端部井 7F-02 分项指标**　　　　　　　　　单位：m

指标编号		7F-02	构筑物名称		端部井	
结构特征：底板厚 400mm，壁板厚 400mm，顶板厚 400mm						
建筑体积		17.47m³	混凝土体积		14.26m³	
项目	单位	构筑物	占指标基价的%	折合指标		
				建筑体积（元/m³）	混凝土体积（元/m³）	
指标基价	元	45419	100%	2599.70	3185.64	
土建主要工程数量和主要工料数量						
主要工程数量				主要工料数量		
项目	单位	数量	建筑体积指标（每 m³）	项目	单位	数量	建筑体积指标（每 m³）
土方开挖	m³	146.819	8.404	土建人工	工日	73.943	4.232
混凝土垫层	m³	0.647	0.037	商品混凝土	m³	16.340	0.935
钢筋混凝土底板	m³	2.589	0.148	钢材	t	2.293	0.131
钢筋混凝土侧墙	m³	9.080	0.520	木材	m³	0.143	0.008
钢筋混凝土顶板	m³	2.589	0.148	砂	t	0.851	0.049
土钉墙	m²	70.523	4.037				
				其他材料费	元	527.70	30.20
				机械使用费	元	2613.72	149.60

表 6-131　　　　　　　　　　　　**端部井 7F-03 分项指标**　　　　　　　　　单位：m

指标编号		7F-03	构筑物名称			端部井
结构特征：底板厚 500mm，壁板厚 350～500mm，顶板厚 500mm						
建筑体积		53.26m³	混凝土体积			23.40m³
项目	单位	构筑物	占指标基价的%	折合指标		
				建筑体积（元/m³）		混凝土体积（元/m³）
指标基价	元	116621	100%	2189.53		4983.80
土建主要工程数量和主要工料数量						
主要工程数量				主要工料数量		
项目	单位	数量	建筑体积指标 （每 m³）	项目	单位	数量	建筑体积指标 （每 m³）
土方开挖	m³	199.070	3.737	土建人工	工日	174.962	3.285
混凝土垫层	m³	3.290	0.062	商品混凝土	m³	37.993	0.713
钢筋混凝土底板	m³	8.569	0.161	钢材	t	6.751	0.127
钢筋混凝土侧墙	m³	7.841	0.147	木材	m³	0.309	0.006
钢筋混凝土顶板	m³	6.994	0.131	砂	t	1.315	0.025
井点降水	根	1.333	0.025	其他材料费	元	1300.24	24.41
桩锚支护（围护长度） （38138 元/m）	m	1.000	0.067	机械使用费	元	11467.00	215.30

表 6-132　　　　　　　　　　　　**端部井 7F-04 分项指标**　　　　　　　　　单位：m

指标编号		7F-04	构筑物名称			端部井
结构特征：底板厚 800mm，壁板厚 800mm，顶板厚 600mm						
建筑体积		100.43m³	混凝土体积			41.71m³
项目	单位	构筑物	占指标基价的%	折合指标		
				建筑体积（元/m³）		混凝土体积（元/m³）
指标基价	元	123159	100%	1226.32		2952.75
土建主要工程数量和主要工料数量						
主要工程数量				主要工料数量		
项目	单位	数量	建筑体积指标 （每 m³）	项目	单位	数量	建筑体积指标 （每 m³）
土方开挖	m³	289.181	2.879	土建人工	工日	202.135	2.013
混凝土垫层	m³	4.270	0.043	商品混凝土	m³	41.708	0.415
钢筋混凝土底板	m³	16.655	0.166	钢材	t	6.833	0.068
钢筋混凝土侧墙	m³	14.520	0.145	木材	m³	0.107	0.001
钢筋混凝土顶板	m³	9.964	0.099	砂	t	7.117	0.071
井点降水	根	3.132	0.031	电缆密封件	个	3.416	0.034
				通信密封件	个	2.581	0.033
				其他材料费	元	7473.12	94.37
				机械使用费	元	10000.00	126.28

表 6-133　　　　　　　　　　端部井 7F-05 分项指标　　　　　　　　　单位：m

指标编号		7F-05	构筑物名称	端部井	
结构特征：底板厚 500mm，壁板厚 400mm，顶板厚 500mm					
建筑体积		88.28m³	混凝土体积	39.93m³	
项目	单位	构筑物	占指标基价的 %	折合指标	
				建筑体积（元/m³）	混凝土体积（元/m³）
指标基价	元	147175	100%	1667.23	3685.52
土建主要工程数量和主要工料数量					

主要工程数量				主要工料数量			
项目	单位	数量	建筑体积指标（每 m³）	项目	单位	数量	建筑体积指标（每 m³）
土方开挖	m³	208.000	2.356	土建人工	工日	252.234	2.857
混凝土垫层	m³	1.520	0.017	商品混凝土	m³	61.730	0.699
钢筋混凝土底板	m³	15.000	0.170	钢材	t	9.781	0.111
钢筋混凝土侧墙	m³	9.920	0.112	木材	m³	0.469	0.005
钢筋混凝土顶板	m³	15.000	0.170	砂	t	9.489	0.107
井点降水 无缝钢管 45×3	m	3.270	0.037	其他材料费	元	2191.20	24.82
桩锚支护（围护长度）（16491 元/m）	m	1.000	0.011	机械使用费	元	5717.06	64.76

第七节　分变电站和分变电站-水泵房分项指标

一、分变电站分项指标

分变电站分项指标见表 6-134 和表 6-135。

表 6-134　　　　　　　　　　分变电站 8F-01 分项指标　　　　　　　　　单位：处

指标编号		8F-01	构筑物名称	分变电站	
结构特征：底板厚 550mm，壁板厚 500mm，顶板厚 500mm					
建筑体积		62.18m³	混凝土体积	18.77m³	
项目	单位	构筑物	占指标基价的 %	折合指标	
				建筑体积（元/m³）	混凝土体积（元/m³）
指标基价	元	61867	100%	994.95	3296.05
土建主要工程数量和主要工料数量					

主要工程数量				主要工料数量			
项目	单位	数量	建筑体积指标（每 m³）	项目	单位	数量	建筑体积指标（每 m³）
土方开挖	m³	142.059	2.285	土建人工	工日	113.059	1.818
混凝土垫层	m³	2.059	0.033	商品混凝土	m³	19.529	0.314
钢筋混凝土底板	m³	5.647	0.091	钢材	t	3.176	0.051
钢筋混凝土侧墙	m³	8.059	0.130	木材	m³	0.094	0.002
钢筋混凝土顶板	m³	5.059	0.081	砂	t	1.882	0.030
井点降水	根	1.647	0.026	钢制防火门	m²	0.265	0.004
				防盗井盖	座	0.054	0.001
				其他材料费	元	6344.09	80.11
				机械使用费	元	5967.74	75.36

表 6-135　　　　　　　　　　**分变电站 8F-02 分项指标**　　　　　　　　单位：处

指标编号	8F-02		构筑物名称	分变电站	
结构特征：每处长 14m，底板厚 500mm，壁板厚 500mm，顶板厚 500mm					
建筑体积	470.93m³		混凝土体积	227.66m³	
项目	单位	构筑物	占指标基价的 %	折合指标	
				建筑体积（元/m³）	混凝土体积（元/m³）
指标基价	元	67852	100%	2017.15	3788.26
土建主要工程数量和主要工料数量					

主要工程数量				主要工料数量			
项目	单位	数量	建筑体积指标（每 m³）	项目	单位	数量	建筑体积指标（每 m³）
土方开挖	m³	80.77	0.172	土建人工	工日	169.50	0.360
混凝土垫层	m³	1.18	0.003	商品混凝土	m³	17.74	0.037
钢筋混凝土底板	m³	3.56	0.008	钢材	t	3.02	0.006
钢筋混凝土侧墙	m³	9.15	0.019	木材	m³	0.00	0.00
钢筋混凝土顶板	m³	3.56	0.008	砂	t	4.74	0.010
				豆石	t	3.23	0.007
				其他材料费	元	1584.12	3.36
				机械使用费	元	4407.93	9.36

二、分变电站-水泵房分项指标

分变电站-水泵房分项指标见表 6-136 和表 6-137。

表 6-136　　　　　　　　**分变电站-水泵房 9F-01 分项指标**　　　　　　单位：处

指标编号	9F-01		构筑物名称	分变电站-水泵房	
结构特征：底板厚 1000mm，壁板厚 600mm，顶板厚 1000mm					
建筑体积	1480.6m³		混凝土体积	692.39m³	
项目	单位	构筑物	占指标基价的 %	折合指标	
				建筑体积（元/m³）	混凝土体积（元/m³）
指标基价	元	1517568	100%	1024.97	2191.78
土建主要工程数量和主要工料数量					

主要工程数量				主要工料数量			
项目	单位	数量	建筑体积指标（每 m³）	项目	单位	数量	建筑体积指标（每 m³）
土方开挖	m³	2588	1.748	土建人工	工日	2593.7	1.752
混凝土垫层	m³	168.57	0.114	商品混凝土	m³	898.2	0.607
钢筋混凝土底板	m³	250	0.169	钢材	t	85.771	0.058
钢筋混凝土侧墙	m³	195.63	0.132	木材	m³	6.554	0.004
钢筋混凝土顶板	m³	246.76	0.167	砂	t	8.544	0.006
				其他材料费	元	16027.00	10.83
				机械使用费	元	83802.00	56.60

表 6-137　　　　　　　　　**分变电站-水泵房 9F-02 分项指标**　　　　　　　单位：处

指标编号		9F-02	构筑物名称		分变电站-水泵房	
结构特征：底板厚 700mm，壁板厚 700mm，顶板厚 700mm						
建筑体积		1754m³	混凝土体积		672.05m³	
项目	单位	构筑物	占指标基价的%	折合指标		
				建筑体积（元/m³）	混凝土体积（元/m³）	
指标基价	元	5065441	100%	432.60	1129.06	
土建主要工程数量和主要工料数量						
主要工程数量				主要工料数量		
项目	单位	数量	建筑体积指标（每 m³）	项目	单位	数量	建筑体积指标（每 m³）
土方开挖	m³	3339	1.904	土建人工	工日	8330.642	4.750
混凝土垫层	m³	28.5	0.016	商品混凝土	m³	768.144	0.438
钢筋混凝土底板	m³	199.25	0.114	钢材	t	161.635	0.092
钢筋混凝土侧墙	m³	302	0.172	木材	m³	5.605	0.003
钢筋混凝土顶板	m³	170.8	0.097	砂	t	7.307	0.004
井点降水	根	5					
SMW 工法桩	m³	13101.5					
预制方法 0.4×0.4	m	1744.5					
				其他材料费	元	13706.35	7.81
				机械使用费	元	282599.95	161.12

第八节　倒虹段、控制中心连接段和暗挖段三舱分离分项指标

一、倒虹段分项指标

倒虹段分项指标见表 6-138～表 6-142。

表 6-138　　　　　　　　　　　**倒虹段 10F-01 分项指标**　　　　　　　　　单位：m

指标编号		10F-01	构筑物名称		倒虹段	
结构特征：L=40.1m，底板厚 700mm，壁板厚 600mm，顶板厚 600mm						
建筑体积		51.15m³	混凝土体积		19.68m³	
项目	单位	构筑物	占指标基价的%	折合指标		
				建筑体积（元/m³）	混凝土体积（元/m³）	
指标基价	元	64350	100%	1258.07	3269.82	
土建主要工程数量和主要工料数量						
主要工程数量				主要工料数量		
项目	单位	数量	建筑体积指标（每 m³）	项目	单位	数量	建筑体积指标（每 m³）
土方开挖	m³	96.858	1.894	土建人工	工日	107.656	2.105
混凝土垫层	m³	2.444	0.048	商品混凝土	m³	22.369	0.437
钢筋混凝土底板	m³	8.229	0.161	钢材	t	3.666	0.072
钢筋混凝土侧墙	m³	6.658	0.130	木材	m³	0.067	0.001
钢筋混凝土顶板	m³	4.788	0.094	砂	t	3.342	0.065
井点降水（喷射）	根	0.998	0.020	其他材料费	元	4239.40	82.88
				机械使用费	元	8229.43	160.89

表 6-139   **倒虹段 10F-02 分项指标**   单位：m

指标编号		10F-02	构筑物名称		倒虹段	
结构特征：$L=72$m，底板厚 800mm，壁板厚 700mm，顶板厚 700mm						
建筑体积		61.65m³	混凝土体积		26.93m³	
项目	单位	构筑物	占指标基价的%	折合指标		
				建筑体积（元/m³）		混凝土体积（元/m³）
指标基价	元	75885	100%	1230.90		2817.87
土建主要工程数量和主要工料数量						
主要工程数量				主要工料数量		
项目	单位	数量	建筑体积指标（每 m³）	项目	单位	数量	建筑体积指标（每 m³）
土方开挖	m³	141.486	2.295	土建人工	工日	127.819	2.073
混凝土垫层	m³	2.500	0.041	商品混凝土	m³	26.931	0.437
钢筋混凝土底板	m³	9.042	0.147	钢材	t	4.403	0.071
钢筋混凝土侧墙	m³	8.750	0.142	木材	m³	0.075	0.001
钢筋混凝土顶板	m³	6.361	0.103	砂	t	3.444	0.056
井点降水（喷射）	根	1.000	0.016	其他材料费	元	4861.11	78.85
				机械使用费	元	9583.33	155.45

表 6-140   **倒虹段 10F-03 分项指标**   单位：m

指标编号		10F-03	构筑物名称		倒虹段	
结构特征：倒虹段 4 处，平均处长 184m，底板厚 900mm，壁板厚 600mm，顶板厚 800mm						
建筑体积		32.74m³	混凝土体积		23.40m³	
项目	单位	构筑物	占指标基价的%	折合指标		
				建筑体积（元/m³）		混凝土体积（元/m³）
指标基价	元	90667	100%	2769.45		3874.52
土建主要工程数量和主要工料数量						
主要工程数量				主要工料数量		
项目	单位	数量	建筑体积指标（每 m³）	项目	单位	数量	建筑体积指标（每 m³）
土方开挖	m³	203.597	6.219	土建人工	工日	163.207	4.985
混凝土垫层	m³	1.086	0.033	商品混凝土	m³	40.350	1.232
钢筋混凝土底板	m³	8.318	0.254	钢材	t	4.618	0.141
钢筋混凝土侧墙	m³	7.898	0.241	木材	m³	0.081	0.002
钢筋混凝土顶板	m³	7.185	0.219	砂	t	1.344	0.041
土钉墙	m²	19.303	0.590	水泥	kg	3000.430	91.648
钻孔灌注桩	m³	9.945	0.304	豆石	t	2.055	0.063
锚杆	m	23.079	0.705				
				其他材料费	元	994.29	30.37
				机械使用费	元	10192.67	311.34

表 6-141　　　　　　　　　　　**倒虹段 10F-04 分项指标**　　　　　　　　　单位：m

指标编号		10F-04		构筑物名称		倒虹段	
结构特征：倒虹段 6 处，平均处长 83.85m，底板厚 1000mm，壁板厚 600mm，顶板厚 700mm							
建筑体积		32.10m³		混凝土体积		21.51m³	
项目	单位	构筑物		占指标基价的%		折合指标	
						建筑体积（元/m³）	混凝土体积（元/m³）
指标基价	元	120009		100%		3738.61	5579.74
土建主要工程数量和主要工料数量							
主要工程数量				主要工料数量			
项目	单位	数量	建筑体积指标（每 m³）	项目	单位	数量	建筑体积指标（每 m³）
土方开挖	m³	126.202	3.932	土建人工	工日	209.155	6.516
混凝土垫层	m³	0.836	0.026	商品混凝土	m³	38.954	1.214
钢筋混凝土底板	m³	7.734	0.241	钢材	t	4.517	0.141
钢筋混凝土侧墙	m³	8.449	0.263	木材	m³	0.119	0.004
钢筋混凝土顶板	m³	5.325	0.166	砂	t	1.966	0.061
井点降水	根	0.058	0.002	水泥	kg	47676.00	1485.230
SMW 工法桩	m³	146.440	4.562	支护用管材	t	1.339	0.042
预制方法 0.4×0.4	m	19.497	0.607				
				其他材料费	元	1454.57	45.31
				机械使用费	元	13306.88	414.55

表 6-142　　　　　　　　　　　**倒虹段 10F-05 分项指标**　　　　　　　　　单位：m

指标编号		10F-05		构筑物名称		倒虹段	
结构特征：底板厚 700mm，壁板厚 700mm，顶板厚 450mm							
建筑体积		123.26m³		混凝土体积		39.58m³	
项目	单位	构筑物		占指标基价的%		折合指标	
						建筑体积（元/m³）	混凝土体积（元/m³）
指标基价	元	141414		100%		1147.32	3573.11
土建主要工程数量和主要工料数量							
主要工程数量				主要工料数量			
项目	单位	数量	建筑体积指标（每 m³）	项目	单位	数量	建筑体积指标（每 m³）
土方开挖	m³	210.158	1.705	土建人工	工日	334.990	2.718
喷射混凝土	m³	2.436	0.020	商品混凝土	m³	43.435	0.352
混凝土垫层	m³	1.420	0.012	钢材	t	9.273	0.075
钢筋混凝土底板	m³	9.940	0.081	木材	m³	1.930	0.016
钢筋混凝土侧墙	m³	15.400	0.125	中砂	t	13.750	0.112
钢筋混凝土顶板	m³	12.750	0.103	碎石	t	0.777	0.006
				其他材料费	元	1567.32	12.72
				机械使用费	元	9574.32	77.68

二、控制中心连接段分项指标

倒虹中心连接段 11F-08 分项指标见表 6-143。

表 6-143 　　　　　　　　　　**倒虹中心连接段 11F-08 分项指标** 　　　　　　单位：m

指标编号		11F-08	构筑物名称	控制中心连接段	
结构特征：底板厚500mm，壁板厚350mm，顶板厚450mm					
建筑体积		7.50m³	混凝土体积	5.40m³	
项目	单位	构筑物	占指标基价的%	折合指标	
				建筑体积（元/m³）	混凝土体积（元/m³）
指标基价	元	36069	100%	4809.19	6679.43
土建主要工程数量和主要工料数量					
主要工程数量			主要工料数量		
项目	单位	数量	建筑体积指标（每 m³）	项目	单位	数量	建筑体积指标（每 m³）

项目	单位	数量	建筑体积指标（每 m³）	项目	单位	数量	建筑体积指标（每 m³）
土方开挖	m³	65.550	8.740	土建人工	工日	34.928	4.657
混凝土垫层	m³	0.390	0.052	商品混凝土	m³	6.375	0.850
钢筋混凝土底板	m³	1.850	0.247	钢材	t	0.989	0.132
钢筋混凝土侧墙	m³	1.880	0.251	木材	m³	0.059	0.008
钢筋混凝土顶板	m³	1.670	0.223	碎（砾）石	t	1.090	0.145
井点降水	根	2.660	0.355	其他材料费	元	203.87	27.18
				机械使用费	元	7556.73	1007.56

三、暗挖段三舱分离分项指标

暗挖段三舱分离 11F-09 分项指标见表 6-144。

表 6-144 　　　　　　　　　　**暗挖段三舱分离 11F-09 分项指标** 　　　　　　单位：m

指标编号		11F-09	构筑物名称	暗挖段三舱分离	
结构特征：长度200mm					
建筑体积		42.89m³	混凝土体积	41.68m³	
项目	单位	构筑物	占指标基价的%	折合指标	
				建筑体积（元/m³）	混凝土体积（元/m³）
指标基价	元	309251	100%	7211.16	7419.64
土建主要工程数量和主要工料数量					
主要工程数量			主要工料数量		

项目	单位	数量	建筑体积指标（每 m³）	项目	单位	数量	建筑体积指标（每 m³）
土方开挖	m³	123.910	2.889	土建人工	工日	795.160	18.542
钢筋混凝土初衬	m³	16.350	0.381	商品混凝土	m³	75.550	1.762
钢筋混凝土底板	m³	8.510	0.198	钢材	t	21.153	0.493
钢筋混凝土拱墙	m³	16.820	0.392	木材	m³	0.989	0.023
回填混凝土	m³	6.620	0.154	其他材料费	元	22504.33	524.76
				机械使用费	元	14981.97	349.35

第九节　电力通信出线井、配电设备井和热力舱节点井分项指标

一、电力、通信出线井分项指标

电力、通信出线井分项指标见表 6-145～表 6-148。

表 6-145　　　　　　　　　　　**电力、通信出线井 11F-01 分项指标**　　　　　　　单位：m

指标编号		11F-01	构筑物名称	电力、通信出线井	
结构特征：底板厚 300mm，壁板厚 300mm，顶板厚 300mm					
建筑体积		26.40m³	混凝土体积	8.97m³	
项目	单位	构筑物	占指标 基价的%	折合指标	
				建筑体积 （元/m³）	混凝土体积 （元/m³）
指标基价	元	44770	100%	1695.84	4991.23
土建主要工程数量和主要工料数量					
主要工程数量				主要工料数量	
项　目	单位	数量	建筑体积指标 （每 m³）	项目	单位	数量	建筑体积指标 （每 m³）

项　目	单位	数量	建筑体积指标（每 m³）	项目	单位	数量	建筑体积指标（每 m³）
土方开挖	m³	70.445	2.668	土建工人	工日	90.538	3.429
混凝土垫层	m³	0.754	0.029	商品混凝土	m³	9.203	0.349
钢筋混凝土底板	m³	2.269	0.086	钢材	t	1.265	0.048
钢筋混凝土侧墙	m³	4.129	0.156	级配砂石	t	11.591	0.439
钢筋混凝土顶板	m³	2.572	0.097	中砂	t	50.075	1.897
井点降水	根	0.795	0.030	碎石	t	2.020	0.077
				其他材料费	元	27.14	1.03
				机械使用费	元	5486.20	207.81

表 6-146　　　　　　　　　　　**电力、通信出线井 11F-02 分项指标**　　　　　　　单位：m

指标编号		11F-02	构筑物名称	电力、通信出线井	
结构特征：底板厚 350mm，壁板厚 350mm，顶板厚 350mm					
建筑体积		14.80m³	混凝土体积	6.04m³	
项目	单位	构筑物	占指标 基价的%	折合指标	
				建筑体积 （元/m³）	混凝土体积 （元/m³）
指标基价	元	32657	100%	2206.52	5411.06
土建主要工程数量和主要工料数量					
主要工程数量				主要工料数量	

项　目	单位	数量	建筑体积指标（每 m³）	项目	单位	数量	建筑体积指标（每 m³）
土方开挖	m³	42.840	2.895	土建人工	工日	68.728	4.644
混凝土垫层	m³	0.459	0.031	商品混凝土	m³	6.180	0.418
钢筋混凝土底板	m³	1.538	0.104	钢材	t	0.886	0.060
钢筋混凝土侧墙	m³	3.272	0.221	级配砂石	t	7.569	0.511
钢筋混凝土顶板	m³	1.226	0.083	中砂	t	25.451	1.720
井点降水	根	0.784	0.053	碎石	t	1.135	0.077
				其他材料费	元	24.00	1.62
				机械使用费	元	4489.84	303.37

表 6-147　　　　　　　　　　　　通信出线井 11F-03 分项指标　　　　　　　　　单位：m

指标编号		11F-03	构筑物名称		通信出线井	
结构特征：底板厚 300mm，壁板厚 300mm，顶板厚 300mm						
建筑体积		17.40m³	混凝土体积		8.46m³	
项目	单位	构筑物	占指标基价的%	折合指标		
				建筑体积（元/m³）		混凝土体积（元/m³）
指标基价	元	40704	100%	2339.33		4811.35
土建主要工程数量和主要工料数量						
主要工程数量				主要工料数量		
项目	单位	数量	建筑体积指标（每 m³）	项目	单位	数量	建筑体积指标（每 m³）
土方开挖	m³	60.635	3.485	土建人工	工日	84.142	4.836
混凝土垫层	m³	0.705	0.041	商品混凝土	m³	9.160	0.526
钢筋混凝土底板	m³	2.117	0.122	钢材	t	1.188	0.068
钢筋混凝土侧墙	m³	3.603	0.207	级配砂石	t	10.862	0.624
钢筋混凝土顶板	m³	2.736	0.157	中砂	t	33.400	1.920
井点降水	根	0.769	0.044	碎石	t	1.849	0.106
				其他材料费	元	26.42	1.52
				机械使用费	元	4999.52	287.33

表 6-148　　　　　　　　　　　　通信出线井 11F-04 分项指标　　　　　　　　　单位：m

指标编号		11F-04	构筑物名称		通信出线井	
结构特征：底板厚 350mm，壁板厚 350mm，顶板厚 350mm						
建筑体积		17.80m³	混凝土体积		5.86m³	
项目	单位	构筑物	占指标基价的%	折合指标		
				建筑体积（元/m³）		混凝土体积（元/m³）
指标基价	元	31321	100%	2116.30		5342.43
土建主要工程数量和主要工料数量						
主要工程数量				主要工料数量		
项目	单位	数量	建筑体积指标（每 m³）	项目	单位	数量	建筑体积指标（每 m³）
土方开挖	m³	42.840	2.895	土建人工	工日	64.803	4.379
混凝土垫层	m³	0.447	0.030	商品混凝土	m³	5.979	0.404
钢筋混凝土底板	m³	1.493	0.101	钢材	t	0.819	0.055
钢筋混凝土侧墙	m³	3.121	0.211	级配砂石	t	7.570	0.511
钢筋混凝土顶板	m³	1.248	0.084	中砂	t	26.519	1.792
井点降水	根	0.759	0.051	碎石	t	0.965	0.065
				其他材料费	元	23.68	1.60
				机械使用费	元	4394.23	296.91

二、配电设备井分项指标

配电设备井分项指标见表 6-149 和表 6-150。

表 6-149　　　　　　　　　　**配电设备井 11F-05 分项指标**　　　　　　　　单位：m

指标编号		11F-05		构筑物名称		配电设备井	
结构特征：底板厚 300mm，壁板厚 300mm，顶板厚 300mm							
建筑体积		33.59m³		混凝土体积		21.08m³	
项目	单位	构筑物		占指标基价的%	折合指标		
					建筑体积（元/m³）		混凝土体积（元/m³）
指标基价	元	86263		100%	2567.82		4092.09
土建主要工程数量和主要工料数量							
主要工程数量				主要工料数量			
项目	单位	数量	建筑体积指标（每 m³）	项目	单位	数量	建筑体积指标（每 m³）
土方开挖	m³	110.480	3.289	土建人工	工日	195.850	5.830
混凝土垫层	m³	2.901	0.086	商品混凝土	m³	23.541	0.641
钢筋混凝土底板	m³	3.520	0.105	钢材	t	3.184	0.095
钢筋混凝土侧墙	m³	12.917	0.385	级配砂石	t	14.719	0.438
钢筋混凝土顶板	m³	4.643	0.138	中砂	t	27.911	0.831
井点降水	根	0.781	0.023	碎石	t	2.127	0.063
				其他材料费	元	57.32	1.71
				机械使用费	元	7361.23	219.15

表 6-150　　　　　　　　　　**配电设备井 11F-06 分项指标**　　　　　　　　单位：m

指标编号		11F-06		构筑物名称		通信设备井	
结构特征：底板厚 300mm，壁板厚 300mm，顶板厚 300mm							
建筑体积		22.40m³		混凝土体积		14.05m³	
项目	单位	构筑物		占指标基价的%	折合指标		
					建筑体积（元/m³）		混凝土体积（元/m³）
指标基价	元	57508		100%	2567.82		4092.09
土建主要工程数量和主要工料数量							
主要工程数量				主要工料数量			
项目	单位	数量	建筑体积指标（每 m³）	项目	单位	数量	建筑体积指标（每 m³）
土方开挖	m³	79.425	3.546	土建人工	工日	130.567	5.830
混凝土垫层	m³	1.934	0.086	商品混凝土	m³	14.360	0.641
钢筋混凝土底板	m³	2.347	0.105	钢材	t	2.123	0.095
钢筋混凝土侧墙	m³	8.611	0.385	级配砂石	t	9.813	0.438
钢筋混凝土顶板	m³	3.095	0.138	中砂	t	18.607	0.831
井点降水	根	0.781	0.035	碎石	t	1.418	0.063
				其他材料费	元	38.21	1.71
				机械使用费	元	4907.48	219.08

三、热力舱节点井分项指标

热力舱节点井 11F-07 分项指标见表 6-151。

表 6-151   **热力舱节点井 11F-07 分项指标**   单位：m

指标编号		11F-07		构筑物名称	热力舱节点井	
结构特征：底板厚 400mm，壁板厚 400mm，顶板厚 400mm						
建筑体积		14.52m³		混凝土体积	8.48m³	
项目	单位	构筑物	占指标 基价的%	折合指标		
				建筑体积 （元/m³）	混凝土体积 （元/m³）	
指标基价	元	25113	100%	1729.52	2960.33	
土建主要工程数量和主要工料数量						
主要工程数量				主要工料数量		
项　目	单位	数量	建筑体积指标 （每 m³）	项目	单位	数量	建筑体积指标 （每 m³）
土方开挖	m³	57.600	3.967	土建人工	工日	63.789	4.393
混凝土垫层	m³	0.580	0.040	商品混凝土	m³	8.220	0.566
钢筋混凝土底板	m³	2.720	0.187	钢材	t	1.004	0.069
钢筋混凝土侧墙	m³	3.043	0.210	木材	m³	0.001	0.000
钢筋混凝土顶板	m³	2.720	0.187	砂	t	0.560	0.039
				豆石	t	0.007	0.001
				其他材料费	元	399.65	27.52
				机械使用费	元	3011.05	207.37

第七章　城市地下综合管廊电力电缆线路敷设

第一节　概　　述

一、电力电缆入地下综合管廊的必要性

建设地下综合管廊的初衷并没有考虑高压电力电缆入管廊的问题，因为现在城市的高压线路都是沿着街道或专有的线路走廊露天架空布置的。综合管廊只是为了解决自来水管道、热力管道、天然气管道、电信线路及城市排水等，避免道路开挖而建设的。但是在城市发展过程中，由于土地紧张和城市美观，已不可能为高压线路提供线路走廊，需要由空中的裸铝线变为入地的电缆线。

二、电力电缆入廊的两种形式

关于在规划地下综合管廊时应以什么管线为主导设计建设问题，南京市的经验值得借鉴。南京市开创性地构建了全市域的"干线管廊为骨架、片区管廊为主体、重要节点管廊为补充"的点、线、面相结合的综合管廊规划体系。在规划编制过程中，通过分析摸索，创造性地提出了地下综合管廊布局的规划思路，其中很重要的一条就是依托电力电缆通道的走向、敷设方式，采用地下综合管廊布局规划与电力电缆通道规划相互反馈、动态校核的工作方法，探讨地下综合管廊布局规划与不同等级电力电缆通道规划互动的工作方法，提出了地下综合管廊中敷设电力电缆线路的单独成舱的电力舱及电力电缆线路与其他管线都在综合管廊中敷设的共同舱的布置原则和技术要求。从而构建了南京市科学合理、安全适用的管廊布局，提高了城市综合防灾抗灾能力。

三、电力电缆在管廊中的排列方式

以 220kV 为例，220kV 电力电缆在城市地下综合管廊中的排列方式大都采用品字形，其优点是通过压缩支架有效长度及支架层间距可敷设更多回路电力电缆，提高管廊的利用率。

对于管廊内空间宽裕、规划电缆回路数较少的工程，可采用三角形分相排列及竖直排列的方式，采取这两种电缆敷设方式可提高电缆的额定载流量，但所占空间更大。

四、电力电缆在管廊中的敷设

（一）敷设方式

城市地下综合管廊内电力电缆敷设方式主要分为直线敷设和蛇形敷设。

1. 直线敷设

35kV 及以下电压等级的电力电缆在管廊中通常采用直线敷设方式。

2. 蛇形敷设

为抵消电力电缆纤芯温度变化引起的热胀冷缩所产生的轴向力，66～220kV 电力电缆宜采用蛇形敷设。

蛇形敷设可分为水平蛇形和垂直蛇形两种敷设方式。水平蛇形需占用更多的横向空间；垂直敷设需占用更多的竖向空间；两者在实际工作中已被证明都是安全可靠的。到底哪种方式更优，这与电力电缆截面、敷设节距、弧幅等均有关，并受管廊空间和支架层间的限制。在城市地下综合管廊中敷设的 66kV 及以上电力电缆蛇形敷设的波节、波幅应根据系统参数、电缆参数、支架长度及间距等因素计算确定。

3. 注意事项

（1）电力电缆在竖井、转角段、引出段、分支段、交叉段等特殊区段内可不采用蛇形敷设方式。

（2）电力电缆在由常规段蛇形敷设转换为直线敷设方式的过渡部位处应进行不少于一处的刚性固定。

（二）敷设特殊要求

（1）电力电缆在进行交叉敷设、向上引上敷设时，应结合管廊工程实际情况，在满足电力电缆安全敷设的前提下，进行支架、夹具布置设计，优先合理利用管廊内预留的吊攀及活动支架。

（2）由于220kV、110（66）kV电力电缆的敷设弯曲半径较大，所以需要较大的管廊空间，宜优先考虑利用引出口顺接引出；当不能满足电力电缆敷设要求时可利用竖井进行敷设。

（3）220kV、110（66）kV电力电缆在管廊内敷设时宜合理利用管廊内横担的垂直或水平空间设置电缆接头。

五、其他要求

（1）管廊中应采用阻燃型电力电缆。

（2）按线路走向要求，在电力舱的端墙和侧墙连接外部电力排管或缆线管廊处，应在电力电缆敷设工程完成后采用防水堵料或成品封堵件对电力电缆与留空的空隙部分进行封堵。

（3）管廊中应合理布置防火分区和通风设施。

（4）综合管廊的电力电缆敷设做法，尚应征求当地供电部门的意见。

第二节　在电力舱内敷设电力电缆

一、电力舱电缆支架有关间距要求

1. 电缆各支持点之间的距离

电缆各支持点之间的距离（除电缆垂直蛇形敷设外）不宜大于表 7-1 所示的允许跨距。

表 7-1　　　　　　　　　　电力舱中电缆线路支架允许跨距　　　　　　　单位：mm

电缆线路的电缆类型	电缆水平敷设	电缆垂直敷设
35kV、10kV 中压电力电缆	800~1000	1000~1500
220kV、110（66）kV 高压电力电缆	1500	3000
弱电电缆桥架	1500~2000	1500~2000

2. 电缆支架各层之间的距离

电缆支架各层之间的最小净距离如表 7-2 所示。

表 7-2　　　　　　　　　电力舱中电缆支架各层之间的最小净距　　　　　　　　单位：mm

电缆支架层间所在位置	净距
35kV、10kV 中压电力电缆支架层间	300
220kV、110（66）kV 高压电力电缆支架层间	300
弱电电缆桥架支架层间	300

电缆支架的层间距离要求应能满足可以很方便地敷设电缆及其固定和安装电缆接头的要求，并且当多根电缆同置于一层时也可以更换或增设任一根电缆及其接头。

3. 电缆支架与管廊顶板、地面间距离

电缆支架与管廊顶板、地面间的最小净距离如表 7-3 所示。

表 7-3　　　　　　　电缆支架与管廊顶板、地面及通道间的最小净距离　　　　　　单位：mm

电缆支架所在位置	净距
35kV、10kV 中压电力电缆支架距离地坪	100
220kV、110（66）kV 高压电力电缆支架距离地坪	100
最上层电缆支架距离管廊顶部	100～150
自用桥架支架距离顶板	300

电缆最上层支架距离其他设备的净距不应小于 300mm；当无法满足时应设置防护板。电缆支架距离地坪的最小净距还应满足排水泵排水管及阀门安装要求。电力电缆、弱电桥架距离水管的净距不宜小于 800mm，并应满足阀门等水管配件安装要求。自用桥架支架距顶净距还需满足自用电缆向上引出转弯半径的要求。

4. 电缆支架与通道间距离

电缆支架与通道之间的最小净距离如表 7-4 所示。

表 7-4　　　　　　　　　　电缆支架与通道间的最小净距离　　　　　　　　　　单位：mm

电缆支架所在位置	净距
单侧电缆支架与壁间通道距离	900
两侧电力电缆支架间净通道	1000

5. 同层电缆间最小净距

同层电缆间最小净距如表 7-5 所示。

表 7-5	同层电缆最小净距	单位：mm
电缆所在位置		净距
三芯电缆间距离		35（不应小于电缆直径）
电力电缆距离支架边缘、距离管廊墙壁		50

除控制电缆外，每档支架敷设的电缆不宜超过 3 根。当电缆支架长度能够满足电缆敷设间距要求，强度能够满足电缆承重要求时，可以适当增加同层电缆支架上的电缆的根数。

二、电力舱双侧布置电缆支架

电力舱双侧布置支架示意图如图 7-1 所示。35kV、10kV 电缆支架间距不宜大于 1.5m；220kV、110（66）kV 电缆支架间距需按电力电缆蛇形敷设设计确定，且为 35kV、10kV 电缆支架间距的整数倍。

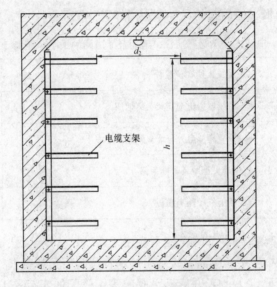

图 7-1　电力舱双侧布置支架示意图

电力电缆在支架双侧布置的电力舱中的敷设方式如图 7-2 所示。220kV、110(66)kV 电缆应采用品字形敷设于单层支架，并应按电缆的热伸缩量作蛇形敷设设计；可预留接头区横担。35kV、10kV 电缆采用水平直线敷设。

三、电力舱单侧布置电缆支架

电力舱单侧布置支架示意图如图 7-3 所示。35kV、10kV 电缆支架间距不宜大于 1.5m；220kV、110（66）kV 电缆支架间距需按电力电缆蛇形敷设设计确定，且为 35kV、10kV 电缆支架间距的整数倍。

电力电缆在支架单侧布置的电力舱中的敷设方式如图 7-4 所示。220kV、110(66)kV 电缆应采用品字形敷设于单层支架，并应按电缆的热伸缩量作蛇形敷设设计；可预留接头区横担。35kV、10kV 电缆采用水平直线敷设。

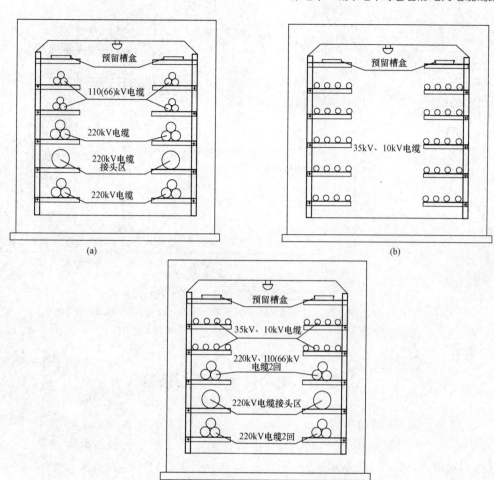

图 7-2 电力电缆在支架双侧布置的电力舱中的敷设方式

(a) 只敷设 220kV、110 (66) kV 电缆的电力舱；(b) 只敷设 35kV、10kV 电缆的电力舱；

(c) 敷设 220kV、110 (66) kV 和 35kV、10kV 电缆的电力舱

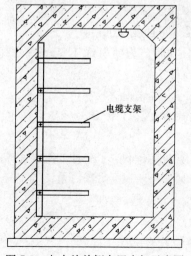

图 7-3 电力舱单侧布置支架示意图

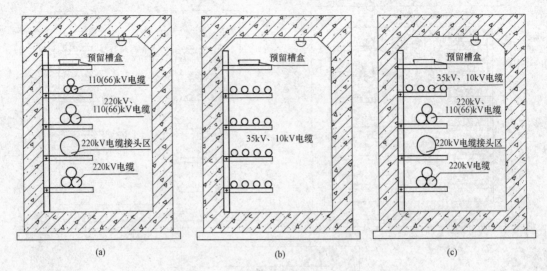

图 7-4 电力电缆在支架双侧布置的电力舱中的敷设方式

（a）只敷设 220kV、110（66）kV 电缆的电力舱；（b）只敷设 35kV、10kV 电缆的电力舱；

（c）敷设 220kV、110（66）kV 和 35kV、10kV 电缆的电力舱

第三节 电力管廊布置与接地

一、电力管廊 90°转角布置

电力电缆管廊当需要 90°转角时，为使电缆不至于弯成死角而损坏电缆，常采取两种 90°转角布置形式，如图 7-5 所示。

电缆敷设施工要点如下：

（1）电力管廊 90°转角处的 220kV、110（66）kV 电力电缆不再采用蛇形敷设而改为直线敷设。

（2）转角处部分的电力电缆上应有不少于一处的刚性固定，其余处可采用柔性固定。

（3）电力管廊转角处短边长度 L 需满足电力电缆转弯半径的要求，不宜小于 2.5m。

二、电力管廊分支处布置（平面交叉）

电力电缆管廊当需要 90°分支时，为使电缆不至于弯成死角而损坏电缆，常采取以下 90°分支布置形式，如图 7-6 所示。

电缆敷设施工要点如下：

（1）电力管廊 90°分支处的 220kV、110（66）kV 电力电缆不再采用蛇形敷设而改为直线敷设。

（2）转角处部分的电力电缆上应有不少于一处的刚性固定，其余处可采用柔性固定。

（3）电缆穿越管廊分支处时应合理利用吊攀以及活动支架进行敷设，不宜小于 1.5m。

三、电力管廊接地

1. 对接地电阻的要求

（1）电力管廊接地电阻值应符合 GB/T 50065《交流装置的接地设计规范》中的有关规定。

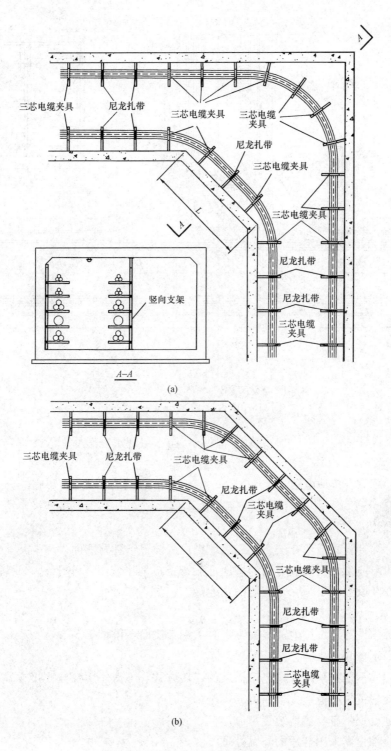

图 7-5　电力管廊 90°转角布置图

（a）外墙仍为直角；（b）外墙与内墙保持一致

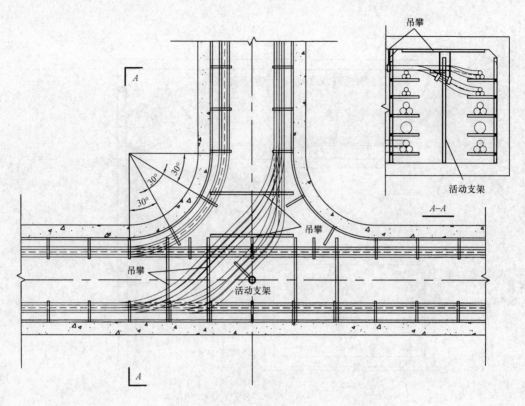

图 7-6　电力管廊 90°分支处布置图

（2）管廊设计、施工中应预留接地埋件，待防水层施工完毕后对管廊综合接地电阻进行测量。

（3）当管廊综合接地电阻小于 1Ω 时，可不采用人工接地体。当管廊综合接地电阻大于 1Ω 时，应设置人工接地体使管廊综合接地电阻小于 1Ω，补充垂直接地极来达到要求时，其根数由工程设计确定。

（4）结合综合管廊施工方法，人工接地极也可设置于管廊侧面。

（5）高压电缆系统应设置专用的接地汇流排或接地干线（不小于 50×5 扁钢带），且应在不同的两点及以上就近与综合接地网相连接。

2. 接地体的加工和防腐

（1）管廊内设置通长接地镀锌扁钢带时，钢带截面不得小于 50mm×5mm，应对镀锌扁钢带进行热稳定校验。

（2）镀锌扁钢带宜采用现场电焊搭接的连接方式，不得使用螺栓连接方式。

（3）接地扁钢带与电缆支架需可靠焊接。

（4）接地扁钢带应与接地装置可靠连接。

（5）焊接部位需采用合适的防腐处理方法。

3. 电力舱接地示意图

单侧布置电力舱接地示意图如图 7-7 所示。

图 7-7 中，向地下打 $\phi 25$ 铜覆钢垂直接地极的间距不小于 2m，相邻垂直接地极间通

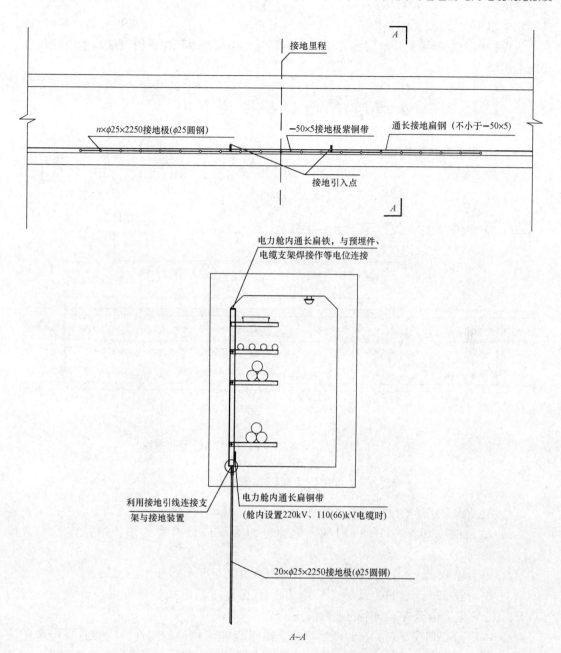

图 7-7　单侧布置电力舱接地工程示意图

过 $\phi25$ 铜覆钢水平接地极来连接。接地引线采用－5×50 的紫铜带与电力舱内接地扁钢带连接。

四、电力电缆过电压保护

高压交流单芯电力电缆宜使用绝缘接头将电缆的金属护套和绝缘屏蔽均匀分割成 3 段或 3 的倍数段，采用交叉互联接地方式。护层交叉互联应用同轴电缆作为引线，且长度不宜超过 15m。同轴电缆及接地线应依据满足接地故障时的热稳定要求进行截面选型。

交流系统单芯电力电缆及其附件的外护层绝缘等部位应设置过电压保护，过电压保护器

195

的接地电阻不大于 4Ω。

为保护电力电缆接头外护层不受破坏，应降低外护层过电压保护器引线的波阻抗和过电压时的压降。

第四节　电缆敷设及引出

一、电缆垂直蛇形敷设

电力舱 220kV、110（66）kV 电力电缆垂直敷设时应采用蛇形敷设，如图 7-8 所示。

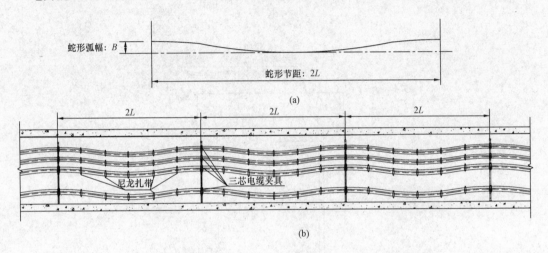

图 7-8　220kV、110（66）kV 电力电缆垂直蛇形敷设

(a) 示意图；(b) 剖面图

注：图中尺寸 B 和 L 由工程设计确定。

电力电缆垂直蛇形敷设施工要点如下：

（1）电力舱 220kV、110（66）kV 电力电缆敷设应按电缆的热伸缩量作蛇形敷设设计。

（2）电力舱 220kV、110（66）kV 电力电缆采用品字形敷设于单层支架上。

（3）电力舱 220kV、110（66）kV 电力电缆支架间距需按蛇形敷设设计确定，且为 35kV、10kV 电力电缆支架间距的整数倍。

（4）电力舱 220kV、110（66）kV 电力电缆垂直蛇形敷设的刚性固定点选在电缆的波峰位置，用三芯电缆夹具对其固定；其余位置均采用柔性固定，即采用尼龙扎带绑扎。

二、电缆水平蛇形敷设

电力舱 220kV、110（66）kV 电力电缆水平敷设时应采用蛇形敷设，如图 7-9 所示。

电力电缆水平蛇形敷设施工要点如下：

（1）电力舱 220kV、110（66）kV 电力电缆敷设应按电缆的热伸缩量作蛇形敷设设计。

（2）电力舱 220kV、110（66）kV 电力电缆采用品字形敷设于单层支架上。

（3）电力舱 220kV、110（66）kV 电力电缆支架间距需按蛇形敷设设计确定，且为 35kV、10kV 电力电缆支架间距的整数倍。

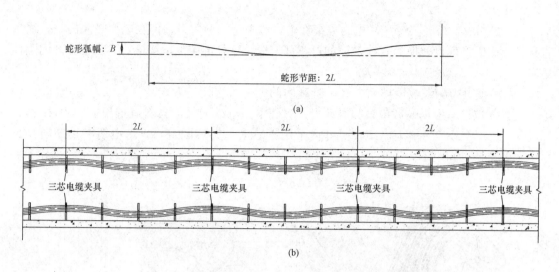

图 7-9　220kV、110（66）kV 电力电缆水平蛇形敷设

(a) 示意图；(b) 俯视图

注：图中尺寸 B 和 L 由工程设计确定。

（4）电力舱 220kV、110（66）kV 电力电缆水平蛇形敷设的刚性固定点选在电缆的波峰位置，用三芯电缆夹具对其固定；其余位置均采用柔性固定，即采用尼龙扎带绑扎。

三、电力舱电缆从竖井引出敷设工艺

电力舱电缆从竖井引出敷设工艺如图 7-10 所示。

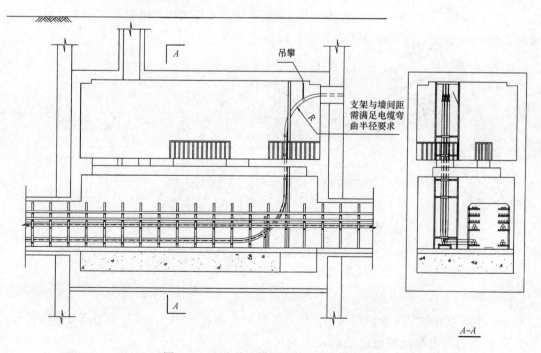

图 7-10　电力舱电缆从竖井引出敷设工艺

敷设施工要点如下：

（1）220kV、110（66）kV 电力电缆在电力舱中是蛇形敷设，但在电缆竖井内是直线垂直敷设。由蛇形敷设转换为直线敷设的过渡部位或转弯处部位的电缆应有不少于一处的刚性固定。

（2）根据电力电缆敷设排列方式，管廊内的电缆可选用三芯电缆夹具及单芯电缆夹具。电缆夹具的选型应根据蛇形敷设和电动力计算确定。电缆夹具的材料宜选用非铁磁性材料。220kV、110（66）kV 电力电缆在竖井内采用三芯电缆夹具固定，三芯电缆夹具如图 7-11 所示。各支持点间距不大于 1.5m。

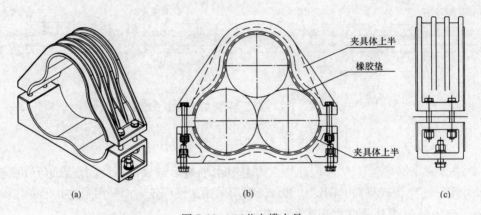

图 7-11　三芯电缆夹具

（a）示意图；（b）正视图；（c）侧视图

（3）220kV、110（66）kV 电力电缆垂直引上敷设时采用单芯电缆夹具固定，单芯电缆夹具如图 7-12 所示。各支持点间距不大于 1.5m。

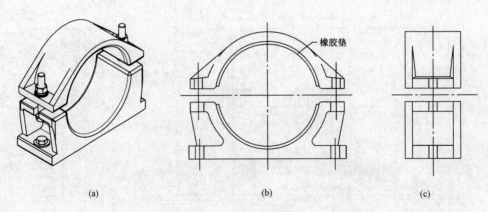

图 7-12　单芯电缆夹具

（a）示意图；（b）正视图；（c）侧视图

（4）电缆在穿越竖井敷设过程中需保证人员行走通道距离，并满足电力部分运检要求。

四、电力舱电缆从侧壁引出敷设工艺

电力舱电缆从侧壁引出敷设工艺如图 7-13 所示。

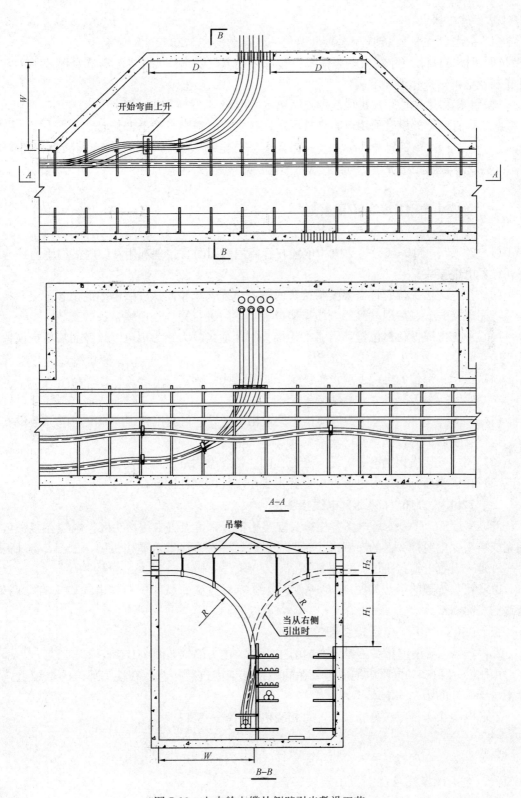

图 7-13　电力舱电缆从侧壁引出敷设工艺

敷设施工要点如下：

（1）引出口宽度 W 需大于电力电缆最小转弯半径 $R+200\text{mm}$。

（2）引出口高度 H_1 需大于电缆最小转弯半径 R，引出口高度 H_2 需满足电缆引出密封件安装及电缆敷设作业要求。

（3）引出口边孔位距扩出段起始点距离 D 需大于电缆转弯半径 R。

（4）垂直引上敷设时采用单芯夹具固定，各支持点间距不大于 1.5m。

第五节　电缆接头区

一、管廊中电缆接头的设置原则

1. 220kV、110（66）kV 电力电缆接头

（1）220kV、110（66）kV 电力电缆在管廊内敷设时宜合理利用管廊内横担垂直或水平空间设置电缆接头。

（2）在电缆接头位置将需要安装接头的电力电缆（单相）从安装电缆的位置敷设至接头区域，完成接头安装后回复到原电缆支架位置，然后进行另一相电缆接头的安装。

（3）考虑电缆换位箱位置，需将二相接头间距适当放大，为因电缆故障而需要更换留有足够的空间。

（4）在接头部位的电缆上应设置不少于 1 处的刚性固定。

2. 35kV、10kV 三芯电力电缆接头

（1）35kV、10kV 三芯电力电缆接头设置相对简易，可利用管廊内原电力电缆敷设支架横担进行安装而不必设立接头区。

（2）同层支架横担上电力电缆应避免在同一档支架内进行接头安装。

（3）在接头部位的电力电缆上应设置不少于 1 处的刚性固定。

二、220kV、110（66）kV 电缆接头区

220kV、110（66）kV 电缆各相接头宜互相错开，可设置专用接头区，电缆在接头区分相完成接头。电缆接头区的布置形式有两种做法，一种是设置电缆接头层，如图 7-14 所示；另一种是未设置电缆接头层，如图 7-15 所示。

电缆接头抱箍的形状如图 7-16 所示。电缆接头抱箍的尺寸可根据电缆接头直径调整，抱箍的表面需镀锌。

三、35kV、10kV 电缆接头部位

35kV、10kV 电缆接头不设置专门的接头区，接头部位如图 7-17 所示。

由图 7-17 可知，同层电缆应避免在同一档支架内进行接头。在接头部位的电缆上应设置不少于一处的刚性固定。

三芯电缆接头按三相分相接头，每相绕包后再统一绕包。

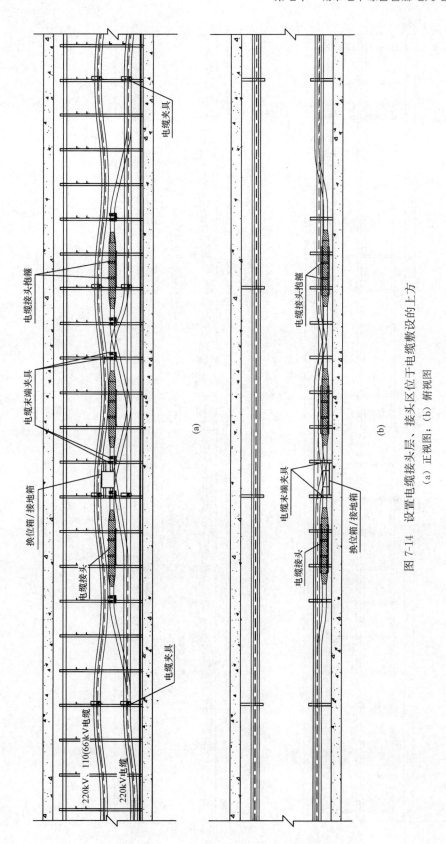

(a)

(b)

图 7-14 设置电缆接头层、接头区位于电缆敷设的上方
(a) 正视图；(b) 俯视图

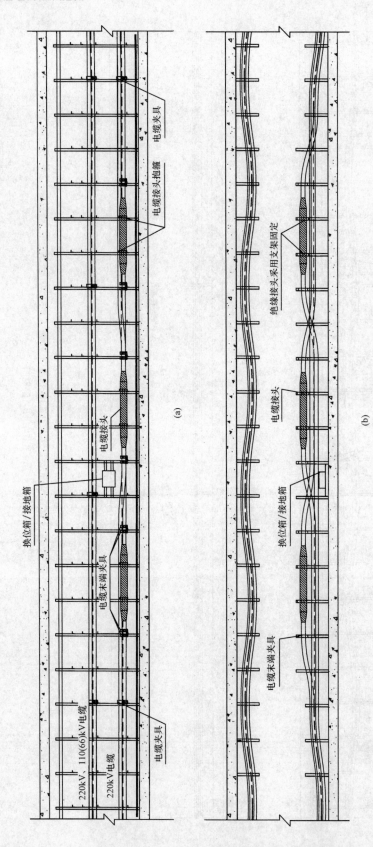

图 7-15　未设置电缆接头层、接头区位于电缆敷设同层的外侧

(a) 正视图；(b) 俯视图

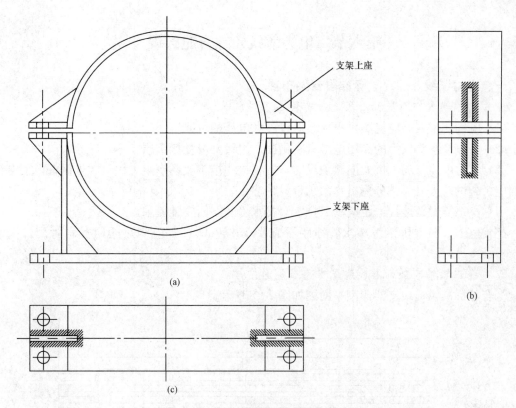

图 7-16　电缆接头抱箍三视图

(a) 正视图；(b) 侧视图；(c) 俯视图

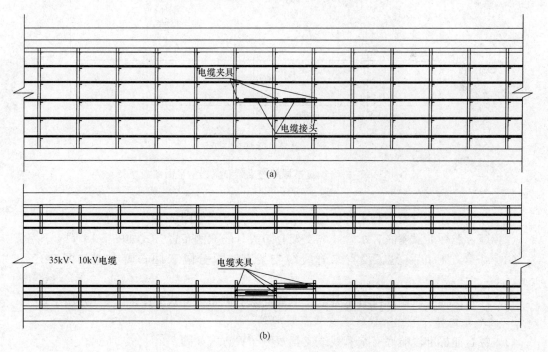

图 7-17　35kV、10kV 电缆接头部位

(a) 侧视图；(b) 俯视图

第六节 电力缆线入综合舱敷设

一、电力缆线入综合舱标准段支架布置

1. 电力缆线入综合舱标准段支架布置基本要求

(1) 电缆支架层间应能满足更换或增设任意电缆的可能。

(2) 对电缆接头较大的高压电缆宜在中间位置设置电缆接头层。

(3) 电力电缆与弱电桥架同侧敷设时，宜在电缆接头及易产生电力事故处做好电力电缆与弱电桥架的防火分隔，分隔材料由工程设计确定。

(4) 电缆支架距地坪净距应满足排水泵排水管及阀门安装要求。

(5) 电缆、弱电桥架距离水管净距不宜小于 800mm，并应满足阀门等水管配件安装要求。

2. 矩形断面综合舱标准段线缆支架布置形式

综合舱标准段缆线支架典型平面图如图 7-18 所示。

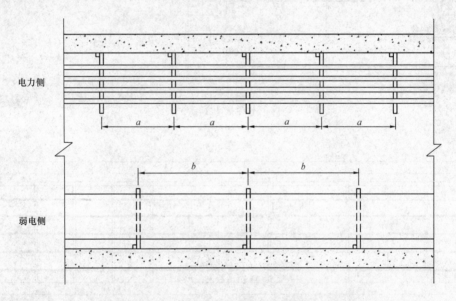

图 7-18 综合舱标准段线缆支架布置典型平面图

(1) 综合舱标准段舱底有水管线缆支架双侧布置方式如图 7-19 (a) 所示。

(2) 综合舱标准段舱底有水管线缆支架有防火分隔双侧布置方式如图 7-19 (b) 所示。

(3) 综合舱标准段舱底没有水管线缆支架有防火分隔双侧布置方式如图 7-19 (c) 所示。

(4) 综合舱标准段舱底没有水管电力电缆支架双侧布置方式如图 7-19 (d) 所示。

3. 圆形断面综合舱标准段线缆支架布置形式

(1) 综合舱标准段舱底有水管线缆支架双侧布置方式如图 7-20 (a) 所示。

(2) 综合舱标准段舱底没有水管线缆支架有防火分隔双侧布置方式如图 7-20 (b) 所示。

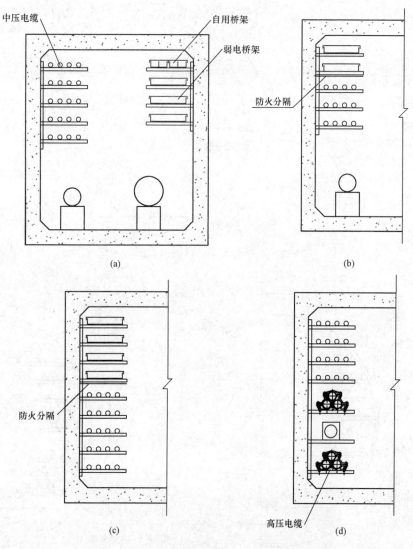

中压电缆　自用桥架　弱电桥架　防火分隔

防火分隔　高压电缆

(a)　(b)　(c)　(d)

图 7-19　综合舱标准段线缆支架布置典型立面图

(a) 舱底有水管线缆支架双侧布置；(b) 舱底有水管线缆支架有防火分隔双侧布置；(c) 舱底没有水管线缆支架有防火分隔双侧布置；(d) 舱底没有水管电力电缆支架双侧布置

(3) 综合舱标准段舱底没有水管电力电缆双侧布置方式如图 7-20（c）所示。

二、综合舱电缆引出口线缆敷设施工工艺

1. 综合舱电缆引出口线缆敷设施工基本要求

(1) 引出口宽度 W 宜大于截面最大电缆的最小转弯半径 R_1＋200mm。

(2) 引出口高度 H_1 宜大于截面最大电缆的最小转弯半径 R_1。

(3) 引出口高度 H_2 以满足电缆引出密封件安装及电缆敷设作业要求。

(4) 引出口吊架应依次渐高以满足截面最大电缆的最小转弯半径 R_1 要求。

(5) 各类管线引出时应在平面上相互错开。

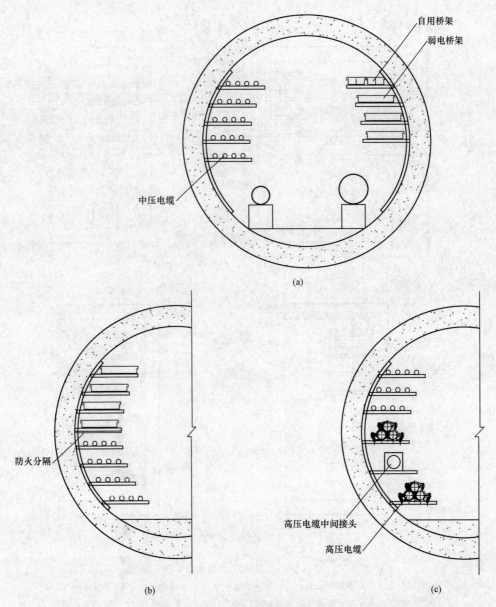

图 7-20 综合舱标准段线缆支架
布置典型立面图
（a）舱底有水管线缆支架双侧布置；（b）舱底没有水管线缆支架有防火分隔双侧布置；
（c）舱底没有水管电力电缆支架双侧布置

2. 综合舱单侧电缆引出口电力电缆敷设施工工艺

以图 7-19（a）矩形断面综合舱为例，说明综合舱单侧电缆引出口电力电缆敷设施工工艺，如图 7-21 所示。

3. 综合舱双侧电缆引出口电力电缆敷设施工工艺

以图 7-19（a）矩形断面综合舱为例，说明综合舱双侧电缆引出口电力电缆敷设施工工艺，如图 7-22 所示。

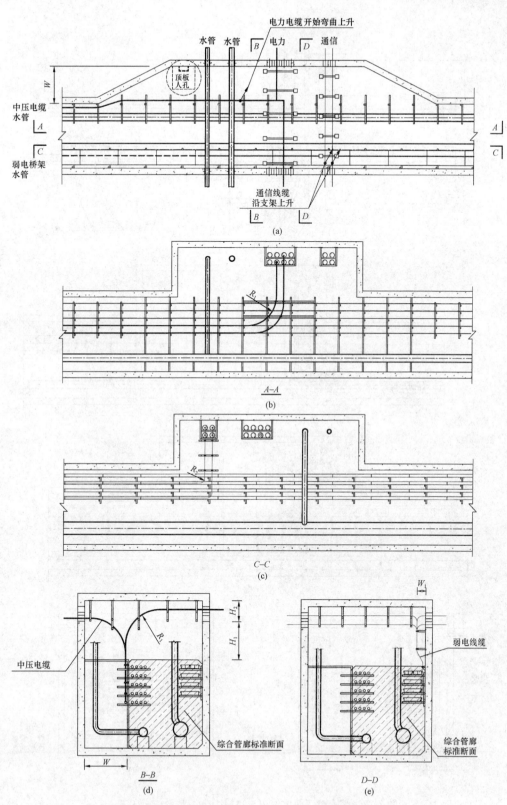

图 7-21　综合舱单侧电缆引出口电力电缆敷设施工工艺

（a）平面布置图；（b）A-A；（c）C-C；（d）B-B；（e）D-D

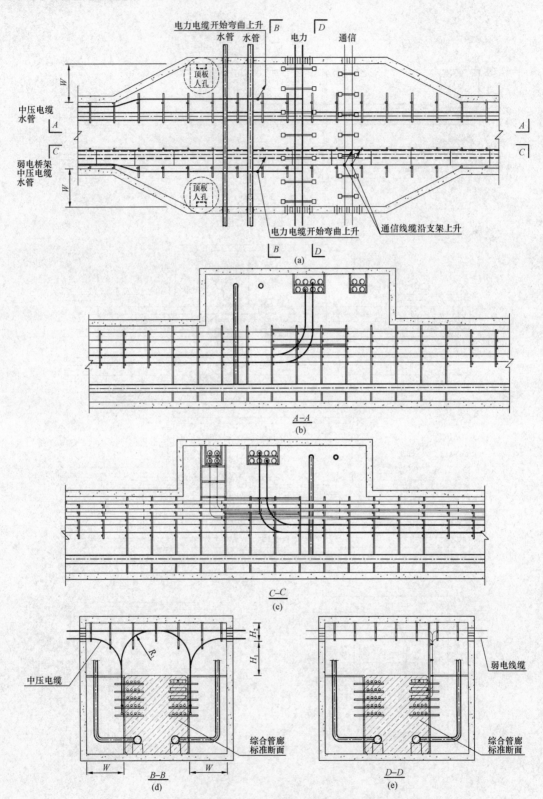

图 7-22 综合舱双侧电缆引出口电力电缆敷设施工工艺

(a) 平面布置图；(b) A-A；(c) C-C；(d) B-B；(e) D-D

三、综合舱电缆交叉口线缆敷设施工工艺

1. 综合舱电缆交叉口线缆敷设施工基本要求

（1）交叉口电缆上下联通区侧壁宽度 W 宜大于电缆最小转弯半径 R_1＋1000mm 之和的 2 倍。

（2）交叉口电缆上下联通区支架应加长，以便留出足够的安装电缆垂直联通支架的距离，电缆联通间距 D_1 不宜小于 200mm×n＋100mm（n 为电缆层数），电缆垂直联通支架如图 7-23 所示。

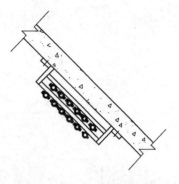

（3）交叉口弱电桥架上下联通区支架也应加长，留出的桥架联通间距不宜小于桥架高度＋100mm。

（4）电力电缆垂直联通固定点间距 H 不宜大于 1500mm，并应根据实际情况设置电力电缆垂直联通固定点。

（5）电力电缆上下层穿越后，电缆孔应采取防火封堵措施。

图 7-23　电力电缆垂直联通
支架及安装示意图

（6）电力电缆穿越区不应设置电缆接头。

（7）弱电垂直桥架垂直联通固定点间距 H 不宜大于 2000mm，并应根据实际情况设置弱电垂直桥架固定点。

（8）弱电垂直桥架上下层穿越后，应采取防火封堵措施。

（9）综合舱双侧电缆交叉口线缆敷设时应在电力电缆引上处将电缆支架加长，支架长度 W 应满足正常敷设的弱电桥架、电力电缆避让引上电力电缆的要求。

2. 综合舱单侧电缆交叉口线缆敷设施工工艺

仍以图 7-19（a）矩形断面综合舱为例，说明综合舱单侧电缆交叉口线缆敷设施工工艺，如图 7-24 所示。

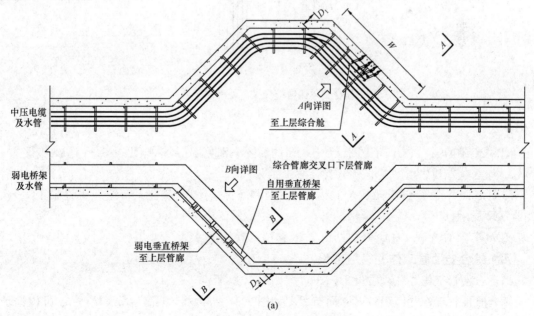

（a）

图 7-24　综合舱单侧电缆交叉口处平面布置图（一）

（a）交叉口下层

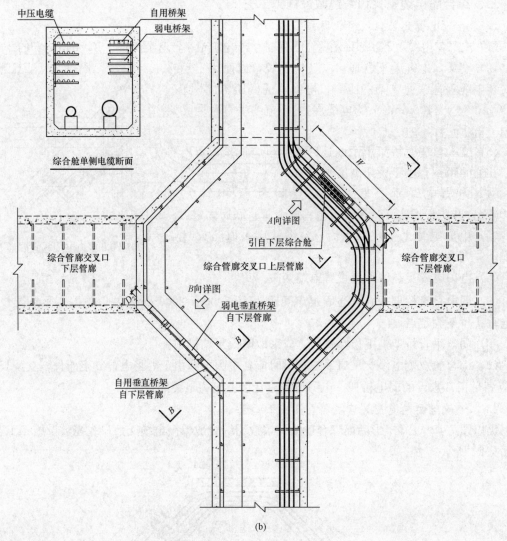

图 7-24 综合舱单侧电缆交叉口处平面布置图（二）

（b）交叉口上层

图 7-24 中的 *A-A*、*A* 向详图，*B-B*、*B* 向详图分别见图 7-25 和图 7-26。

3. 综合舱双侧电缆交叉口线缆敷设施工工艺

以图 7-19（a）矩形断面综合舱为例，说明综合舱双侧电缆交叉口线缆敷设施工工艺，如图 7-27 所示。

图 7-27 中的 *A-A*、*B-B* 分别见图 7-28 和图 7-29。

四、综合舱顶管工作井缆线敷设

综合舱顶管工作井缆线敷设平面布置图如图 7-30 所示。

综合舱顶管工作井缆线敷设立面布置图如图 7-31 所示。支架高度 h_1、h_2、h_3 可根据现场楼梯布置不同作相应调整。

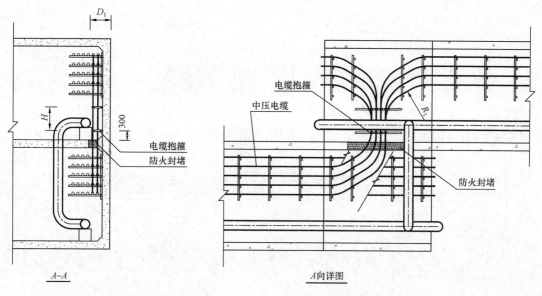

图 7-25 图 7-25 中的 A-A、A 向详图

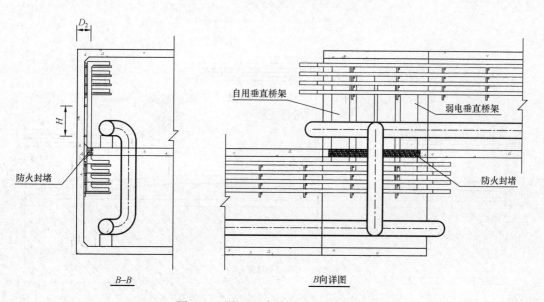

图 7-26 图 7-26 中的 B-B、B 向详图

五、综合舱端部井线缆敷设

1. 综合舱端部井线缆敷设施工工艺基本要求

(1) 各类管线引出应在平面上相互错开。

(2) 引出高度 H_1 宜满足电力电缆引出密封件安装及电缆敷设作业要求。

(3) 引出口电缆吊架应依次渐高以满足电力电缆转弯半径 R_1。

(4) 引出口弱电桥架应折弯角度应满足线缆转弯半径 R_2。

(5) 弱电桥架与引出孔距离 W 应满足线缆引出密封件安装及线缆敷设作业要求。

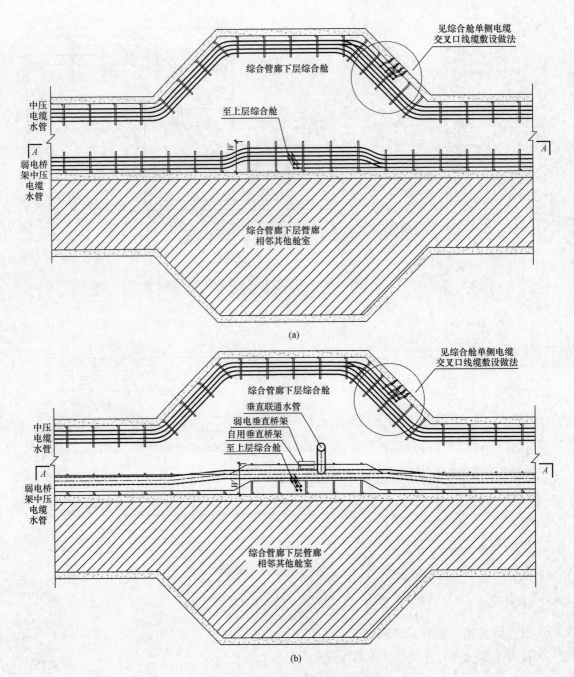

图 7-27　综合舱双侧电缆交叉口处平面布置图（一）

（a）交叉口下层电力电缆布置；（b）交叉口下层弱电桥架布置

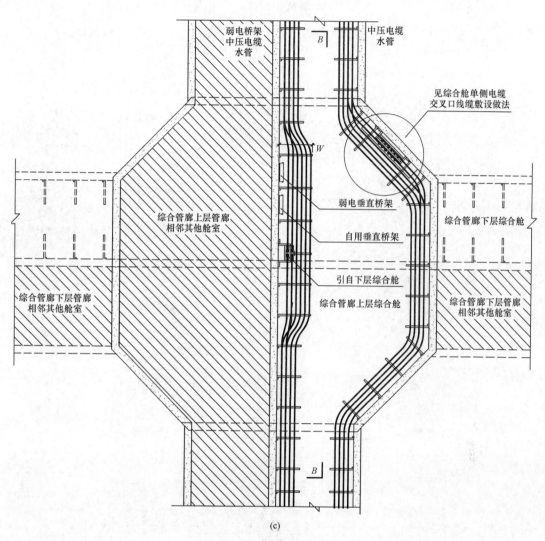

(c)

图7-27 综合舱双侧电缆交叉口处平面布置图（二）

（c）交叉口上层弱电桥架布置

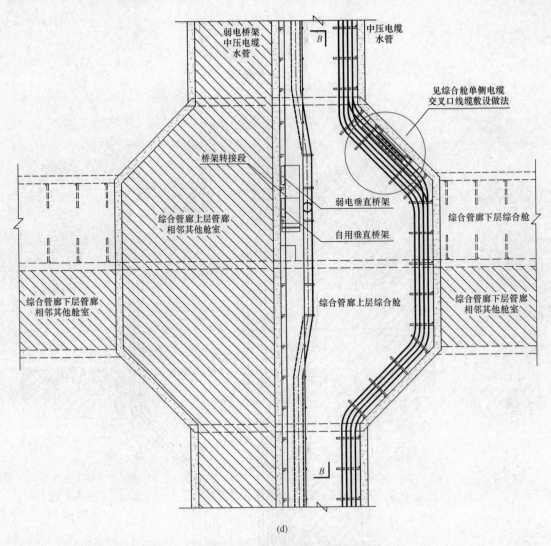

弱电桥架
中压电缆
水管

中压电缆
水管

见综合舱单侧电缆
交叉口线缆敷设做法

桥架转接段

弱电垂直桥架

自用垂直桥架

综合管廊上层管廊
、相邻其他舱室

综合管廊下层综合舱

综合管廊下层管廊
相邻其他舱室

综合管廊上层综合舱

综合管廊下层管廊
相邻其他舱室

(d)

图 7-27 综合舱双侧电缆交叉口处平面布置图（三）

(d) 交叉口上层通信桥架布置

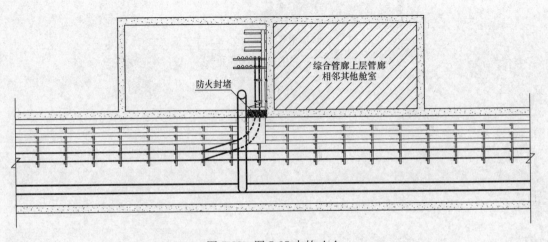

综合管廊上层管廊
相邻其他舱室

防火封堵

图 7-28 图 7-27 中的 A-A

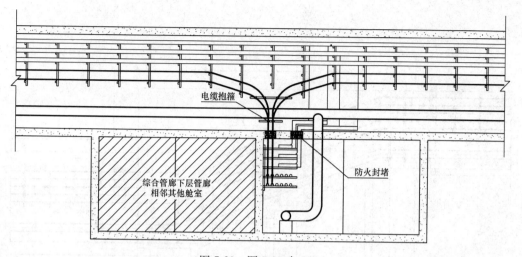

图 7-29　图 7-27 中 B-B

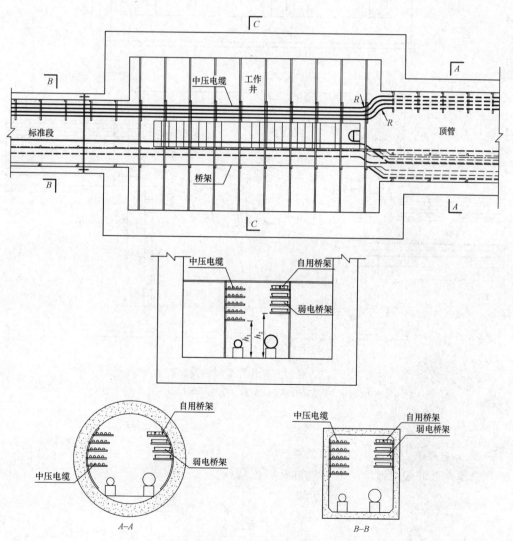

图 7-30　综合舱顶管工作井缆线敷设平面布置图

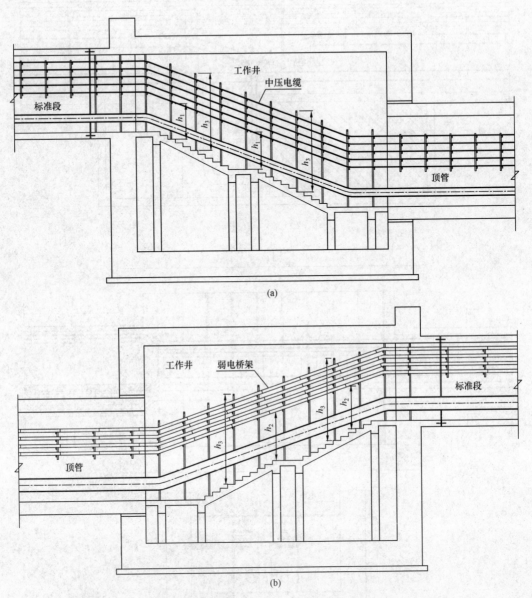

图 7-31 综合舱顶管工作井缆线敷设立面布置图
（a）电力电缆在工作井立面布置图；（b）弱电桥架在工作井立面布置图

2. 综合舱端部井线缆敷设施工工艺
综合舱端部井线缆敷设施工工艺如图 7-32 所示。

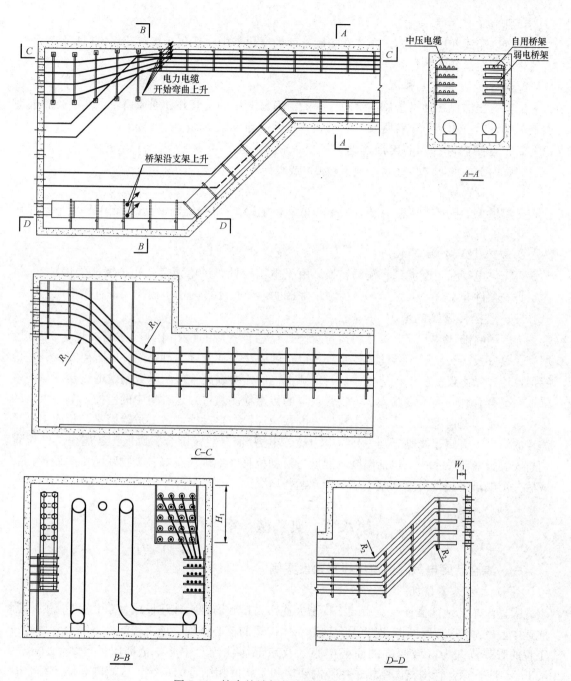

图 7-32　综合舱端部井线缆敷设施工工艺

第七节　综合管廊工程设计中有关电气的几个问题

一、综合管廊中变压器的位置

为保障综合管廊照明、抽水、排风等设备的正常用电，需给地下综合管廊配备专用的 10kV 变压器。目前，变压器的布置形式有在地上或在地下两种形式。

1. 地面式配电变压器

一般以箱式变压器的方式布置在管廊上面的绿化带中，偶尔会影响美观，但检修、维护方便，不存在设备的散热问题。

2. 地下式配电变压器

配电变压器设在地下管廊内部时，一般需考虑专用的检修井和通风口，虽然不会影响地面的美观，但占用地下综合管廊专用空间，将增加建设成本。

二、管廊内部的照明电压等级

管廊内部的照明电压通常是交流 220V 或直流 12V/24V。

1. 交流 220V 电压供电

交流供电的优点是施工方便，成本较低，供电距离相对较长；但在特定的环境下，存在人员触电的危险。

2. 直流 12V/24V 供电

直流供电存在将交流到直流的转换，由于电压较低，供电距离较短，需额外增加投资；优点是安全性非常好，无人员触电风险，除照明以外，还可向很多监控设备直接供电。

三、监控传感器的考虑

为了随时随地掌握综合管廊的运行状态，在综合管廊的设计中应考虑增加烟雾、温度、湿度、氧气及各类敏感因素的监控系统。以往的做法是在管廊内部每隔一段距离安放一些传感器，这样做不仅提高工程造价，而且传感器之间需要线路连接。随着技术的进步，目前多采取在综合管廊的巡检机器人上，自带大量的传感检测装置，通过集中的监控，节约大量的传感器设备和通信施工。通过分段机器人的快速巡检，自动检测各类危险因素，从而提高了监控的效率。管廊管线舱分别为高压电力舱、电力/信息舱及综合管廊舱。各舱内不同位置均将安装智能监控系统，包括温度、湿度、松动位移、地理信息等各类物联网传感设备，建成后一个电子平板就可感知整个地下管廊运行情况。

第八节 典 型 案 例

一、综合管廊电气廊道电缆线路敷设案例

（一）工程基本情况

大连港东部地区搬迁改造市政工程是大连市委市政府把大连建设成为东北亚重要的国际航运中心的战略工程，是实现"大大连"总体构想的核心体现。该工程的地下综合管廊建设工程的服务范围为区域西部的商务中心区及东部居住配套中心，全部服务区域的面积为 $5.8m^2$。地下综合管沟整体结构采用环网架构和支状网相结合的系统。区域内总体上综合管沟的断面均为双舱结构形式（即设置独立的管道舱和电力舱），断面尺寸在 $4.2m \times 2.7m \sim 6.5m \times 3.7m$ 之间，管沟净高不小于 2.0m。管沟顶板覆土深度大于 1.5m。欲入综合管沟的公用专业管线包括 220kV、66kV 、10kV 电力电缆，通信电缆，给水管线，中水管线，热力管线，雨水管线。污水管线和燃气管线不进入综合管沟内。在位于长江路下的综合管廊中的电力舱内设置 220kV、66kV 、10kV 电力电缆，在区域其他道路下的综合管廊内的电力舱中一侧设置 10kV 电力电缆，另一侧设置通信电缆。

综合管廊设置火灾报警系统、消防通风系统（消防排烟风机）、安防系统、自控系统、

电力系统及照明系统（应急疏散照明）等综合管廊专用综合设施。每200m左右设置一个防火分区，用防火墙分开，每个防火分区均设置投料口（兼做人员逃生口）和通风口。综合管廊为每个地块均预留接口，供各类工程管线随时方便接入。

（二）管廊内各个系统设计要点

1. 电力系统

（1）电力系统的组成部分：七个设备间、两个控制中心，内设变电站，低压电源引出。

（2）供电方式：高压采用一条10kV电缆环网供电；低压采用两条电缆供电：另一条为动力及照明系统电源，另一条为风机备用电源；风机为双电源切换，电源取自邻近两座区域设备间。电力舱与管道舱都由各自的电源分别供电。

（3）电缆线槽：在电力舱、管道舱中各安装一排支架，电力舱两条线槽（高压、低压各一条），管道舱3条线槽（强电、弱电、消防）。电力舱中的支架位于靠近中间隔墙的下角，管道舱中的支架位于风管下方。

（4）照明：管道舱的照明灯具间距为5.5m左右，电力舱的照明灯具间距为7.5m左右，灯具应安装在管廊顶部正中央。管廊内照明分为正常照明、应急照明。照明灯具采用带防水护罩的荧光灯，单灯功率28W。消防应急照明灯具安装间距为20m左右。

（5）电渗透：沿管道舱距中间隔墙750mm位置敷设一条100mm×80mm电缆线槽，通长敷设，吊装。线槽底部距管廊顶棚为180mm。

2. 自控系统

（1）1、2号控制中心和7个区域控制站通过百兆光纤以太网连接。每个PLC控制站负责本区域的排烟排风机、排水泵、管廊温度、湿度、氧含量等仪表设备的控制。

（2）港东管沟内设备具有手动、自动两种控制方式。手动控制由就地控制箱上的控制按钮实现。自动控制由计算机中央监控系统实现。手动-自动控制转换由设备就地控制箱上的转换开关实现。两种控制方式手动优先，自动次之。

（3）温度传感器、湿度传感器、氧量监测仪在每个防火分区中间设置1个检测点。

（4）浮球液位开关设置于积水坑内。在积水坑内设液位监测设备高位报警装置。浮球液位开关可以关闭此区域的管道阀。超高位报警装置可以关闭段落内所有相关阀门。

（5）启动排水泵。中水位启动一台泵、高水位启动两台泵，当到达低水位时停泵。

（6）排风兼排烟风机，正常情况下为通风换气使用，火灾时则作为排烟风机使用。正常时由自控控制系统控制，当火灾发生时由消防控制室控制，消防控制室具有控制优先权。

3. 消防通风系统

（1）综合管沟的通道顶部居中处安装感烟探测器。管沟宽度小于3m，每隔15m布置一部感烟探测器；大于3m宽度管沟，每隔12m布置一部；可恢复式感温电缆敷设在电缆桥架上面。

（2）在各个防火分区出入口处（防火门）等部位设手动报警按钮。每个手动报警间距小于60m。手动报警按钮安装在距廊道地面以上1.4m处。

（3）在区域设备间和地下综合管沟内间距40m处设置消防对讲电话（兼作管沟的有线通信），对讲电话机安装在距地面1.4m处。

（4）每个防火分区中间部位设置一个报警警铃，安装在管廊顶板以下500mm处。

4．安防部分

安全防范系统设计包含 3 个子系统：闭路电视监控系统、出入口控制（门禁）和防盗报警系统。

（1）闭路监视机房设在地上 1、2 号两个控制中心。7 个区域设备间内设机柜监视器。

（2）综合管沟每个检修入口处及各个区域设备间门口处设置门禁读卡器。

（3）综合管沟每个检修入口处、进料口处及各区域设备间内设置防盗报警探测器，用于非法入侵报警。防盗报警探测器选用红外微波双鉴探测器。

（4）在每防火分区（约 200m）设置一台快速球型摄像机，对沟内情况进行跟踪监视。监视摄像机吸顶安装。

（三）施工主要问题及施工注意事项

（1）管廊交叉处自用线槽穿越问题。综合管廊上下层交叉处因结构复杂、管线多，电缆线槽敷设困难，施工时应注意结合工艺图纸及各专业施工图，具体敷设位置可由设计单位及施工单位共同现场确定。

（2）管道舱内风管局部下降与电缆线槽可能存在交叉。若电缆线槽先于风管施工，电气安装单位施工时应注意避让风管敷设位置，并预留足够的施工操作间距。

（3）设备间附近管道舱与电力舱联通门处，各专业管线与电缆线槽过门处理问题。

1）电力舱：电缆线槽敷设至联通门附近后应垂直敷设至联通门的上方位置。

2）管道舱：敷设于风管下方，并随风管一起向热力管方向绕行，过门后复位。

（4）控制箱位置与电缆线槽及水管可能冲突。控制箱应在电缆线槽安装完成后再安装，避免与电缆线槽位置发生冲突。

（5）设备间电缆出线口被风管遮挡。因增加了风管，原设计中的设备间附近预留的穿墙洞被风管遮挡，施工时视现场情况确定敷设位置，能绕行的绕行，不能绕行的现场开洞处理。

（四）结语

综合管廊用电设备具有供电距离长、容量小且分散等特点，因此，需要合理地规划设计供电电源点，使供电距离尽量合理，减少电压降及电缆损耗；对需要双电源供电的消防、监控等二级负荷，应合理确定第二电源供电方案，在满足相关规范要求的前提下尽量节约投资。

二、地下综合管廊 220kV 电缆线路敷设案例

2016 年 8 月 12 日，随着滨海新区新华路 220kV 变电站建成投运，天津市首条利用城市地下综合管廊敷设的 220kV 电缆线路建成投运。

该地下综合管廊全长约 1.1km，能够容纳电力、通信、供热、供水等多种市政专用管线。为保证电力电缆线路运行安全，方便维护，采用了独立电力舱方式建设。

该地下综合管廊经过于家堡中心商务区，其发展定位为滨海新区的商业、行政、文化中心。在于家堡中心商务区内规划输变电工程选址选线非常困难。为该区域供电的新华路 220kV 变电站位于区域北侧，电源线来自区域南侧、海河对岸，受地形地势制约，电源线需要穿越海河及商务区中心进入新华路 220kV 变电站。

国网天津电力公司与滨海新区有关部门经过密切沟通，最后确定采用缆线入廊方式，即在城市地下综合管廊内敷设 220kV 电缆线路。协议达成后，国网天津电力公司密切关注该区域城市地下综合管廊规划及建设进度，全程参与方案论证、工程设计、施工建设及竣工验收等，取得了预期成效，也为后续同类项目建设积累了丰富经验。

三、附属设施供配电系统设计案例

（一）概况

成都市天府新区兴隆 86 路综合管廊工程，由西南市政院独立设计，管廊全长约 4400m，由雨污水舱、电力舱、电信舱和天然气舱 4 舱组成，管廊纳入有雨水、污水、10kV 电力、通信、输水、配水、中水及天然气等城市工程管线。

设计内容包括综合管廊附属设施自用负荷的高低压供配电系统设计、电气控制及布置设计、照明配电及布置设计、导线敷设设计、防雷与接地系统设计。

（二）负荷等级及供电电源

1. 负荷等级确定

将工程内的消防设备、监控与报警设备、应急照明设备都设为了二级负荷供电；天然气管道舱的监控与报警设备，管道紧急切换阀，事故风机也按二级 A 荷供电，其余用电设备按三级负荷供电。

2. 供电电源确定

综合管廊的沿线设置了 n 个变电站，共申请两回路 10kV 市政电源引至 1 号变配电站。各变电站间均采用单侧双回路树干式供电，供电变压器亦采用两台，在电力变压器故障或电力线路常见故障时不会中断供电或中断后能迅速恢复。两回路电源要求同时工作，当一路电源发生故障时，由另一路电源带全部负荷运行，两路电源负荷保证率均要求 100％，各变配电站均为综合管廊内部自建地下式变配电站。在兴隆 86 路综合管廊范围内，西南市政院一共设置了 4 座地下式变配电站。该变配电站负责本路段 26 个防火分区及兴隆路 95 路 6 个防火分区的配电，各变配电站内设两台 200kVA 变压器，其供电半径不大于 800m。

（三）供配电系统

综合管廊 1 号变配电站是由城市电网就近引接两回路 10kV 电源，并采用单侧供电双回路树干式接线方式为其他变配电站供电，每座变配电站分别设置 2 台 10/0.4kV 干式变压器。各变配电站低压侧均采用单母线分段接线，中间设母联开关，两台变压器同时供电，分列运行。

综合管廊内的消防设备、监控与报警设备以天然气管道舱的监控与报报警设备、管道紧急切换阀，事故风机均采用双电源供电，并在供电末端进行双电源自动切换。

为了便于供电管理和消防时的联动控制，西南市政院以防火分区作为配电单元，各变配电站的配电系统均采用放射式配电，其线路末端电压损失将控制在 5％以内。

（四）动力设备配电与控制

1. 电力设备配电

在管廊斜防火分区内设置了 1 台动力电源配电柜，其电源由本供电范围内的变配电站低压侧主配电柜放射式提供，负责管辖范围内各舱室用电负荷的配电。同时，在管廊每个防火分区内设置了 1 台一般照明配电箱、1 台应急照明配电箱、检修插座电源箱（每舱 4 只）、排水泵就地电控箱（每舱 1 或 2 只）、1 台送风机就地电控箱（一控多）、1 台排风机就地电控箱（一控多）及 1 台监控与报警系统双电源自动切换箱，其电源分别由该防火分区动力电源配电柜 $n+1$（n 为单数）或 $n-1$（n 为双数）区动力电源配电柜（仅为消防设备、监控与报警设备及天然气管道舱的管道紧急切换阀、事故风机等需在配电末端要求提供双电源的）放射式或树干式提供。

2. 插座

在管廊每个舱室内，设置了交流 220V/380V 带剩余电流动作保护装置的检修插座电源箱，插座电源箱沿线间距为 50m，检修插座容量为 15kW。天然气管道舱内的检修插座要满足防爆要求，在检修工况且舱内泄漏气体浓度低于爆炸下限值的 20% 时，才允许向插座电源回路供电或自动切断供电。

3. 综合管廊内的通风机全部采用手动/自动控制相结合的方式

手动控制包括控制箱箱面按钮及设于该区间内各出入口的按钮盒控制，便于人员进出时开停风机，确保空气畅通；自动控制通过自动化系统 PLC 控制，以自动调节管廊内的空气质量和温湿度。当发生火灾时，排（送）风机由火灾自动报警系统联动采用硬接线的形式强制停机。综合管廊内的排水泵全部采用现场就地手动/液位自动控制。可完成高液位开泵、低液位停泵、超高液位报警并启动所有排水泵等控制功能。排水泵的状态、液位状态通过硬接线的方式上传至自动化系统 PLC。

（五）电气设备的选型

电气设备的选型是综合管廊建设的重中之重，它关系整个项目运转的成败，应从经济性、可靠性和节能性上综合考量。

（1）10kV 高压开关柜：采用可扩展模块组合式金属封闭开关环网柜，开关柜采用高性价比的负荷开关，使其运行可靠性得到充分保证的同时，性能价格比得到显著提高。

（2）变压器：采用干式变压器，具备体积小、机械性能好、不龟裂、阻燃自熄、免维护、抗突发短路能力强、散热效果好、低噪声、低损耗等特点。另外，为了使变压器容量在三相负荷不平衡情况下得以充分利用，并能有利于抑制三次谐波电流，西南市政院对变压器高、低压绕组选用了 Dyn11 的联结方式。

（3）低压配电柜：采用组合式固定分隔柜，具备通风性能良好、功能分隔明确、标准化程度高、应用范围广等特点。即可用做配电，也可用做电动机控制中心；抽屉与固定分隔可混装，便于操作和维护，调整隔室模数灵活、快捷，极大地提升了运营效率。

综合管廊内所有电气设备防护等级均要适应地下环境使用要求，采取防水防潮防尘措施，防护等级不低于 IP65，并采用不锈钢材质；天然气管道舱内的电气设备按照 GB 50058—2014《爆炸危险环境电力装置设计规范》有关爆炸性气体环境 2 区的防爆规定来进行选择。

（六）电气抗震设计

由于该工程位于抗震设防烈度为 7 度的成都地区，所以在建筑附属机电设备的安装及其与结构主体的连接部分都需要进行抗震设计，也是这一项目的一大特色，具体有如下的一些要求：

（1）变压器的安装：安装就位后应焊接牢固，内部线圈应牢固固定在变压器外壳内的支承结构上；变压器的支承面宜适当加宽，并设置防止其移动和倾倒的限位器；应对接入和接出的柔性导体留有位移的空间。

（2）电力电容器的安装：电力电容器应固定在支架上，其引线宜采用软导体。当采用硬母线连接时，应装设伸缩节装置。

（3）配电箱（柜）、通信设备的安装：配电箱（柜）、通信设备的安装螺栓或焊接强度应满足抗震要求；靠墙安装的配电柜、通信设备机柜底部安装应牢固。当底部安装螺栓或焊接强度不够时，应将顶部与墙壁进行连接；当配电柜、通信设备柜等非靠墙落地安装时，根部应采用金属膨胀螺栓或焊接的固定方式；壁式安装的配电箱与墙壁之间应采用金属膨胀螺栓连接；配电箱、通信设备机柜内的元器件应考虑与支承结构间的相互作用，元器件之间采用软连接，接线处应做防震处理，配电箱面上的仪表应与柜体组装牢固。

（4）灯具的安装：安装在吊顶上的灯具应考虑地震时吊顶与楼板的相对位移。

（5）电气管路的敷设：当线路采用金属导管、刚性塑料导管、电缆梯架或电缆槽盒敷设时，应使用刚性托架或支架固定，不宜使用吊架。当必须使用吊架时，应安装横向防晃吊架；当金属导管、刚性塑料导管、电缆梯架或电缆槽盒穿越防火分区时，其缝隙应采用柔性防火封堵材料封堵，并应在贯穿部位附件设置抗震支撑；金属导管、刚性塑料导管的直线段部每隔 30m 应设置伸缩节；配电装置至用电设备间连线当采用金属导管、刚性塑料导管敷设时，进口处应转为挠性线管过渡；当采用电缆梯架或电缆槽盒敷设时，进口处应转为挠性线管过渡；在电缆桥架、电缆槽盒内敷设的缆线在引进、引出和转弯处，要在长度上预留余量。

第八章　城市地下综合管廊施工及工程质量验收

第一节　综合管廊施工及工程质量验收的一般规定

一、基本规定

（1）施工单位应建立安全管理体系和安全生产责任制，确保施工安全。

（2）施工项目质量控制应符合国家现行有关施工标准的规定，并应建立质量管理体系、检验制度，满足质量控制要求。

（3）施工前应熟悉和审查施工图纸，并应掌握设计意图和要求。应实行自审、会审（交底）和签证制度；对施工图有疑问或发现差错时，应及时提出意见和建议。当需变更设计时，应按相应程序报审，并应经相关单位签证认定后实施。

（4）综合管廊施工所需的原材料、半成品、构（配）件、设备等产品的品种、规格、性能必须符合国家有关标准的规定和设计要求，严禁使用国家明令淘汰、禁用的产品。

（5）施工单位应取得安全生产许可证，并应遵守有关施工安全、劳动保护、防火、防毒的法律、法规，建立安全管理体系和安全生产责任制，确保安全施工。

（6）施工单位应具备相应施工资质，施工人员应具备相应资格。施工项目质量控制应有相应的施工技术标准、质量管理体系、质量控制和检验制度。

（7）从事主体结构工程检测及见证试验的单位应具备省级及以上建设行政主管部门颁发的资质证书和计量行政主管部门颁发的计量认证合格证书。

二、施工前的调查研究工作

施工前应根据工程需要进行下列调查研究：

（1）现场地形、地貌、地下管线、地下构筑物、其他设施和障碍物情况；综合管廊一般建设在城市的中心地区，同时涉及的线长面广，施工组织和管理的难度大。为了保证施工的顺利，应当对施工现场、地下管线和构筑物等进行详尽的调查，并了解施工临时用水、用电的供给情况。

（2）工程用地、交通运输、施工便道及其他环境条件。

（3）工程给排水、动力及其他条件。

（4）施工机械、材料、主要设备和特种物资情况。

（5）地表水水文资料。在寒冷地区施工时还应掌握地表水的冻结资料和土层冻结资料；

（6）必要的试验资料。

（7）与施工有关的其他情况和资料。

三、施工准备

（1）施工前应熟悉和审查施工图纸，掌握设计意图和要求。实行自审、会审（交底）和鉴证制度；对施工图有疑问或发现差错时，应及时提出意见和建议，需变更设计时，应按照相应程序报审，经相关单位鉴证认定后实施。

（2）施工前应根据工程实际情况，做好施工组织设计，关键的分项、分部工程应分别编制专项施工方案。施工组织设计和专项施工方案必须按规定程序审批后执行，有变更时应办理变更审批手续。

四、施工过程

（1）综合管廊施工过程中应根据施工工艺选择相关专项规范进行施工验收及中间环节控制。

（2）施工过程中出现须停止施工的异常情况，应由监理或建设单位组织勘察、设计、施工等有关单位共同分析情况，解决问题，消除质量隐患，并形成文件资料。

五、施工质量验收

1. 应提供文件和记录

综合管廊的主体工程施工质量验收时，应提供下列文件和记录：

（1）图纸会审、设计变更、洽商记录。

（2）原材料质量合格证书及检（试）验报告。

（3）工程施工记录。

（4）隐蔽工程验收记录。

（5）混凝土试件及管道、设备系统试验报告。

（6）分项、分部工程质量验收记录。

（7）竣工图及其他有关文件和记录。

2. 注意事项

（1）经过返修或加固处理仍不能满足结构安全和使用功能要求的分部（子分部）工程、单位（子单位）工程，严禁验收。

（2）综合管廊防水工程的施工及验收应按 GB 50208《地下防水工程质量验收规范》的相关规定执行。

六、投入使用

综合管廊主体及附属工程应经过竣工验收合格后，方可投入使用。

第二节　综合管廊基础工程施工与验收

一、基坑开挖

（1）综合管廊工程基坑（槽）开挖前，应根据围护结构的类型、工程水文地质条件、施工工艺和地面荷载等因素制定施工方案，经审批后方可施工。

（2）综合管廊明挖法施工时的土方开挖顺序、方法必须与设计工况相一致，并遵循"开槽支撑，先撑后挖，分层开挖，严禁超挖"的原则。

（3）明挖法施工的综合管廊基坑（槽）开挖施工中，应对基坑周围建（构）筑物、管线、支护结构等进行观察，必要时尚应进行安全监测。

（4）基坑（槽）开挖接近基底 200mm 时，应配合人工清底，不得超挖或扰动基底土。

（5）土石方需要爆破时，必须事先编制爆破方案，报城镇主管部门批准，经公安部门同意后方可由具有相应资格的单位进行施工。

（6）根据上部荷载及地质情况，如需进行地基加固时，应在正式施工前进行试验段施工，论证设定的参数及加固效果。为验证加固效果所进行的载荷试验，其施加载荷应不低于设计荷载的2倍。

（7）软土地层或地下水位高、承受水水压大、易发生流砂、管涌地区的基坑，应确保集排水和降水系统的有效运行。

二、基坑回填

（1）基坑回填应在综合管廊结构及防水工程验收合格后进行。综合管廊基坑的回填应尽快进行，以免长期暴露导致地下水和地表水侵入基坑。根据地下工程的验收要求，应当首先通过结构和防水工程验收合格后，方能进行下道工序的施工。

（2）回填材料应符合设计要求及国家现行标准的有关规定。

（3）综合管廊两侧回填应对称、分层、均匀。管廊顶板上部1000mm范围内回填材料应采用人工分层夯实，大型碾压机不得直接在管廊顶板上部施工。

综合管廊属于狭长形结构，两侧回填土的高度较高，如果两侧回填土不对称均匀回填，将会产生较大的侧向压力差，严重时导致综合管廊的侧向滑动。

（4）回填土压实度应符合设计要求，如设计无说明时，应符合表8-1的规定。

表 8-1			综合管廊回填土压实度		
序号	检查项目	压实度（%）	检查频率		检查方法
			范围	组数	
1	绿化带下	≥90	管道两侧回填土按50延米/层	1（3点）	环刀法
2	人行道、机动车	≥95		1（3点）	环刀法

（5）雨季、冬季或特殊环境下施工时还应遵守国家、行业、地方等现行有关标准。

三、验收

综合管廊基础施工及验收除应符合上述规定外，还应符合GB 50202《建筑地基基础工程施工质量验收规范》的有关规定。

第三节　现浇钢筋混凝土结构工程施工及验收

一、施工

（1）综合管廊模板施工前应根据结构形式、施工工艺、设备和材料供应条件进行模板及支架设计。模板及支撑的强度、刚度及稳定性应满足受力要求。

综合管廊工程施工的模板工程量较大，因而施工时应确定合理的模板工程方案，确保工程质量，提高施工效率。

（2）混凝土的浇筑应在模板和支架检验合格后进行。入模时应防止离析。连续浇筑时，每层浇筑高度应满足振捣密实的要求。预留孔、预埋管、预埋件及止水带等周边混凝土浇筑时，应辅助人工插捣。

（3）混凝土底板和顶板应连续浇筑不得留置施工缝。设计有变形缝时，应按变形缝分仓浇筑。

综合管廊为地下工程，在施工过程中施工缝是防水的薄弱部位，本条强调施工缝施工的重点事项。

二、验收

混凝土施工质量验收应符合 GB 50204《混凝土结构工程施工质量验收规范》的有关规定。

第四节 预制拼装钢筋混凝土结构工程施工及验收

一、综合管廊预制构件质量

预制构件制作单位应具备相应的生产工艺设施，并应有完善的质量管理体系和必要的试验检测手段。

综合管廊预制构件的质量涉及工程质量和结构安全，制作单位应满足国家及地方有关部门对硬件设施、人员配置、质量管理体系和质量检测手段等方面的规定和要求。预制构件制作前，建设单位应组织设计、生产、施工单位进行技术交底。如预制构件制作详图无法满足制作要求，应进行深化设计和施工验算，完善预制构件制作详图和施工装配详图，避免在构件加工和施工过程中，出现错、漏、碰、缺等问题。对应预留的孔洞及预埋部件，应在构件加工前进行认真核对，以免现场剔凿，造成损失。构件制作单位应制定生产方案，生立方案应包括生产工艺、模具方案、生产计划、技术质量控制措施、成品保护、堆放及运输方案等内容。

二、施工

（1）预制拼装钢筋混凝土构件的模板应采用精加工的钢模板。

预制装配式综合管廊采用工厂化制作的预制构件，采用精加工的钢模板可以确保构件的混凝土质量、尺寸精度。

（2）构件堆放的场地应平整、夯实，并应具有良好的排水措施。

（3）构件的标识应朝向外侧。构件的标识朝外主要便于施工人员对构件的辨识。

（4）构件运输及吊装时，混凝土强度应符合设计要求。当设计无要求时，不应低于设计强度的 75%。

（5）预制构件安装前，应复验合格。当构件上有裂缝且宽度超过 0.2mm 时，应进行鉴定。

有裂缝的构件应进行技术鉴定，判定其是否属于严重质量缺陷，经过有关处理后能否合理使用。

（6）预制构件和现浇结构之间、预制构件之间的连接应按设计要求进行施工。

三、验收

（1）预制构件安装前应对其外观、裂缝等情况进行检验，并应按设计要求及 GB 50204《混凝土结构工程施工质量验收规范》的有关规定进行结构性能检验。

（2）预制构件采用螺栓连接时，螺栓的材质、规格、拧紧力矩应符合设计要求及 GB 50017《钢结构设计规范》和 GB 50205《钢结构工程施工质量验收规范》的有关规定。

第五节 预应力工程施工及验收

一、预应力筋张拉或放张

预应力筋张拉或放张时，混凝土强度应符合设计要求。当设计无要求时，不应低于设计的混凝土立方体抗压强度标准值的 75%。

过早地对混凝土施加预应力，会引起较大的回缩和徐变预应力损失，同时可能因局部承压过大而引起混凝土损伤。预应力张拉及放张时混凝土强度，是根据 GB 50010《混凝土结构设计规范》的规定确定的。若设计对此有明确要求，则应按设计要求执行。

二、预应力筋张拉锚固

预应力筋张拉锚固后，实际建立的预应力值与工程设计规定检验值的相对允许偏差应为 ±5%。

预应力筋张拉锚固后，实际建立的预应力值与量测时间有关。相隔时间越长，预应力损失值越大，故检测值应由设计通过计算确定。预应力筋张拉后实际建立的预应力值对结构受力性能影响很大，必须予以保证。

三、孔道灌浆

后张法有粘结预应力筋张拉后应尽早进行孔道灌浆，孔道内水泥浆应饱满、密实。预应力筋张拉后处于高应力状态，对腐蚀非常敏感，因此应尽早进行孔道灌浆。灌浆是对预应力筋的永久保护措施，故要求水泥浆饱满、密实，完全裹住预应力筋。

四、封闭保护

锚具的封闭保护应符合设计要求。当设计无要求时，应符合 GB 50204《混凝土结构工程施工质量验收规范》的有关规定。

封闭保护应遵照设计要求执行，并在施工技术方案中作出具体规定。因为后张预应力筋的锚具多配置在结构的端面，所以常处于易受外力冲击和雨水浸入的状态；此外，预应力筋张拉锚固后，锚具及预应力筋处于高应力状态，为确保暴露于结构外的锚具能够永久性地正常工作，不致受外力冲击和雨水浸入而造成破损或腐蚀，应采取防止锚具锈蚀和遭受机械损伤的有效措施。

第六节　砌体结构工程施工及验收

一、砌体结构所用材料

综合管廊采用砌体结构形式较少，但在有些地区仍有采用砌体的传统和条件，依据 GB 50203《砌体工程施工质量验收规范》，砌体结构所用的材料应符合下列规定：

（1）石材强度等级不应低于 MU40，并应质地坚实，无风化削层和裂纹。

（2）砌筑浆浆应采用水泥砂浆，强度等级应符合设计要求，且不应低于 MU10。

如采用机制烧结砖作为砌体材料，机制烧结砖的强度等级不应低于 MU10，其外观质量应符合 GB 5101《烧结普通砖》一等品的规定。

二、砌筑工艺要求

（1）砌筑前应将砖石、砌块表面上的污物清除干净；砌石（块）应浇水湿润，砖应用水浸透。

（2）砌体中的预埋管、预留洞口结构应加强，并应有防渗措施。

（3）砌体的砂浆应满铺满挤，挤出的砂浆应随时刮平，不得用水冲浆灌缝，不得用敲击砌体的方法纠正偏差。

三、验收

砌体结构的砌筑施工除符合本节规定外，还应符合 GB 50203《砌体结构工程施工质量验收规范》的有关规定和设计要求。

第七节　综合管廊附属工程施工及验收

一、综合管廊预埋过路排管

1. 基本要求

综合管廊预埋过路排管的管口应无毛刺和尖锐棱角。排管弯制后不应有裂缝和显著的凹瘪现象，弯扁程度不宜大于排管外径的 10%。

综合管廊预埋过路排管主要为了满足今后电缆的穿越敷设，管口出现毛刺或尖锐棱角会对电缆表皮造成破坏，因而应重点检查。

2. 电缆排管连接符合的规定

（1）金属电缆排管不得直接对焊，应采用套管焊接的方式。连接时管口应对准，连接应牢固，密封应良好。套接的短套管或带螺纹的管接头的长度不应小于排管外径的 2.2 倍。

（2）硬质塑料管在套接或插接时，插入深度宜为排管内径的 1.1～1.8 倍。插接面上应涂胶合剂粘牢、密封。

（3）水泥管宜采用管箍或套接方式连接，管孔应对准，接缝应严密，管箍应设置防水垫密封。

二、电缆支架及桥架

（1）支架及桥架宜优先选用耐腐蚀的复合材料。

（2）电缆支架的加工、安装及验收应符合 GB 50168《电气装置安装工程电缆线路施工及验收规范》的有关规定。

三、仪表工程

仪表工程的安装及验收应符合 GB 50093《自动化仪表工程施工及质量验收规范》的有关规定。

四、建筑电气工程

电气设备、照明、接地施工安装及验收应符合 GB 50168《电气装置安装工程电缆线路施工及验收规范》、GB 50303《建筑电气工程施工质量验收规范》、GB 50617《建筑电气照明装置施工与验收规范》和 GB 50169《电气装置安装工程接地装置施工及验收规范》的有关规定。

五、通风工程

通风系统施工及验收应符合 GB 50275《风机、压缩机、泵安装工程施工及验收规范》和 GB 50243《通风与空调工程施工质量验收规范》的有关规定。

六、火灾自动报警工程

火灾自动报警系统施工及验收应符合 GB 50166《火灾自动报警系统施工及验收规范》的有关规定。

第八节　综合管廊防水工程施工安装及验收

一、综合管廊防水工程内容和施工要求

1. 工程内容

综合管廊防水工程主要包括结构自防水、防加防水层、特殊部位防水。

2. 施工要求

（1）明挖综合管廊、暗挖综合管廊的防水设防要求应满足 GB 50108《地下工程防水技术规范》的要求，顶管综合管廊和盾构综合管廊防水设防要求应分别满足表 8-2 和表 8-3 的要求。

表 8-2　　　　　　　　　　顶管施工的综合管廊防水设防要求

工程部位		接缝防水						
防水等级	顶管主材	钢套管或钢（不锈钢）圈	钢（不锈钢）或玻璃套筒	弹性密封填料	密封胶圈	橡胶封胶圈	预水膨胀橡胶	木垫圈
二级	钢管	—	—	—	—	—	—	—
	钢筋混凝土管	必选	—	必选	必选	—	必选	必选
	玻璃纤维增强塑料夹砂管	—	必选	—	—	必选	—	—

表 8-3　　　　　　　　　　盾构法施工的综合管廊防水设防要求

防水等级	高精度管片	接缝防水				外防水涂料
		弹性密封垫	嵌缝	注入密封剂	螺孔密封垫	
二级	必选	必选	部分区段宜选	可选	必选	对混凝土有中等以上防腐的地层宜选

（2）卷材和涂膜防水层不得在雨、雪及大风天气中施工。

（3）附加防水块应在基层面及主体结构检验合格并填写隐检记录后方可施工。

（4）变形缝、施工缝、结构外墙管等特殊部位的防水应采取加强措施。

（5）卷材或涂膜防水层完工后应及时施工保护层。

二、防水工程验收

综合管廊防水工程施工及验收除符合本节规定外，还应按照 GB 50208《地下防水工程质量验收规范》的相关规定进行施工及验收。

第九节　入廊管线敷设施工及验收

一、入廊热力天然气给排水管道敷设施工及验收

（一）敷设施工

（1）纳入综合管廊的管道应采用便于运输、安装的材质，并应符合管道安全运行的物理性能。

（2）钢管的管材强度等级不应低于 Q235，其质量应符合 GB/T 700《碳素结构钢》的有关规定。

（3）钢管的焊接材料应符合下列要求：

1）手工焊接用的焊条应符合 GB/T 5117《非合金钢及细晶粒钢焊条》的有关规定。选用的焊条型号应与钢管管材力学性能相适应。

2）自动焊或半自动焊应采用与钢管管材力学性能相适应的焊丝和焊剂，焊丝应符合 GB/T 14957《熔化焊用钢丝》的有关规定。

3）普通粗制螺栓、锚栓应符合 GB/T 700《碳素结构钢》的有关规定。

（4）灰口铸铁管的质量应分别符合 GB/T 3422《连续铸铁管》、GB/T 6483《柔性机械接口灰口铸铁管》的有关规定。

（5）铸态球墨铸铁管的质量除应符合 GB/T 13295《水及燃气用球墨铸铁管、管件和附件》的有关规定外，其中延伸率指标还应根据生产厂提供的数据采用。

（6）采用化学材料制成的管道及复合材料制成的管道，所用的管材、管件和附件、密封胶圈、粘接溶剂应符合设计规定的技术要求，并应具有合格证、产品许可证等有效的证明文件。

（7）主干管管道在进出管廊时，应在管廊外部设置阀门井。

（8）管道在管廊敷设时，应考虑管道的排气阀、排水阀、伸缩补偿器、阀门等配件安装、维护的作业空间。

（9）管道的三通、弯头等部位应设置供管道固定用的支墩或预埋件。

（10）在综合管廊顶板处，应设置供管道及附件安装用的吊钩或拉环，拉环间距不宜大于 10m。

（二）验收

1. 热力管道

热力管道施工及验收应符合 GB 50243《通风与空调工程施工质量验收规范》和 CJJ 28《城镇供热管网工程施工及验收规范》的有关规定。

2. 天然气管道

天然气管道施工及验收应符合 CJJ 33《城镇燃气输配工程施工及验收规范》的有关规定，焊缝的射线探伤验收应符合 JB/T 4730.2《承压设备无损检测　第 2 部分：射线检测》的有关规定。

3. 给水、排水管道

给水、排水管道施工及验收应符合 GB 50268《给水排水管道工程施工及验收规范》的有关规定。

二、入廊电力电缆通信光缆敷设施工及验收

（一）转弯半径

纳入综合管廊内的电（光）缆，在垂直和水平转向部位、电（光）缆热伸缩部位以及蛇行弧部位的弯曲半径，不宜小于表 8-4 规定的弯曲半径。

表 8-4　　　　　　　　　　　　电（光）缆敷设允许的最小弯曲半径

电（光）缆类型		允许最小转弯半径	
		单芯	3 芯
变联聚乙烯绝缘电缆	≥66kV	20D	15D
	≤35kV	12D	10D

电（光）缆类型			允许最小转弯半径	
			单芯	3 芯
油浸纸绝缘电缆	铝包		30D	
	铅包	有铠装	20D	15D
		无铠装	20D	
光缆			20D	

注 D 表示电（光）缆外径。

（二）层间间距

电（光）缆的支架层间间距，应满足电（光）缆敷设和固定的要求，且在多根电（光）缆同置于一层支架上时，应有更换或增设任意电（光）缆的可能。电（光）缆支架层间垂直距离宜符合表 8-5 规定的数值。

表 8-5　　　　　　　电（光）缆支架层间垂直距离的允许最小值　　　　　单位：mm

电缆电压等级和类型、光缆，敷设特征		普通架、吊架	桥梁
控制电缆		120	200
电力电缆明敷	6kV 以下	150	250
	6kV～10kV 交联聚乙烯	200	300
	35kV 单芯	250	300
	35kV 三芯	300	350
	110kV～220kV，每层 1 根以上		
	330kV、500kV	350	400
电缆敷设在槽盒中，光缆		$h+80$	$h+100$

注　1. h 表示槽盒外壳高度。
　　2. 10kV 及以上电压等级高压力电缆接头的安装空间应单独考虑。

（三）电缆支架和架桥布置尺寸

（1）水平敷设时电缆支架的最上层布置尺寸应符合下列规定：

1）最上层支架距综合管廊顶板或梁底的净距允许最小值，应满足电缆引接至上侧的柜盘时的允许弯曲半径要求，且不宜小于表 8-5 所列数值再加 80～150mm 的和值。

2）最上层支架距其他设备的净距不应小于 300mm，当无法满足时应设防护板。

（2）水平敷设时电缆支架的最下层支架距综合管廊底板的最下净距不宜小于 100mm。

（3）电（光）缆支架各支持点之间的距离不宜大于表 8-6 的规定。

表 8-6　　　　　　　　电（光）缆支架各支持点之间的距离　　　　　　　单位：mm

电缆种类	敷设方式	
	水平	竖向
全塑小截面电（光）缆	400	1000
中低压电缆	800	1500
35kV 及以上的高压电缆	1500	3000

（4）电（光）缆支架、桥架应采用可调节层间距的活络支架、桥架。当电（光）缆桥架上下折弯 90°时，应分 3 段完成，每段折弯 30°；当左右折弯 90°，应分 2 段完成，每段折弯 45°。

（四）电缆支架和桥架应符合的质量规定

（1）电缆支架宜选用钢制。在强腐蚀环境选用其他材料电缆支架、桥架应符合下列规定：

1）普通支架（臂式支架）可选用耐腐蚀的刚性材料制；

2）电缆桥架组成的梯架、托盘，可选用满足工程条件阻燃性的玻璃钢制；

3）技术经济综合较优时，可选用铝合金制电缆桥架。

（2）电缆支架的强度应满足电缆及其附件荷重和安装维护的受力要求，且应符合下列规定：

1）有可能短暂上人时，计入 900N 的附加集中荷载；

2）机械化施工时，计入纵向拉力、横向推力和滑轮质量等影响。

（3）电缆桥架的组成结构应满足强度、刚度及稳定性要求，且应符合下列规定：

1）桥架的承载能力，不得超过使桥架最初产生永久变形时的最大荷载除以安全系数为 1.5 的数值；

2）梯架、托盘在允许均布承载力作用下的相对挠度值，钢制不宜大于 1/200，铝合金制不宜大于 1/300；

3）钢制托臂在允许承载力下的偏斜与臂长比值不宜大于 1/100。

（4）电缆支架和桥架应符合下列规定：

1）表面应光滑无毛刺；

2）应适应环境的耐久稳固；

3）应满足所需的承载能力；

4）应符合工程防火要求。

（五）选择

（1）电缆支架型式的选择应符合下列规定：

1）全塑电缆数量较多或电缆跨越距离较大、高压电缆蛇形敷设时，宜选用电缆桥架；

2）除上述情况外，可选用普通支架、吊架。

（2）电缆桥架型式的选择应符合下列规定：

1）需屏蔽外部的电气干扰时，应选用无孔金属托盘加实体盖板。

2）需因地制宜组装时，可选用组装式托盘；

3）除上述情况外，宜选用梯架。

（六）其他规定

（1）梯架、托盘的直线段敷设超过下列长度时，应留有不小于 20mm 的伸缩缝：钢制为 30m，铝合金或玻璃钢制为 15m。

（2）金属桥架系统每隔 30～50m 应设置重复接地。非金属桥架应沿桥架全长另敷设专用接地线。

（七）验收

1. 电力电缆

电力电缆施工及验收应符合 GB 50168《电气装置安装工程电缆线路施工及验收规范》和 GB 50169《电气装置安装工程接地装置施工及验收规范》的有关规定。

2. 通信管线

通信管线施工及验收应符合 GB 50312《综合布线系统工程验收规范》、YD 5121《通信线路工程验收规范》和 YD/T 5152《光缆进线室验收规定》的有关规定。

第九章 城市地下综合管廊的管理和维护

第一节 城市地下综合管廊建设管理

（1）综合管廊建设应符合相关规程和现行国家法律、法规的规定。

（2）应制定综合管廊的使用制度，规范管线单位入廊后的维护和使用行为，并严格管理道路开挖行为。

（3）纳入综合管廊的各公用管线应有各自对应的由主管单位编制的专业管线管理制度，各专业管线管理制度应符合综合管廊整体管理制度。

第二节 城市地下综合管廊维护管理

一、维护管理的基本工作

（1）综合管廊建成后，应确定具备相关给水、排水、照明等专业资质和相应技术人员的单位进行日常管理工作。

（2）综合管廊的日常管理单位应会同各管线单位编制管线维护管理办法和实施细则。

（3）综合管廊的日常管理单位应做好综合管廊的日常维护管理工作，建立健全维护管理制度和工程维护档案，确保综合管廊处于安全工作状态。

二、日常管理单位义务

综合管廊日常管理单位应履行以下义务：

（1）保持管廊内的整洁和通风良好。

（2）执行安全监控和巡查制度。

（3）协助管线单位进行专业巡查、养护和维修。

（4）保证管廊设施正常运转。

（5）发生险情时，采取紧急措施，必要时通知管线单位抢修。

（6）定期组织应急预案演练。

（7）为保障管廊安全运行应履行的其他义务。

三、管线单位义务

管线单位应当履行以下义务：

（1）建立健全安全责任制。

（2）管线使用和维护应当执行相关安全技术规程。

（3）建立管线定期巡查记录。

（4）编制、实施管廊内管线维护和巡检计划，并接受管廊管理单位的监督检查。

（5）在管廊内实施明火作业的，应当符合消防要求，并制定施工方案。

（6）制定管线应急预案，并报管廊管理单位备案。

（7）为保障入管廊管线安全运行应当履行的其他义务。

四、维护管理规定

（1）纳入综合管廊内的各专业管线使用单位应配合综合管廊日常管理单位工作，共同确保综合管廊及管线的安全运营。

（2）各管线单位应按照年度编制所属管线的维护、维修计划，报综合管廊日常管理单位，经协调平衡后统一安排管线的维修时间。

（3）城市其他建设工程施工需要搬迁、改建综合管廊设施的，应报经城市建设主管部门批准后方可实施。

（4）城市其他建设工程毗邻综合管廊设施的，应按照有关规定预留安全间距，采取施工安全保护措施，并接受有关部门的监督。

第三节　城市地下综合管廊资料管理和信息化管理

一、资料管理

（1）综合管廊建设、运营维护过程中的档案资料的存放、保管应执行《城市地下管线工程档案管理办法》及当地城市档案管理的有关规定。

（2）综合管廊建设期间的档案资料应由建设单位负责收集、整理、归档。建设单位应及时移交相关资料。维护期间由综合管廊日常管理单位负责收集、整理、归档。

（3）综合管廊相关设施进行维修及改造后，应将维修和改造的技术资料整理后存档。

（4）应协调综合管廊管理单位、管线单位对入廊管线的资料进行统一管理，管线资料应符合当地城市档案管理的有关规定。

二、信息化管理

综合管廊的建设宜纳入城市地下管线数字化地理信息系统内。按照统一的数据标准，实现信息的即时交换、共建共享、动态更新。充分利用信息资源作为工程规划、施工建设、运营维护、应急防灾、公共服务等工作。涉及国家秘密的地下管线信息，要严格按照保密法律法规和标准进行管理。

第四节　城市地下综合管廊维护工作

一、日常维护工作

（1）综合管廊建成后，应由专业单位进行日常维护。

（2）综合管廊的日常维护单位应建立健全维护管理制度和工程维护档案，并应会同各专业管线单位编制管线维护管理办法、实施细则及应急预案。

（3）综合管廊内的各专业管线单位应配合综合管廊日常维护单位工作，确保综合管廊及管线的安全运营。

（4）综合管廊的巡视维护人员应采取防护措施，并应配备防护装备。

二、定期维护检修工作

（1）利用综合管廊结构本体的雨水渠，每年非雨季清理疏通不应少于 2 次。

（2）各专业管线单位应编制所属管线的年度维护维修计划，并应报送综合管廊日常管理单位，经协调后统一安排管线的维修时间。

（3）综合管廊内实行动火作业时，应采取防火措施。

（4）综合管廊内给水管道的维护管理应符合 CJJ 207《城镇供水管网运行、维护及安全技术规程》的有关规定。

（5）综合管廊内排水管渠的维护管理应符合 CJJ 6《城镇排水管道维护安全技术规程》和 CJJ 68《城镇排水管渠与泵站维护技术规程》的有关规定。

三、特殊维护

（1）城市其他建设工程施工需要搬迁、改建综合管廊设施时，应报经城市建设主管部门批准后方可实施。

（2）城市其他建设工程毗邻综合管廊设施，应按有关规定预留安全间距，并应采取施工安全保护措施。

四、定期测评

综合管廊投入运营后应定期检测评定，对综合管廊本体、附属设施、内部管线设施的运行状况应进行安全评估，并应及时处理安全隐患。

五、加强城市地下管线维修养护，消除安全隐患

应重点做好以下四个方面工作：

（1）健全和落实日常维修养护和巡查制度。要建立地下管线巡护和隐患排查制度，配备专门人员对管线进行日常巡护，建立巡查记录，记录内容应有巡查时间、地点（范围）、发现问题与处理措施、上报记录等。同时要建立动态的隐患排查治理台账，清晰掌握地下管线权属、建设年代、运行状况、安全状况、配套安全设施、运行维护责任等，对排查出的事故隐患落实治理，实行分级管理，依轻重缓急用明显标志区分，并制定消隐计划。

（2）推广地下管线监控预警技术。各城市及相关主管部门要借鉴已有的成功经验，结合地区特点，鼓励管道权属单位开发、应用地下管线监控预警技术，实现智能监测预警、有害气体自动处理、自动报警、防爆、井盖防盗等功能，提高地下管线安全管理效能，减少各类事故的发生。

（3）严格按照相关规程要求，进行地下管线作业。目前，地下管线受第三方破坏的现象较多，造成了人员伤亡和财产损失，各城市要建立相应的管理制度，要求建设单位在工程规划设计前，必须向地下管线信息档案管理机构、地下管线权属单位查询取得施工现场地下管线现状信息资料，并向施工单位进行详细交底，必要时在作业现场安排专人监护。针对每年地下管线作业中毒窒息、管线受损泄漏事故多发的情况，各行业主管部门要督促作业单位严格遵守相关安全操作规程，配备合格、有效的气体和测爆仪等检测设备，按照先检测后监护再进入的原则进行作业，确保作业人员安全。

（4）加强应急管理，提高应急处置能力。针对已有管道泄漏爆炸事故、天然气燃气爆燃事故暴露出的应急处置不当的问题，各行业主管部门和管道权属单位根据输送介质的危险特

性及管道状况，制定有针对性的专项应急预案和现场处置方案，并定期组织演练，检验预案的实用性、可操作性，加强应急队伍建设，提高人员专业素质，配套完善安全检测及应急装备。紧密结合实际，建立政府与管道权属单位沟通协调机制，加强政企应急预案的衔接，开展应急预案联合演练，提高应急响应能力；根据事故现场情况及救援需要及时划定警戒区域，疏散周边人员，加强现场秩序监控，确保救援工作安全有序，尽最大努力减少事故伤害，并防范次生事故发生。

第十章　项目建议书和可行性研究报告

第一节　项目建议书概述

一、项目建议书的作用

项目建议书（The project proposal）又称项目立项申请书或立项申请报告，由项目承建单位或项目法人根据国民经济的发展、国家和地方中长期规划、产业政策、生产力布局、国内外市场、所在地的内外部条件，就某一具体新建、扩建项目提出的项目的建议文件，是对拟建项目提出的框架性的总体设想。它要从宏观上论述项目设立的必要性和可能性，把项目投资的设想变为概略的投资建议。

项目建议书是由项目投资方向其主管部门上报的文件，目前广泛应用于项目的国家立项审批工作中。项目建议书的呈报可以供项目审批机关作出初步决策。它可以减少项目选择的盲目性，为下一步可行性研究打下基础。

项目建议书是项目单位就新建、扩建事项向发展改革委项目管理部门申报的书面申请文件。是项目建设筹建单位或项目法人，根据国民经济的发展、国家和地方中长期规划、产业政策、生产力布局、国内外市场、所在地的内外部条件，提出的某一具体项目的建议文件，是对拟建项目提出的框架性的总体设想。往往是在项目早期，由于项目条件还不够成熟，仅有规划意见书，对项目的具体建设方案还不明晰，市政、环保、交通等专业咨询意见尚未办理。项目建议书主要论证项目建设的必要性，建设方案和投资估算也比较粗，投资误差为±30％左右。

另外，对于大中型项目和一些工艺技术复杂、涉及面广、协调量大的项目，还要编制可行性研究报告，作为项目建议书的主要附件之一，同时涉及利用外资的项目，只有在项目建议书批准后，才可以开展对外工作。

因此，项目建议书可以说是项目发展周期的初始阶段基本情况的汇总，是选择和审批项目的依据，也是制作可行性研究报告的依据。

二、项目建议书的研究内容

项目建议书的研究内容包括进行市场调研、对项目建设的必要性和可行性进行研究、对项目产品的市场、项目建设内容、生产技术和设备及重要技术经济指标等进行分析，并对主要原材料的需求量、投资估算、投资方式、资金来源、经济效益等进行初步估算。

受项目所在细分行业、资金规模、建设地区、投资方式等不同影响，项目建议书均有不同侧重。为了保证项目顺利通过地区或者国家发展改革委批准，完成立项备案，项目建议书的编制必须由专业的咨询机构协助完成，一些大型项目立项所提交的项目建议书及可行性研究报告必须附带相应等级的咨询机构的公章，其中最高一级为国家甲级。

项目建议书制作依据是准确的数据、资深的调研团队、经验丰富的分析团队。

区分项目建议书的编制问题可以从以下 3 点来看：

（1）在一个总体设计范围内，由一个或几个单位工程组成，行政上实行统一管理，经济上统一核算的主体工程、配套工程及附属设施，编制统一的项目建议书。

（2）在一个总体设计范围内，经济上独立核算的各个工程项目，分别编制项目建议书。

（3）在一个总体设计范围内，属于分期建设工程项目，分别编制项目建议书。

三、项目建议书的核心价值

项目建议书是国有企业或政府投资项目单位为推动某个项目上马，提出的具体项目的建议文件，是专门对拟建项目提出的框架性的总体设想，该报告的核心价值是：

（1）作为项目拟建主体上报审批部门审批决策的依据。

（2）作为项目批复后编制项目可行性研究报告的依据。

（3）作为项目的投资设想变为现实的投资建议的依据。

（4）作为项目发展周期初始阶段基本情况汇总的依据。

四、项目建议书编制需准备的资料

（1）项目初步设想方案：总投资、产品及介绍、产量、预计销售价格、直接成本及清单（含主要材料规格、来源及价格）。

（2）技术及来源、设计专利标准、工艺描述、工艺流程图，对生产环境有特殊要求的应说明（比如防尘、减震、有辐射、需要降噪、有污染等）。

（3）项目厂区情况：厂区位置、建筑面积、厂区平面布置图、购置价格、当地土地价格。

（4）企业近 3 年审计报告（包含财务指标、账款应收预付等周转次数、在产品、产成品、原材料、动力、现金等的周转次数）。

（5）项目拟新增的人数规模，拟设置的部门和工资水平，估计项目工资总额（含福利费）。

（6）提供公司近 3 年营业费用、管理费用等扣除工资后的大致数值及占收入的比例。

（7）公司享受的增值税、所得税税率，其他补贴及优惠事项。

（8）项目产品价格及原料价格按照不含税价格测算，如果均能明确含税价格应逐项列明各种原料的进项税率和各类产品的销项税率。

（9）项目设备选型表（设备名称及型号、来源、价格、进口的要注明，备案项目耗电指标等可不做单独测算，工艺环节中需要外部协助的应标明）。

（10）其他资料及信息根据工作进展需要随时沟通。

五、项目建议书编制深度要求

1. 关于投资建设必要性和依据

（1）阐明拟建项目提出的背景、拟建地点，提出或出具与项目有关的长远规划或行业、地区规划资料，说明项目建设的必要性。

（2）对改扩建项目要说明现有企业的情况。

（3）对于引进技术和设备的项目，还要说明国内外技术的差距与概况以及进口的理由、工艺流程和生产条件的概要等。

2. 关于产品方案、拟建项目规模和建设地点的初步设想

（1）产品的市场预测。包括国内外同类产品的生产能力、销售情况分析和预测、产品销售方向和销售价格的初步分析等。

（2）说明（初步确定）产品的年产值、一次建成规模和分期建设的设想（改扩建项目还需说明原有生产情况及条件），以及对拟建项目规模经济合理性的评价。

（3）产品方案设想。包括主要产品和副产品的规模、质量标准等。

（4）建设地点论证。分析项目拟建地点的自然条件和社会条件，论证建设地点是否符合地区布局的要求。

3. 关于资源、交通运输以及其他建设条件和协作关系的初步分析

（1）拟利用的资源供应的可行性和可靠性。

（2）主要协作条件情况、项目拟建地点水电及其他公用设施、地方材料的供应情况分析。

（3）对于技术引进和设备进口项目应说明主要原材料、电力、燃料、交通运输、协作配套等方面的要求，以及已具备的条件和资源落实情况。

4. 关于主要工艺技术方案的设想

（1）主要生产技术和工艺。如拟引进国外技术，应说明引进的国别以及国内技术与之相比存在的差距、技术来源、技术鉴定及转让等情况。

（2）主要专用设备来源。如拟采用国外设备，应说明引进理由以及拟引进设备的国外厂商的概况。

5. 关于投资估算和资金筹措的设想

投资估算根据掌握数据的情况，可进行详细估算，也可以按单位生产能力或类似企业情况进行估算或匡算。投资估算中应包括建设期利息、投资方向调节税和考虑一定时期内的涨价影响因素（即涨价预备金），流动资金可参考同类企业条件及利率，说明偿还方式、测算偿还能力。对于技术引进和设备进口项目应估算项目的外汇总用汇额以及用途、外汇的资金来源与偿还方式，以及国内费用的估算和来源。

6. 关于项目建设进度的安排

（1）建设前期工作的安排应包括涉外项目的询价、考察、谈判、设计等。

（2）项目建设需要的时间和生产经营时间。

7. 关于经济效益和社会效益的初步估算（可能的话应含有初步的财务分析和国民经济分析的内容）

（1）计算项目全部投资的内部收益率、贷款偿还期等指标以及其他必要的指标，进行盈利能力、偿还能力初步分析。

（2）项目的社会效益和社会影响的初步分析。

8. 有关的初步结论和建议

对于技术引进和设备进口的项目建议书，还应有邀请外国厂商来华进行技术交流的计划、出国考察计划，以及可行性分析工作的计划（如聘请外国专家指导或委托咨询的计划）等附件。

第二节　项目建议书一般目录

第一部分　总　　论

一、项目概况

（一）项目名称

（二）项目的承办单位

（三）项目报告撰写单位

（四）项目主管部门

（五）项目建设内容、规模、目标

（六）项目建设地点

二、立项研究结论

（一）项目产品市场前景

（二）项目原料供应问题

（三）项目政策保障问题

（四）项目资金保障问题

（五）项目组织保障问题

（六）项目技术保障问题

（七）项目人力保障问题

（八）项目风险控制问题

（九）项目财务效益结论

（十）项目社会效益结论

（十一）项目立项可行性综合评价

三、主要技术经济指标汇总

注：在总论部分中，可将项目立项报告中各部分的主要技术经济指标汇总，列出主要技术经济指标表，使审批者对项目作全貌了解。

第二部分　项目发起背景和建设必要性

一、项目建设背景

（一）国家或行业发展规划

（二）项目发起人以及发起缘由

（三）……

二、项目建设必要性

（一）……

（二）……

三、项目建设可行性

（一）经济可行性

（二）政策可行性

（三）技术可行性

（四）模式可行性

（五）组织和人力资源可行性

第三部分　项目市场分析及前景预测

一、项目市场规模调查

二、项目市场竞争调查

三、项目市场前景预测

四、产品方案和建设规模

五、产品销售收入预测

第四部分　建设条件与厂址选择

一、资源和原材料

二、建设地区的选择

三、厂址选择

第五部分　工　厂　技　术　方　案

一、项目组成

二、生产技术方案

三、总平面布置和运输

四、土建工程

五、其他工程

第六部分　环境保护与劳动安全

一、建设地区环境现状

二、项目主要污染源和污染物

三、项目拟采用的环境保护标准

四、治理环境的方案

五、环境监测制度的建议

六、环境保护投资估算

七、环境影响评价结论

八、劳动保护与安全卫生

第七部分　企业组织和劳动定员

一、企业组织

二、劳动定员和人员培训

第八部分　项目实施进度安排

一、项目实施的各阶段

二、项目实施进度表

三、项目实施费用

第九部分　项　目　财　务　测　算

一、项目总投资估算

二、资金筹措

三、投资使用计划

四、项目财务测算相关报表

注：财务测算参考《建设项目经济评价方法与参数》，依照如下步骤进行：

(1) 基础数据与参数的确定、估算与分析。

(2) 编制财务分析的辅助报表。

(3) 编制财务分析的基本报表，估算所有的数据，进行汇总并编制财务分析的基本报表。

(4) 计算财务分析的各项指标，并进行财务分析，从项目角度提出项目可行与否的结论。

第十部分　财务效益、经济和社会效益评价

一、生产成本和销售收入估算

二、财务评价

三、国民经济评价

四、不确定性分析

五、社会效益和社会影响分析

第十一部分　结　论　与　建　议

一、结论与建议

二、附件

三、附图

第三节　城市基础设施项目建议书目录

第一部分　总　　论

一、项目名称

二、承办单位概况

三、拟建地点

四、建设规模

五、建设年限

六、概算投资

七、效益分析

第二部分　市　场　预　测

一、供应现状

注：本系统现有设施规模、能力及问题。

二、供应预测

注：本系统在建的和规划建设的设施规模、能力。

三、需求预测

注：根据当前城市社会经济发展对系统设施需求情况，预测城市社会经济发展对系统设施需求量分析。

第三部分 建 设 规 模

一、建设规模与方案比选

二、推荐建设规模及理由

第四部分 项 目 选 址

一、场址现状（地点与地理位置、土地可能性类别及占地面积等）

二、场址建设条件（地质、气候、交通、公用设施、政策、资源、法律法规征地拆迁工作、施工等）

第五部分 技术方案、设备方案和工程方案

一、技术方案

1. 技术方案选择

2. 主要工艺流程图，主要技术经济指标表

二、主要设备方案

三、工程方案

1. 建（构）筑物的建筑特征、结构方案（附总平面图、规划图）

2. 建筑安装工程量及"三材"用量估算

3. 主要建（构）筑物工程一览表

第六部分 投资估算及资金筹措

一、投资估算

1. 建设投资估算（总述总投资，分述建筑工程费、设备购置安装费等）

2. 流动资金估算

3. 投资估算表（总资金估算表、单项工程投资估算表）

二、资金筹措

1. 自筹资金

2. 其他来源

第七部分 效 益 分 析

一、经济效益

1. 基础数据与参数选取

2. 成本费用估算（编制总成本费用表和分项成本估算表）

3. 财务分析

二、社会效益

1. 项目对社会的影响分析

2. 项目与所在地互适性分析（不同利益群体对项目的态度及参与程度，各级组织对项目的态度及支持程度）

3. 社会风险分析

4. 社会评价结论

第八部分 结 论

第四节 项目建议书审批

一、审批机关

项目建议书要按现行的管理体制、隶属关系，分级审批。原则上，按隶属关系，经主管部门提出意见，再由主管部门上报，或与综合部门联合上报，或分别上报。

（1）大中型基本建设项目、限额以上更新改造项目，委托有资格的工程咨询、设计单位初评后，经省、自治区、直辖市、计划单列市计委及行业归口主管部门初审后，报国家计委审批。其中特大型项目（总投资 4 亿元以上的交通、能源、原材料项目，2 亿元以上的其他项目），由国家计委审核后报国务院审批。总投资在限额以上的外商投资项目，项目建议书分别由省计委、行业主管部门初审后，报国家计委会同外经贸部等有关部门审批；超过 1 亿美元的重大项目，上报国务院审批。

（2）小型基本建设项目，限额以下更新改造项目由地方或国务院有关部门审批。

1）小型项目中总投资 1000 万元以上的内资项目、总投资 500 万美元以上的生产性外资项目、300 万美元以上的非生产性利用外资项目，项目建议书由地方或国务院有关部门审批。

2）总投资 1000 万元以下的内资项目、总投资 500 万美元以下的非生产性利用外资项目，若项目建设内容比较简单，也可直接撰写可行性研究报告。

二、审批权限

（1）大中型基本建设项目、限额以上更新改造项目，委托有资格的工程咨询、设计单位初评后，经省级主管部门初审后，报国家发展改革委审批；其中特大型项目（总投资 4 亿元以上的交通、能源、原材料项目，2 亿元以上的其他项目），由国家发展改革委报国务院审批。

（2）小型基本建设项目、限额以下更新改造项目由国务院主管部门或地方发展改革委审批。

三、"立项"后的研究论证

项目建议书经批准后，称为"立项"，立项仅仅说明一个项目有投资的必要性，但尚需进一步开展研究论证。

（1）确定项目建设的机构、人员、法定代表人。

（2）选定建设地址，申请规划设计条件，做规划设计方案。

（3）落实筹措资金方案。

（4）落实供水、供电、供气、供热、雨污水排放、电信等市政公用设施配套方案。

（5）落实主要原材料、燃料的供应。

（6）落实环保、劳保、卫生防疫、节能、消防措施。

（7）外商投资企业申请企业名称预登记。

（8）进行详细的市场调查分析。

（9）编制可行性研究报告。

第五节 可行性研究报告

一、可行性研究报告与项目建议书的区别

1. 含义不同

项目建议书又称立项申请书，是项目单位就新建、扩建事项向发展改革委项目管理部门申报的书面申请的书面材料。项目建议书的主要作用是决策者可以通过项目建议书中的内容进行综合评估后，做出对项目批准与否的决定。

可行性研究报告同样是在投资决策之前，是对拟建项目进行全面技术经济分析的科学论证，是对拟建项目有关的自然、社会、经济、技术等进行调研、分析比较以及预测建成后的社会经济效益。在此基础上，综合论证项目建设的必要性、财务的盈利性、经济上的合理性、技术上的先进性和适应性以及建设条件的可能性和可行性，从而为投资决策提供科学依据的书面材料。

2. 研究的内容不同

项目建议书是初步选择项目，其决定是否需要进行下一步工作，主要考察建议的必要性和可行性。可行性研究则需进行全面深入的技术经济分析论证，作多方案比较，推荐最佳方案，或者否定该项目并提出充分理由，为最终决策提供可靠依据。

3. 基础资料依据不同

项目建议书是依据国家的长远规划和行业、地区规划以及产业政策，拟建项目的有关的自然资源条件和生产布局状况，以及项目主管部门的相关批文。可行性研究报告除把已批准的项目建议书作为研究依据外，还需把文件详细的设计资料和其他数据资料作为编制依据。

4. 内容繁简和深度不同

两个阶段的基本内容大体相似，但项目建议书要求略简单，属于定性性质。可行性研究报告则是正在这个基础上进行充实补充，使其更完善，具有更多的定量论证。

5. 投资估算的精度要求不同

项目建议书的投资估算一般根据国内外类似已建工程进行测算或对比推算，误差准许控制在20%以上，可行性研究报告必须对项目所需的各项费用进行比较详尽精确的计点，误差要求不应超过10%。

二、可行性研究报告常规提纲

可行性研究报告一般分为章、节、条3个层次。

第1章 项 目 总 论

1.1 可行性研究项目

1.1.1 项目名称

1.1.2 项目承办单位

1.1.3 项目主管部门

1.1.4 项目拟建地区、地点

1.1.5 承担可行性研究工作的单位和法人代表

1.1.6 研究工作依据

第7章　企业组织和劳动定员

7.1　企业组织

7.1.1　企业组织形式

7.1.2　企业工作制度

7.2　劳动定员和人员培训

7.2.1　劳动定员

7.2.2　年总工资和职工年平均工资估算

7.2.3　人员培训及费用估算

第8章　项目实施进度安排

8.1　项目实施的各阶段

8.1.1　建立项目实施管理机构

8.1.2　资金筹集安排

8.1.3　技术获得与转让

8.1.4　勘察设计和设备订货

8.1.5　施工准备

8.1.6　施工和生产准备

8.1.7　竣工验收

8.2　项目实施进度表

8.2.1　横道图

8.2.2　网络图

8.3　项目实施费用

8.3.1　建设单位管理费

8.3.2　生产筹备费

8.3.3　生产职工培训

8.3.4　办公和生活家具购置费

8.3.5　勘察设计费

8.3.6　其他应支付的费用

第9章　投资估算与资金筹措

9.1　项目总投资估算

9.1.1　固定资产投资总额

9.1.2　流动资金估算

9.2　资金筹措

9.2.1　资金来源

9.2.2　项目筹资方案

9.3　投资使用计划

9.3.1　投资使用计划

9.3.2 借款偿还计划

第10章 财务与敏感性分析

10.1 生产成本和销售收入估算

10.1.1 生产总成本估算

10.1.2 单位成本

10.1.3 销售收入估算

10.2 财务评价

10.3 国民经济评价

10.4 不确定性分

10.5 社会效益和社会影响分析

10.5.1 项目对国家政治和社会稳定的影响

10.5.2 项目与当地科技、文化发展水平的相互适应性

10.5.3 项目与当地基础设施发展水平的相互适应性

10.5.4 项目与当地居民的宗教、民族习惯的相互适应性

10.5.5 项目对合理利用自然资源的影响

10.5.6 项目的国防效益或影响

10.5.7 对保护环境和生态平衡的影响

第11章 可行性研究结论与建议

11.1 结论与建议

11.2 对推荐的拟建方案的结论性意见

第十一章 城市地下综合体

第一节 概　述

一、城市地下综合体的概念源自地面城市综合体

1. 定义

城市地下综合体（urban underground complex）是指将商业、城市交通及其他公共服务等若干功能单元进行有机结合所形成的具有大型综合功能的地下空间设施，包括具有上部建筑的城市地下综合体和特殊用地地表下的城市地下综合体。

由多种不同功能的建筑空间组合在一起的建筑称为建筑综合体，例如在一幢高层建筑中，在不同的层面以及地下室中布置有商业、办公、娱乐、餐饮、居住、停车等内容，这些内容在功能上有些相互联系，有些却毫不相干。经过进一步的发展，不同城市功能也被综合布置在大型建筑物中，成为城市综合体，当城市综合体随着城市的立体化再开发而伴生于城市地下空间时，则成为城市地下综合体。

2. 城市地下综合体的主要功能和作用

一个城市地下综合体中，具体包含内容和如何组成，要视其建设目的和主要功能而定。根据日本地下街的分析，结合我国城市地下综合体的建设特点，城市地下综合体的主要功能和作用具体可分为：

（1）地下交通部分。包括人行通道、车行通道、集散大厅、过厅、中庭、下沉广场、垂直交通等。

（2）地下社会停车场、地下公共汽车站点、地下出租车停靠点及其辅助设施。

（3）商店、饮食店、文娱设施、办公、展览、银行、邮局等业务设施。

（4）市政公用设施的主干管、线等。

（5）为城市地下综合体本身使用的通风、空调、变配电、供水排水等设备用房和中央控制室、防灾中心、办公室、仓库、卫生间等辅助用房，以及备用的电源、水源等。

二、城市地下综合体的功能单元

城市地下综合体内具有一定规模、相对独立的使用空间，供一种或多种不可分割的功能使用，称为城市地下综合体的一个功能单元，包括公共功能单元和设施单元。

如地下公共人行通道、地下车行通道及地下停车场、地下公共汽车站、地下出租车停靠站、地下商业设施、地下集散大厅，以及地下综合体与地面连接的下沉式广场和地下空间地面出入口。

三、城市地下综合体分类

城市地下综合体可按照空间结构、区位、主要功能等进行分类。

1. 按不同空间结构，城市地下综合体分为单体式和多体连通式

（1）单体式地下综合体。通常将商业、城市交通及其他公共服务等若干功能单元进行有机组合所形成的综合功能的单体地下空间设施称为单体式城市地下综合体。

（2）多体连通式地下综合体。将地下多个功能单元或者多个邻近地块的城市地下综合体通过交通联络空间进行连通所形成的地下空间设施称为多体连通式地下综合体。

2. 按所处的不同区位和作用，城市地下综合体分为城市中心型、交通站点型和园区景区型

（1）城市中心型地下综合体。一般在城市中心区繁华地带、CBD 区、城市公共绿地、广场等公共中心，结合修建综合性服务设施，集商业、文化娱乐、停车及公共设施于一体，并逐步创造条件，向建设地下城发展，如上海人民广场的地下广场、地下车库和香港街联合体、北京西单购物广场。

（2）交通站点型地下综合体。结合城市对外交通枢纽、城市公共交通和轨道交通，建设集商业、娱乐、交通换乘等多功能为一体的城市地下综合体，与地面、汽车站、过街地道等有机结合，形成多功能、综合性的换乘枢纽，如广州珠江新城核心区地下空间、黄沙地区站城市地下综合体等。

（3）园区景区型地下综合体。往往位于高校校园、旅游区、历史保护区和风景名胜区等，通过地下空间的开发利用来保护地面教学环境、传统风貌和自然景观不受破坏，如西安钟鼓楼地下广场、上海静安寺城市地下综合体。

3. 按主要功能的不同，城市地下综合体分为商业中心型、交通枢纽型和大型公建型等

城市地下综合体的功能众多、形态结构多样，分类方法难以概括全部。一般以空间结构和区位进行分类，这样便于确定功能单元与公共联系部分的各自的技术标准。

四、城市地下综合体设计的总原则

为保证城市地下综合体的设计质量，城市地下综合体建筑设计应符合节约能源、劳动卫生和环境保护的要求，遵循安全可靠、技术先进、经济适用的原则。"节能、环保"是我国的基本国策，是指节约能源、节约水源、节约土地、节约电源，保护环境。"技术先进"要求地下综合体建筑体现社会经济发展进程，设计符合时代特征，满足功能需求；设计具有前瞻性，采用先进的设计理念，推广新技术、新材料、新设备。"经济性"应体现在城市地下综合体的建设投入、建筑品质和使用效果全过程内，达到社会效益最大化。建设经济性的城市地下综合体应结合城市再开发，以建立节约型社会理念为先导，确立合理的建设规模和适宜的技术标准，采取先进的节能技术措施，遵循我国经济建设的方针。

五、城市地下综合体工程设计要求

（1）应以可持续发展战略为原则，符合城市规划的要求，正确处理人、建筑和环境的相互关系，并与周围环境相协调。

（2）必须保护生态环境，防止污染和破坏环境。

（3）建筑和环境应综合采取防火、抗震、防洪、抗风雪、抗雷击及防空等防灾安全措施。

（4）单体式城市地下综合体的主体结构设计应满足使用年限不少于 50 年的要求，具有纪念性和特别重要的城市地下综合体主体结构设计应满足使用年限 100 年的要求。

（5）多体连通式城市地下综合体的主体结构设计使用年限应按不同单体的建筑等级、重要性来确定。

（6）城市地下综合体内宜设置综合管廊，并应符合 GB 50838《城市综合管廊工程技术规范》的规定和要求。

（7）城市地下综合体内应设置标识系统，并应符合相关规定和要求。

（8）城市地下综合体无障碍设计必须严格执行国家现行的方针政策和法律法规，以为残疾人、老年人等弱势群体提供尽可能完善的服务为指导思想，并应贯彻安全、适用、经济、美观的设计原则。城市地下综合体内的无障碍设施应符合下列规定：

1）城市地下综合体应设置无障碍设施，并与地面无障碍设施相连接。

2）设置电梯的公共交通部位应设置无障碍设施。

3）地下无障碍设施的设计应符合 GB 50763《无障碍设计规范》的规定。

六、城市地下综合体规划要求

1. 符合规划用地要求

在市政道路、绿地、河流等公共用地下建设城市地下综合体时，应符合规划用地、分层开发、开发容量、市政管线空间预留、绿化覆土等相关要求。

城市地下综合体因内容复杂、耗资巨大，建设时必须在城市发展总体规划和地区开发规划的指导下进行，并对建设的必要性和可行性进行科学的论证。

比如上海市地下空间概念规划中明确了地下空间使用的分层原则如下：

（1）道路下，−15～0m 为浅表层，规划安排道路结构层、市政管线、地铁、地下通道和立交、综合管廊、城市地下综合体；−40～−15m 为中层，规划建设地铁、地下物流管道、地下道路；−40m 以下为深层，主要安排特种工程并作为远期开发空间。

（2）非道路下，−15～0m 为浅表层，规划建设地铁、城市地下综合体、地下商业街、民防工程、仓库、车库、雨水调蓄池、变电站等市政设施及各类建筑物基础；−40～−15m 为中层，规划建设物流管道、危险品仓库、各类建筑物基础、地下道路；−40m 以下为深层，主要安排特种工程并作为远期开发空间。

2. 城市地下综合体的离界间距应满足城市规划要求

地下建筑物的离界间距，宜不小于地下建筑物深度（自室外地面至地下建筑物底板的底部距离）的 0.7 倍，最小值应不小于 3m，且围护桩和自用管线不得超过基地界限。举例如下：

《上海市城市规划管理技术规定》中要求：地下建筑物的离界间距，不小于地下建筑物深度（自室外地面至地下建筑物底板底部的距离）的 0.7 倍；按上述离界间距退让边界，或后退道路规划红线距离要求确有困难的，应采取技术安全措施和有效的施工方法，经相应的施工技术论证部门评审，并由原设计单位签字认定后，其距离可适当缩小，但其最小值应不小于 3m，且围护桩和自用管线不得超过基地界限。如地下空间超越地块红线，或公共道路、广场、绿地等进行地下空间开发，则需要根据控制性详细规划或地下空间的专项规范确定退界要求。

3. 城市地下综合体的地面车行出入口位置

城市地下综合体的地面车行出入口不宜直接开设在城市主干道上，出入口距离道路交叉口、人行过街道、公园入口等设施的距离应满足相关规范要求；地下停车库出入口宜与相邻的城市地下车库联络道相连通或预留连通口。

由于城市地下综合体的公共车道车辆多，而城市主干道的交通量也大，如出入口设于主干道往往容易造成主干道交通阻塞，所以公共车道尽量不设在城市主干道上。如必须设在主干道上时，距离交叉口不应小于80m或在基地的最远端，同时应有必要的安全措施，严禁堵塞主干道。

4. 预留连通口

城市地下综合体设计应根据城市地下空间规划，与周边地下空间交通设施和公共活动场所互连互通，必要时可设置预留连通口。

第二节　城市地下综合体总体设计

一、一般规定

目前我国还没有国家标准规范城市地下综合体的设计、施工、管理等事项。

城市地下综合体总体设计的一般规定如下：

（1）城市地下综合体应根据城市规划条件，对地下综合体总体布局、建筑内部交通流线、外部交通流线、出入口设置、竖向、绿化及工程管线等进行总体设计。

（2）城市地下综合体总体设计宜考虑地下、地上空间的综合开发。

（3）城市地下综合体的设计应考虑对该区域城市的综合影响，包括城市设计要求、交通容量、给排水能力、生态保护等。

（4）城市地下综合体的电气、给排水、热力和市政管线等设施，宜统一设计。

二、总体布局

城市地下综合体的总体布局应根据城市总体规划、城市地下空间专项规划、城市交通规划、城市防汛防洪规划、环境保护和城市景观的要求，结合公共交通，合理布局；并妥善处理好交通组织、地面建筑、地下管线、地下构筑物之间的关系，集约建筑用地，并留有发展余地。

城市地下综合体的总体布局应符合下列要求：

（1）应符合防火设计及其他有关安全标准的规定。

（2）应合理组织建筑基地内的人流、车流和物流，避免和减少流线交叉，并有利于消防、停车和人员集散。

（3）环保及污染防治设施应与主体工程同步设计和同步施工。

（4）地下空间出地面建筑与各种污染源的卫生距离，应符合有关卫生标准的规定，并采取绿化隔离。

（5）减少停车库等产生的交通噪声和汽车尾气对城市地下综合体内其他空间的影响。

三、内部交通组织

1. 流线分类原则

城市地下综合体的内部交通流线分为人流、车流和货流3类。在满足建筑功能需求的前提下，应合理组织人流、车流和货流，方便人员换乘和集散。

2. 城市地下综合体内部交通组织应符合的要求

（1）保证内外联系的可达、便捷和安全。

（2）满足各功能单元间的联系便捷，满足人行、车行的内部通行需求。

（3）以人为本，实施"人车分离"。

四、外部交通组织

1. 城市地下综合体的人员出入口设置应符合的要求

(1) 根据周边环境及城市规划要求设置，有利于吸引和疏散人流。

(2) 与主要客流的方向一致，或邻近公共交通线路的车站，促进以步行、公交为主的出行模式。

(3) 应考虑与周边建筑、广场、绿地等的结合设置，宜与地下过道、地下商业街及相邻的地下公共建筑相结合或连通。如兼作过街地道时，相应部位的通道宽度应考虑过街客流量，同时应设置夜间停运时的隔离措施。

(4) 主要出入口前应有供人员集散用的空地，其面积和长宽尺寸应根据使用性质和集散人数确定。

2. 其他要求

(1) 城市地下综合体地面人行出入口，车行出入口应设置导向标识。

(2) 人行出入口的数量应根据分向客流和疏散要求设置。

(3) 地下综合体与轨道交通车站的连通应符合轨道交通相关规范和标准的规定。

(4) 交通枢纽换乘设施通行能力及交通集散空间的容纳量应满足预测的远期换乘客流量的需求。

五、竖向设计

1. 基地地面高程应符合的要求

(1) 基地地面高程应按城市规划确定的控制标高设计。

(2) 基地地面高程应与相邻基地标高协调，不得向相邻地块排水。

(3) 地块规划高程应比周边城市道路的最低路段高程高出 0.2m 以上。

2. 防室外雨水措施

城市地下综合体地面出入口处应采取防止室外雨水侵入的措施。城市地下综合体人员地面出入口的地面标高应高出该处室外地面 $300\sim450mm$，当此高程未满足本市防淹高度时，应加设防淹闸槽，槽高可根据本市最高积水水位确定。

3. 城市地下综合体基地地面、道路和广场坡度应符合的要求

(1) 基地内地面排水坡度不应小于 0.3%，坡度小于 0.3% 时应采用多坡向或特殊措施排水。

(2) 基地机动车道、非机动车道、步行道的坡度要求应满足国家现行标准的有关规定。

(3) 广场的最小坡度为 0.3%，最大坡度应为 1%。

4. 其他要求

基地竖向规划在满足各项用地功能要求的条件下，应避免高填、深挖，减少土石方、建（构）筑物基础、防护工程等的工程量。

六、绿化

1. 绿化工程设计要求

城市地下综合体项目应包括绿化工程，其设计应符合下列要求：

(1) 绿化工程包括地面绿化、垂直绿化和屋顶绿化等在内的全方位绿化，基地内绿地面积占基地总面积的比例应符合有关规范或本市城市规划行政主管部门的规定。

(2) 绿化的配置和布置方式应根据本市气候、土壤和环境功能等条件确定。

(3) 绿化与建筑物、构筑物、道路和管线之间的距离，应符合有关规范规定。

(4) 应保护自然生态环境，并应对地下矿产资源及遗产采取保护措施。

(5) 应防止树木根系对地下管线缠绕及对地下建筑防水层的破坏。

2. 顶板上的绿化种植设计要求

地下综合体顶板上的绿化种植设计应符合下列要求：

(1) 种植土应符合 JGJ 155《种植屋面工程技术规程》的相关要求。

(2) 地下综合体顶板种植土与周界地面相连时，宜设置排水盲沟；应设置过滤层和排水层；地下综合体顶板高于周界地面时，应按屋面种植要求执行；采用下沉式种植时，应设自流排水系统。

(3) 地下综合体顶板防水层应满足一级防水等级设防要求，且必须至少设置一道具有耐根穿刺性能的防水材料。

(4) 地下综合体顶板设计须考虑顶部植物健康生长的排水要求，应设计合理的排水系统，在排水口应设置过滤结构。

第三节　城市地下综合体出入口设计

一、一般规定

(1) 城市地下综合体主要出入口应与主要人流方向或车流方向一致。

(2) 设于道路两侧的车行出入口宜平行或垂直于道路红线，距道路红线的距离应按当地规划部门要求确定。当出入口开向城市主干道时，出入口前应设集散场地或一定长度的车行道路。

(3) 地面出入口的建筑形式，应根据周边建筑规划、城市景观要求确定。地面出入口可做独立式和合建式，优先采用与地面建筑或地面风井合建。

二、下沉式广场

(1) 下沉式广场宜与城市道路或地面广场相连。

(2) 下沉式广场应明确划分交通路线及安全疏散区域。

(3) 下沉式广场应设置无障碍设施，其设置标准应符合 GB 50763《无障碍设计规范》的规定。

(4) 下沉式广场应设置广场地面排水系统，广场排水坡度不应小于 0.3%，坡度小于0.3%时应采用多坡向或特殊措施排水。

三、门厅

(1) 门厅内交通流线应短捷明确、组织有序，避免或减少流线交叉，并提供活动和休息空间。

(2) 门厅面积根据建筑类型、规模、质量标准等因素确定，并满足有关面积定额指标。

四、人行出入口

(1) 城市地下综合体的主要人行出入口应设为无障碍出入口。

(2) 城市地下综合体人行出入口应结合内部功能和分向客流设置，平面位置应分布均匀、主次分明，宽度应满足消防疏散要求。

(3) 城市地下综合体主要人行出入口宜设置下沉式广场。

五、车行出入口

1. 城市地下综合体内的地下停车库出入口

（1）机动车停车库车行出入口应符合 DG/TJ 08—7《建筑工程交通设计及停车库（场）设置标准》的规定。

（2）地下停车库车行出入口应设候车道，且候车道不宜设在坡道上。候车道的宽度不应小于 3m，长度可按办理出入手续时需停留车辆的数量确定，但不应小于 2 辆，每辆车候车道长度不应小于 5.3m。

（3）停车数大于 50 辆的停车库的车行出入口宜设于基地内部路或城市次干道，不宜直接与主干道连接。机动车出入口设在基地内部道路上时，应符合内部交通组织的需要。

（4）地下车库车行出入口，距离城市道路的规划红线不应小于 7.5m，平行城市道路或与城市道路斜交角度小于 75°时应后退基地的出入口不小于 5.0m。并在距出入口边线内 2m 处作视点的 120°范围内至边线外 7.5m 不应有遮挡视线障碍物。

2. 基地车行出入口

基地车行出入口距离主干道交叉口不应小于 80m。距地铁人行出入口、人行横道线、人行过街天桥、人行地道不应小于 30m，距公共汽车站不应小于 15m。

3. 机动车停车库与城市地下车库联络道衔接时车行出入口

机动车停车库与城市地下车库联络道衔接时车行出入口设置应满足下列要求：

（1）转弯半径应按设计速度 10km/h 进行控制。

（2）出入口布设位置应充分考虑对主线道路的交通影响，控制与相邻地块车库的出入口间距，不应小于 30m。

（3）应满足出入口的三角形通视要求，必要时应对侧墙结构适当处理保证行车视距。

第四节 城市地下综合体交通设施设计

一、一般规定

（1）城市地下综合体公共通道的交通设计应组织有序、流线清晰、环境宜人、辨识性强。

（2）城市地下综合体内，与公共交通单元或综合交通枢纽单元直接连通的公共人行通道、人行楼梯、自动扶梯的通过能力，应按交通单元的远期超高峰客流量确定。超高峰设计客流量为该交通功能单元预测远期高峰小时客流量或客流控制时期的高峰小时客流量乘以 1.1～1.4 超高峰系数。

（3）城市地下综合体同一层内连通的功能单元间存在高差时，公共人行部分应符合无障碍设计要求。

（4）地下停车库应设置标识系统，有条件时宜设置"智能停车库诱导系统"。

二、步行楼梯、电梯和自动扶梯

（1）楼梯数量、位置、宽度和楼梯间形式应满足使用方便和安全疏散的要求。

（2）城市地下综合体内人员密集的功能单元层高超过 5m 时，应设上行自动扶梯。

（3）对于与地下换乘车站合建的城市地下综合体，自动扶梯设置数量酌情增加。分期建设的自动扶梯应预留位置。

（4）电梯设置宜按照功能单元分区设置。电梯台数的确定，应根据功能单元类型、层数、每层面积、人数和电梯主要技术参数等因素综合考虑。

（5）城市地下综合体不同功能分区内宜按防火分区设置消防电梯。经消防主管部门许可后，相邻防火分区可合用消防电梯。

三、集散大厅和过厅、中庭

1. 集散大厅

（1）城市地下综合体宜在主要人行出入口处或人流集散区域设置集散大厅，以实现人流集散、方向转换、空间过渡与场所衔接。

（2）集散大厅面积根据建筑类型、规模、质量标准和功能组成等因素确定。与交通功能单元连接的主通道上的集散大厅，应满足能容纳远期高峰小时 5min 内双向客流的集聚量所占面积（按 $0.5m^2$/人计）。

（3）自动扶梯、电梯、问询处和厕所等服务设施宜设置在集散大厅。

2. 过厅、中庭

（1）人流主要通道交叉的位置应设置过厅。

（2）过厅面积根据高峰小时通行人员流量及过厅功能等因素确定。

（3）在竖向交通与水平通道交汇的位置，宜设置中庭。中庭的面积参照过厅面积确定。

（4）楼梯、电梯、自动扶梯等设施宜设置在中庭内或附近。

四、公共人行通道

1. 基本要求

公共人行通道的布置除保证足够宽度外，应尽可能短捷、通畅，避免过多的转折。人行通道不得设置妨碍通行的障碍物。

2. 宽度要求

（1）公共人行通道的宽度应根据功能性质、通行能力、建筑标准、安全疏散等要求确定。公共人行通道不宜小于 4.0m，困难情况下不应小于 3m。若地下公共人行通道中设有商业设施，单侧设置时，公共人行通道宽度不宜小于 5.0m，双侧设置时，人行通道宽度不宜小于 6.0m。

（2）人流密集的功能单元与公共人行交通相接时，应适当扩大接口处公共人行通道的宽度。

3. 高度要求

公共人行通道的净高不宜小于 3.0m；若设有商业等设施时，净高不宜小于 3.5m。城市建成区改造中增设地下人行通道，构造上确有困难时，在保证消防安全的条件下，通道净高不应小于 2.5m。

4. 连通要求

公共人行通道与车行交通空间连通时，人行入口应高于车行地面，高差不小于 150mm；应设置防止车辆进入的隔离墩等禁入设施；地面高差设置台阶时，应同时设置满足无障碍通行要求的轮椅坡道。公共人行通道与非机动车道相连通时，参照执行。

五、车行通道

1. 基本要求

（1）城市地下综合体的车行通道线形设计应连续，保证视距充足，确保行车安全。

（2）城市地下综合体的车行通道应设置合理的交通设施，加强行车安全引导，交通设施应简洁、可视性好。

（3）车行通道路侧的柱子、墙阳角及凸出构件等部位应设置警示标线和防撞设施。

2. 设计速度

连通城市综合体不同地下车库的地下车行通道，设计速度不应大于 20km/h；与车库连接的匝道，设计速度不宜大于 10km/h；地下车库内部设计速度宜为 5km/h。

3. 几何形设计

城市地下综合体的车行通道的车道平面、纵断面及车道宽度等几何形设计应符合 DG/TJ 08—7《建筑工程交通设计及停车库（场）设置标准》的规定。

4. 辅助车道

连接不同地块车库的车行通道宜在有地块车库接入侧设置辅助车道，联系地块车库的出入口接入辅助车道。

5. 沟盖和挡水槛

城市地下综合体的车行通道在出入地面的坡道底端应设置与坡道同宽的截水沟和耐轮压的沟盖，坡道顶端应设置闭合的挡水槛。

6. 面层

城市地下综合体的车行通道面层应采取防滑措施，并宜采用阻燃性好、噪声低的路面。

第五节　城市地下综合体主体功能设计

一、一般规定

（1）城市地下综合体应根据建设规模、建筑功能配置各主体功能单元，包括地下公共汽车站、地下出租车站、地下公共停车库、地下商业服务设施等。

（2）主体功能的建筑平面布置设计应根据建筑的使用性质、功能、工艺要求，合理布局，做到功能分区明确、流线便捷、疏散安全。

（3）主体功能建筑设计应符合相应同类型建筑的设计规范标准，并应符合下列要求：

1）各主体功能单元宜独立设置，并宜做到不同使用功能相分开、火灾危险性大的场所与火灾危险性相对小的场所相分开。

2）各主体功能单元应单独划分防火分区，并应具有独立的安全疏散功能。

3）建筑内的明火餐饮设施宜集中设置，餐饮区废水、废油、油烟气应采取相应的处理和净化措施，并达到国家规定的排放标准或要求。

（4）主体功能建筑无障碍设施的配置和设计应符合 GB 50763《无障碍设计规范》的有关规定或要求。

二、公共汽车站

（1）城市地下综合体内公共汽车站的平面宜由以下区域组成：

1）供公共汽车和电车车辆运行的区域。包括车辆出入口、等候发车区、回车道等。

2）供乘客、运营工作人员使用的综合性服务区域。包括管理用房、候车设施、人行通道等。

3）满足人员出行需求、协调周边的公共配套设施区域。包括公共厕所、停车位等。

（2）公共汽车进出站口与乘客主要出入口宜分开设置，安全距离宜不小于 5m；若设置在一起，应用物理分隔。对人员密集场所，除保持安全距离外，宜设置隔离设施。

（3）公共汽车站内宜做到上客区与下客区分离，上客人流、下客人流、车流间互不干扰。交通路线应采用与进出口行驶方向相一致的单向行驶路线，避免相互交叉。

（4）候车站台设计应有利于乘客上下车，站台净宽应不小于 3m，站台长度应至少满足 2 个公共汽车或电车停车泊位需求，每辆公共汽车和电车停车泊位长度应按长度不小于 15m、宽度不小于 3m 的标准设置。

（5）车辆运行区内公共汽车和电车标准车通行空间的净空高度应不低于 4.0m，双层公共汽车通行空间的净空高度应不低于 4.6m，无轨电车通行空间的净空高度应不低于 5.2m。

（6）回车道应按照车辆的回转轨迹划定，直行段宽度应不小于 7m，转弯段应满足车辆转弯半径的技术要求，最小转弯半径应符合 CJJ 37《城市道路设计规范》的规定。

三、出租车停靠站

（1）城市地下综合体内出租车停靠站的设置应依据地下综合体内换乘客流需求确定匹配的规模，并宜同社会机动车停车区分开。出租车停靠站平面宜由以下区域组成：

1）供出租车辆运行的区域。包括车辆出入口、专用蓄车区、回车道等。

2）供乘客、工作人员使用的综合性服务区域。包括管理用房、调度室、司机休息室、候车设施、人行通道等。

3）满足人员出行需求、协调周边的公共配套设施区域。包括公共厕所、停车位等。

（2）出租车停靠站点的平面布局应按照人车分流的原则，避免乘客、车辆流线冲突。乘客需跨越出租车等候区上车时，等候区内车道不宜大于 3 条。

（3）基地内出租车的车辆出入口的设置以面向交通流量较少的次干道为原则。

（4）出租汽车的直线双坡道最小宽度不小于 5.5m，曲线双车坡道最小宽度内圈不应小于 4.2m，外圈不小于 3.6m。

（5）出租汽车库直线坡道纵坡宜小于 12%，曲线形坡道的纵坡宜小于 9%。坡道与行车交汇处、与平地相衔接的缓坡段的坡度为正常坡度的 1/2；其长度为 4m。直线坡道应设置纵向排水沟和 1%～2% 的横向坡度。

（6）城市地下综合体内的出租车停靠站点候车站台宽度宜大于 3m，其他主要设计指标如纵横净距、净空、通道宽度、通道最小平曲线半径、最大纵坡等应符合 JGJ 100《汽车库建筑设计规范》的要求。

四、社会停车库

（1）城市地下综合体内社会停车库的设计，应使基地出入口、主要人流出入口及基地内道路之间有合理通畅的交通关系。

（2）社会停车库（场）的标志和标线设计，应按照 GB 5768《道路交通标志和标线》和 DB 31/485《停车场（库）标志设置规范》的规定，标明场（库）内道路、车辆及人流路线走向，设置识别标志、引导标志、提示标志和安全标志等。

（3）城市地下综合体内的社会停车库（场）主要设计指标应符合 JGJ 100《汽车库建筑设计规范》的要求。

（4）停车库（场）应设置无障碍停车位，无障碍停车位的设置要求应符合 GB 50763《无障碍设计规范》的要求。

（5）大型货车装卸车位不宜设在地下车库内，当确需设置时，应严格按国家有关规范设计。

（6）停车库内机动车与非机动车停车区应分开设置，在车库内同一平面时，应用分隔设施将其完全隔离。

（7）对社会开放的机动车停车库（场）应设停车场管理系统。

五、商业设施

（1）城市地下综合体内商业设施包括以商业服务为内容的商店、饮食、文化娱乐、展览等设施，宜由营业、制作、储藏和辅助用房等部分组成。

（2）地下商店、文化娱乐、餐饮等服务设施设计，除应符合本规范的规定外，还应符合国家和相关部门颁发的有关设计标准、规范和规定。

（3）商业建筑中的客、货梯宜设置独立的电梯间，不宜直接设置在营业厅、多功能厅等场所内。

（4）地下商业营业厅不应设置在地下 3 层及 3 层以下；歌舞、娱乐、放映、游艺等人员密集场所不应设置在地下 2 层及 2 层以下，当布置在地下 1 层时，地下 1 层地面与室外出入口地坪的高差不应大于 10m。

六、城市地下综合体内的综合管廊设计

（1）城市综合管廊建设应结合地下综合体进行统一规划和设计，遵循节约用地原则，协调综合管廊和其他地下工程的关系。

（2）城市综合管廊应设置独立防火分区，防火分区沿长边最大间距不应大于 200m。防火分区应设置防火墙、甲级防火门等进行防火分隔。

（3）城市综合管廊除应符合本规范的规定外，还应符合 GB 50838《城市综合管廊工程技术规范》的相关规定。

（4）地下综合体内不应布置煤气调压站、大中型垃圾转运站等市政设施。

第六节　城市地下综合体辅助功能设计

一、一般规定

（1）城市地下综合体应根据规模大小、建筑功能需要设置辅助功能部分，包括服务用房、管理用房、设备用房及其他各类辅助用房等。

（2）辅助用房设计应符合下列要求：

1）平面位置应便于服务主体功能，同时减少对主体功能营业空间的干扰。

2）应注意安全、卫生、消声、减振和设备安装维修的方便。

3）有关食品类的辅助用房应符合食品卫生法的规定。

二、服务用房

（1）服务用房由各类库房、厕所、溶室、盥洗室等组成，其位置应便于服务主体功能。

（2）厕所、溶室、盥洗室应符合下列要求：

1）建筑物内的厕所、盥洗室、浴室不应布置在餐厅、食品加工、医药贮存、变配电等有严格卫生要求或防水防潮要求用房的上层。

2）卫生设备配置数量与使用人数应根据建筑功能协调考虑。

3）卫生用房应采用机械通风。

4）公共男女厕所应有前室，宜设独立清洁间。

5）公共厕所服务半径不宜超过 100m，无障碍厕所服务半径不宜超过 125m。

（3）茶水间宜根据需求集中或分区设置，开水间应设置洗涤池和地漏，并宜设洗涤、消毒茶具和倒茶渣的设施。

（4）各类库房应根据营业规模大小、经营需要设置供商品短期周转的储存库房（总库房、分部库房、散仓）和与商品出入库、销售有关的整理、加工和管理等用房。分部库房、散仓应靠近营业厅内有关销售区，便于商品的搬运，减少对顾客的干扰。

（5）各类库房不应储存火灾危险性为甲、乙类物品。

三、管理用房

（1）管理用房由办公室、调度室、会议室、接待室及值班室等组成，其位置应设于对外联系和对内管理方便的部位。

（2）交通站点型城市地下综合体的管理用房，建筑面积应按线路条数确定，管理用房建设规模应符合相关标准要求。

四、设备用房

（1）设备用房应留有能满足最大设备安装、检修的进出口。设备用房的层高和垂直运输交通应满足设备安装与维修的要求。

（2）有排水、冲洗要求的设备用房应设置冲洗地面的上下水设施；在设备可能漏水、泄水的位置，设地漏或排水明沟。

（3）动力设备机房宜靠近负荷中心设置。

（4）产生噪声或振动的设备机房应采取消声、隔声和减振等措施，并不宜毗邻人员活动场所，也不宜布置在人员活动场所的正上方。

五、其他

（1）管道井、排油烟道、通风道和消防疏散道应分别独立设置，不得使用同一管道系统，并应用不燃烧体材料制作。

（2）城市地下综合体人员密集的功能单元内宜设置援助设施。援助设施分为特殊援助设施和紧急援助设施两类。特殊援助设施为老、弱、病、残、孕、幼 6 种群体提供特殊援助，包括援助中心、儿童中心等；紧急援助设施包括医疗站、急救站和警务站等。

（3）城市地下综合体内宜设有可供垃圾集中收集的场所。

第七节　城市地下综合体室内环境

一、一般规定

（1）城市地下综合体应设有照明系统，通风空调、供电、通信、信号、综合监控及给排水与消防系统，以满足工程安全运行的需要。

（2）建筑配套设施的设计应根据城市地下综合体的分类、主体功能及建筑规模等参照有关规范执行。

（3）地下建筑室内环境在人员经常活动区域，尤其是人员集中活动的区域，要具备保障人身健康的空气质量、适宜的温湿度等，参照相关的卫生标准和环境标准，有效控制有害污染的释放与积聚，控制设备噪声与振动的传播。

（4）地下工程中宜采用不燃、难燃材料，且应具有防潮、防毒、耐老化和环保要求。

二、城市地下综合体建筑照明系统

1. 设计要求

城市地下综合体照明设计应符合下列要求：

（1）根据视觉要求，通过对光源、灯具的配置，使工作区域或空间具备合理的照度、显色性和适宜的亮度分布以及舒适的视觉环境。

（2）照度、均匀度、眩光限制、显色性等照明参数均应满足相应场所的要求。

（3）出入口处应考虑电气照明与自然光照的协调，设置合理的过渡照明。出入口处白天室内外亮度变化宜按 10∶1～15∶1 取值；夜间室内外亮度变化宜按 2∶1～4∶1 取值。

（4）应急照明设施应包括：

1）火灾时能使人员安全疏散的疏散照明；

2）正常照明失效时，为继续工作而设的备用照明；

3）正常照明突然中断时，为确保人员安全而设的安全照明。

2. 地下综合体内主要场所照明标准及功率密度

城市地下综合体各区域照度标准应符合 GB 50034《建筑照明设计标准》及 JGJ 243《交通建筑电气设计规范》的相关规定要求；下沉式广场和商业街的照明设计应符合 JGJ/T 162《城市夜景照明设计规范》及 JGJ 16《民用建筑电气设计规范》的相关规定要求。

城市地下综合体内主要场所的照明标准值及功率密度值应符合表 11-1 的规定。

表 11-1　　　　　　　地下综合体内主要场所照明标准值及功率密度值

类别		参考平面及其高度		照度标准值（lx）	统一眩光值 UGR	照度均匀度 U_0	显色指数 Ra	功率密度值 LPD（W/m²）	
								现行值	目标值
地下停车库	车道	地面		50	—	0.60	60	≤2.5	≤2.0
	车位	地面		30	—	0.60	60	≤2.0	≤1.5
商业区域	一般商店营业厅	0.75m 水平面		300	22	0.60	80	≤10.0	≤9.0
	一般室内营业街	地面		200	22	0.60	80	≤9.0	≤8.0
	餐饮店	0.75m 水平面		200	22	0.60	80	≤9.0	≤8.0
交通区域	门厅	普通	地面	100	—	0.40	60	≤4.0	≤3.5
		高档	地面	200	—	0.60	80	≤9.0	≤8.0
	走廊、流动区域、楼梯间	普通	地面	50	25	0.40	60	≤2.5	≤2.0
		高档	地面	100	25	0.60	80	≤4.0	≤3.5
	自动扶梯	地面		150	—	0.60	60	≤6.0	≤5.0
	厕所、盥洗室	普通	地面	75	—	0.40	60	≤3.5	≤3.0
		高档	地面	100	—	0.60	80	≤4.0	≤3.5
	电梯前厅	普通	地面	100	—	0.40	60	≤4.0	≤3.5
		高档	地面	150	—	0.60	80	≤6.0	≤5.0
管理办公室		0.75m 水平面		300	19	0.60	80	≤9.0	≤8.0

3. 照明电器选用原则

（1）照明配电装置应选用可靠耐用、高效节能的产品，潮湿场所应选用防潮型产品。

（2）城市地下综合体应采用高光效的光源及节能型灯具及附件，需连续调光、频繁启闭或特殊需要的场所可选用发光二极管灯（LED）或荧光灯。

（3）城市地下综合体宜采用导光管、导光纤维等采光器将采集的光线传入到室内进行照明。

4. 备用照明和安全照明的照度要求

城市地下综合体的备用照明和安全照明的照度标准值不应低于一般照明照度标准值的10%，且安全照明的照度不应低于 15lx；疏散照明的水平疏散通道地面最低水平照度不应低于 1lx，人员密集场所不应低于 3lx；疏散照明的垂直疏散区域的最低地面水平照度不应低于 5lx。

5. 应急照明光源

应急照明光源应符合下列要求：

（1）疏散照明宜采用发光二极管灯（LED）或荧光灯。

（2）安全照明宜采用瞬时可靠点燃的荧光灯，也可用发光二极管灯（LED）。

6. 疏散标志和供电时间

（1）城市地下综合体应沿疏散走道和在安全出口、人员密集场所的疏散门正上方设灯光疏散指示标志，人员密集的疏散走道和主要疏散路线的地面上应增设能保持视觉连续的灯光疏散指示或蓄光性标志。

（2）城市城下综合体的应急疏散照明在一般场所和人员密集场所的疏散区域内的最少持续供电时间不小于 60min。

三、城市地下综合体的通风、空调与除湿

1. 基本要求

（1）为保证适宜的温湿度，应对城市地下综合体进行通风设计。当采用自然通风不能满足卫生、工艺或舒适性要求时，应采取机械通风或空调除湿措施。

（2）城市地下综合体内卫生间应设置实用、有效的通风措施，增强通风换气，换气次数不应小于 10 次/h。

（3）城市地下综合体内各通风、空调设备应考虑消声减振措施。

（4）城市地下综合体内设出租车蓄车库或公共汽车站时，通风量计算应按稀释浓度法计算，并以换气次数核算；通风系统宜根据污染物浓度进行自动运行控制。

（5）候车区与车行区应尽量分隔，当分隔存在困难时，通风系统应组织合适的气流，保证候车区的舒适性。

（6）机动停车库地面排风口、饮食或其他有异味的排风口设置应符合环保、规划的要求。

（7）各功能单元的通风与空调设计标准应满足相关行业及专业设计规范的要求。

2. 城市地下综合体通风设计应符合的要求

（1）地下空间有条件时可采用自然通风，自然通风有效开口面积不宜小于该区域地面面积的 5%。

（2）宜充分利用地下综合体的中庭进行自然通风设计。

（3）宜根据地下空间使用功能、热湿负荷和舒适性要求，采取适当的空调、除湿措施。

3. 城市地下综合体设备用房通风应符合的要求

（1）应按照各设备工艺要求进行通风设计。

（2）通风系统的室外进、排风口内侧应设置有效装置防止杂物进入。

4. 地面通风口的设置应符合的要求

（1）机械送风系统进风口的位置设置应避免进风、排风短路，并应设在室外空气较清洁位置。

（2）进风口的下缘距室外地坪不宜小于2m；当设在绿化带时，不宜小于1m。

（3）机械加压送风防烟系统和排烟补风系统的室外进风口宜布置在室外排烟口的下方，且高差不宜小于3m；当水平布置时，水平距离不宜小于10m。

四、城市地下综合体的供配电系统

城市地下综合体应根据工程特点、负荷性质、用电容量和分布、节能环保、供电条件等因素合理地设计供配电系统和变配电所，并应符合现行的国家规范和行业标准。

1. 城市地下综合体的用电负荷分级应符合的要求

（1）消防控制室、火灾自动报警及消防联动控制装置、火灾应急照明及疏散指示标志、防烟及排烟设备、消火栓泵及喷淋泵、自动灭火装置、电动防火卷帘门及阀门、消防电梯等消防用电设备的负荷等级为一级负荷。

（2）安防系统、电话通信设备及雨水泵的负荷等级为一级负荷。

（3）人员密集的城市地下综合体内的火灾自动报警及消防联动控制装置和火灾应急照明及疏散指示标志为一级负荷中特别重要负荷。

（4）弱电系统、电梯、潜污泵等用电负荷等级为二级负荷或以上。

（5）其余为三级负荷。

2. 自备应急电源

自备应急电源应根据允许中断供电时间的要求采用允许中断或不间断供电的蓄电池静止型供电装置（EPS、UPS）或应急柴油发电机组。

3. 防火电缆

城市地下综合体内应采用阻燃电缆，有人员活动的场所应采用无卤低烟阻燃电缆；当在外部火势作用一定时间内需保持线路完整性并维持通电的场所，其线路应采用耐火电缆，有人员活动的场所应采用无卤低烟阻燃耐火电缆或矿物绝缘电缆。

4. 防雷和接地

城市地下综合体应有防雷击电磁脉冲技术措施，其附设的地面建筑物的防雷要求应满足现行的国家防雷规范和行业标准。

无地面建筑物的地下综合体宜在有覆土层的地面上设置地面型接地电阻测试连接板端子箱。

五、城市地下综合体的弱电系统

（1）城市地下综合体的弱电系统应根据工程性质和运营管理需求等因素合理设计，并应符合现行的国家规范和行业标准。

（2）城市地下综合体功能单元复杂时，宜结合运营模式设置监控总（分）中心机房。

（3）监控中心应配置与上一级管理中心的通信接口。

（4）弱电系统设备应采用高可靠性、高稳定性、模块化的防潮、防腐蚀型产品，应采用简洁、成熟的系统架构形式。

（5）城市地下综合体应设置视频安防监控系统，系统设置应符合 GB 50395《视频安防监控系统工程设计规范》及相关规范的有关规定。

（6）城市地下综合体的地下车行通道或环路宜设置交通监控系统。

（7）城市地下综合体应设置无线对讲系统。

（8）城市地下综合体宜设置移动通信覆盖系统，在有人员活动的公共区域应设置移动通信覆盖系统。

六、城市地下综合体的给水和排水系统

1. 给水要求

（1）生产、生活给水系统与消防给水系统应各自独立，分别计量。

（2）生活饮用水不得因管道内产生虹吸、背压回流而受污染。防止回流污染应根据回流性质、污染的危害性等因素选择空气间隙、倒流防止器和真空破坏器等设施。

（3）地下综合体内各功能单元的消防给水和灭火设施的系统设计应满足相关规范要求。

2. 排水要求

（1）地下综合体雨水、污水、废水的排水系统设计应分类收集、各自独立排出，其出水口必须可靠。

（2）敞开式出入口、下沉式广场及敞口风亭的地面雨水径流量计算宜符合下列要求：

1）设计重现期宜按 50 年计算。

2）地面集水时间宜取 5min，或按坡面流公式计算确定。

3）径流系数宜为 0.9～1.0。

（3）压力排水均应经压力检查井减压后再接入市政排水管网，压力井距结构外墙不宜小于 3m。

（4）城市地下综合体内污水提升系统宜采用密闭提升装置或真空排水设备，并设置污水泵房。污水系统应设置通气管，通气管应接至排风井出风口外，与大气相通且管口设置透气帽。

（5）城市地下综合体的底层应根据防火分区分别设置排水设施，排水总量应按消防流量确定，且不应小于 10L/s，排水泵应设备用泵。

3. 给排水管道

（1）给排水管道穿越变形缝时，应设置补偿管道伸缩和剪切变形措施。

（2）给排水管道严禁穿越变电站、配电房、通信机房、计算机网络机房、电话站、控制室及气瓶间等电气设备用房。

（3）穿越人民防空结构的给排水管道应设置密闭套管，并在人民防空结构内侧设置工作压力不小于 1.0MPa 防护阀门。

第八节　城市地下综合体的防灾安全措施

一、一般规定

（1）城市地下综合体工程应具有防火、抗震、防洪、防空、抗风雪和雷击等防灾安全措施。

（2）城市地下综合体内的商业设施与周边地下公共空间联体开发时，应作防火分隔，并应符合民用建筑、人民防空工程相关的防火规定。疏散区域及疏散通道内不应布置商业用房。

（3）城市地下综合体内的疏散走道、安全出口、疏散楼梯以及房间疏散门的各自总宽度，均应按规定经计算后确定。

（4）结构和设备的抗震设计，应符合现行国家和本市相关抗震设计规范的规定。

二、防火安全措施

（1）地下工程的耐火等级应为一级，地面出入口、地面通风井等地面附属建筑的耐火等级应不低于二级。

（2）城市地下综合体内的交通、市政、公共服务等不同功能分区的疏散体系宜分别独立设置。城市地下综合体内各功能单元与地铁站厅层及铁路站房层间应采取防火分隔措施，疏散体系不得相互借用。

（3）当地下商业总建筑面积大于 20000m² 时，应采用不开设门窗洞口的防火墙进行分隔。相邻区域确需局部连通时，应采用防火隔间、地下商业街及下沉式广场等辅助分隔措施进行防火分隔。

（4）地下车行道路与相连通的地下车库应设置不同防火分区。

（5）城市地下综合体应设置防排烟系统。对于存放难燃烧物品或者不燃烧物品，且无经常停留人员的地下房间，可采用密闭防烟措施。

（6）机械排烟系统与通风、空气调节系统宜分开设置。当合用时，必须采取可靠的防火安全措施，并应符合机械排烟系统的有关规定。

（7）城市地下综合体内应按相关规范要求设置疏散指示标志、消防应急照明、消防应急广播、火灾声光警报器和火灾自动报警装置等防灾设备。

三、防洪安全措施

（1）城市地下综合体出入口及敞口低风井等口部的防淹措施，应满足本市防洪排涝要求。

（2）与下沉式广场相连的出入口应具有安全可靠的防淹措施。

（3）城市地下综合体的各雨水排水泵房应设置高水位报警装置。

第九节　城市地下综合体的人民防空功能

一、一般规定

（1）城市地下综合体建设应兼顾人民防空的需要。地下综合体的人民防空建设必须根据城市人防工程的总体规划要求，统一部署、同步设计，并纳入城市人民防空防护体系。

（2）城市地下综合体内人民防空工程设计必须贯彻"长期准备、重点建设、平战结合"的方针，并应坚持人民防空建设与经济建设协调发展、与城市建设相结合的原则，在确保人民防空工程战备效益的前提下，充分发挥其社会效益和经济效益。

（3）城市地下综合体内人民防空工程的设计除轨道交通工程和其他经民防主管部门特批的"兼顾设防工程"另有技术标准外，一般的等级设防工程均应按相关的国家标准设计。

二、城市地下综合体人民防空工程规划、布局要求

1. 城市地下综合体人民防空工程的规划、布局应符合的要求

（1）人民防空工程的位置、规模、战时用途、平时用途、抗力等级和防化级别等应根据城市地下综合体规划和人民防空工程专项规划，综合考虑，统筹安排，配套建设。

（2）人民防空工程设计应充分考虑地下建筑与地面建筑的关系，合理布置各类不同战时功能的防护单元，使人民防空工程人员的疏散口、通风口与周边环境有机结合。

（3）地铁车站作为城市人民防空防护体系网络的节点，宜与周边地下综合体的人民防空工程连片成网。地下综合体人民防空工程有条件时也宜与附近的其他人民防空交通干（支）线连通。

（4）人员掩蔽工程应布置在人员相对集中的适当位置，其服务半径不宜大于200m。

2. 城市地下综合体内人民防空防护单元

（1）城市地下综合体人民防空防护单元的划分宜与平时使用功能单元和防火分区相结合。

（2）单体式城市地下综合体内的不同人民防空防护单元宜按团组式分布。

（3）人民防空设防单元应布置在城市地下综合体的最底层。当须分层布置时，上层防护单元的建筑投影线不应超出下层防护单元的轮廓范围，上、下防护单元应通过内部楼梯间连通。

（4）根据战时及平时的使用需求，相邻的防护单元之间以及防护单元与邻近的城市地下建筑之间应在一定范围内连通。

1）单体式城市地下综合体的防护单元，当暂无条件与周边设防空间连通时，应根据人民防空建设规划预留人民防空连通口。

2）多体连通式城市地下综合体的人民防空工程可借助设防的地下交通联络空间连通。

3）地下交通联络空间作为人民防空连通道时，每隔150～300m应设置一个战时人员出入口。

3. 战时出入口

城市地下综合体人民防空工程的各战时出入口之间距离不宜小于15m，并宜朝不同方向设置。两个相邻防护单元的出入口设置于同一方向时，在满足相关人民防空设计规范的前提下，可在各自单元的第一道防护密闭门外共用一个室外出入口，合并后的通道及楼梯的净宽应通过计算确定。

人员掩蔽工程的地面战时人员主要出入口附近应设置民防工程的导向标识。

4. 人民防空柴油电站

（1）除轨道交通人民防空工程和特批的"兼顾设防工程"外，城市地下综合体内一般等级人民防空工程，当建筑面积之和超过5000m²时，应设置人民防空柴油电站。

（2）柴油电站的位置，应根据人民防空工程的用途和发电机组的容量等条件综合确定。柴油电站宜独立设置，并与主体连通。柴油电站宜靠近负荷中心，远离安静房间。

（3）当有条件可以利用平时应急电源与人民防空战时电源进行平战结合设计时，可不再单独设置人民防空柴油电站。

（4）城市地下综合体人民防空工程距甲、乙类生产、储存易燃易爆物品厂房、库房的距离不应小于50m；距有害液体、重毒气体的贮罐不应小于100m。

三、城市地下综合体内平战结合要求

（1）城市地下综合体内平战结合的人民防空工程应符合下列要求：

1）战时人员掩蔽工程、人民防空物资库可与平时的商业、交通、地下车库和各类地下公共活动空间结合设置。

2）人民防空汽车库与平时的地下车库结合。

3）人民防空柴油电站可与平时为地下综合体供电的区域电站合建，也可以与地下车库内的其他防护单元合建。

（2）结合平时建设的商业、地下交通和公用设施系统宜满足战时疏散、运输、救援的需求。人员掩蔽工程战时人员主要出入口应与地下综合体工程主要人行出入口结合。人民防空物资库战时主要出入口与人民防空柴油电站对外的独立出入口宜与汽车坡道出入口结合。

（3）对于平战结合的人民防空工程设计，当其平时使用要求与战时防护要求不一致时，设计中可采取防护功能平战转换措施。

四、城市地下综合体内人民防空工程的其他要求

（1）城市地下综合体内人民防空工程的建筑、结构、采暖通风与空气调节、给水排水、电气等专业设计应符合现行人民防空国家标准和行业标准的相关规定。

（2）城市综合体人民防空工程防火设计应符合 GB 50098《人民防空工程设计防火规范》的相关规定。

（3）人民防空工程防水设计不应低于 GB 50108《地下工程防水技术规范》规定的二级防水等级标准；同时不低于城市地下综合体防水设计规定。

（4）地下综合体内人民防空工程的内部装修除考虑平时使用要求外，必须同时满足相关人民防空工程设计规范的规定。

参 考 文 献

[1] 深圳市城市规划设计研究院．刘应明，等．城市地下综合管廊工程规划与管理．北京：中国建筑工业出版社，2016.

[2] 胥东．城市综合管廊建设与管理系列指南(共 6 册)．北京：中国建筑工业出版社，2017.

[3] 中国建筑标准设计研究院．国家建筑标准设计图集 17GL601 综合管廊缆线敷设与安装．北京：中国计划出版社，2017.

[4] 中国建筑标准设计研究院．国家建筑标准设计图集 17GL602 综合管廊供配电及照明系统设计与施工．北京：中国计划出版社，2017.

[5] 中国建筑标准设计研究院．国家建筑标准设计图集 17GL603 综合管廊监控及报警系统设计与施工．北京：中国计划出版社，2017.

[6] 中国建筑标准设计研究院．国家建筑标准设计图集 17GL701 综合管廊通风设施设计与施工．北京：中国计划出版社，2017.

[7] 中国建筑标准设计研究院．国家建筑标准设计图集 17GL101 综合管廊工程总体设计及图示．北京：中国计划出版社，2017.

[8] 中国建筑标准设计研究院．国家建筑标准设计图集 17GL201 现浇混凝土综合管廊．北京：中国计划出版社，2017.

[9] 中国建筑标准设计研究院．国家建筑标准设计图集 17GL202 综合管廊附属构筑物．北京：中国计划出版社，2017.

[10] 中国建筑标准设计研究院．国家建筑标准设计图集 17GL203-1 综合管廊基坑支护．北京：中国计划出版社，2017.

[11] 中国建筑标准设计研究院．国家建筑标准设计图集 17GL301　17GL302 综合管廊给水管道及排水设施．北京：中国计划出版社，2017.

[12] 中国建筑标准设计研究院．国家建筑标准设计图集 17GL401 综合管廊热力管道敷设与安装．北京：中国计划出版社，2017.